D1692295

Krüppe

Baukonstruktionen unter Windeinwirkung

Vortragsband der 5. Dreiländertagung D-A-C-H ´97
der Windtechnologischen Gesellschaft e.V.
am 6. und 7. Novemver 1997
an der Technischen Universität Braunschweig

WTG-Berichte Nr. 5

Baukonstruktionen unter Windeinwirkung

Udo Peil (Hrsg.)

Redaktion:
U. Peil
M. Reininghaus

1997

Windtechnologische Gesellschaft WTG
Deutschland - Österreich - Schweiz

ISBN 3-928909-04-5
© Windtechnologische Gesellschaft e.V. 1998
Teichstr. 8, 52074 Aachen
Druck: Klinkenberg, Aachen
Printed in Germany

Inhaltsverzeichnis

Kapitel III: Bauteilbelastung durch Wind

Vorwort

Bedingt durch neue Bemessungsregeln und durch den Zwang zur Resourcenschonung werden Bauwerke heute immer schlanker und damit aber auch schwingungsanfälliger ausgebildet. Hohe schlanke Bauwerke werden - zumindest im europäischen Bereich - vorwiegend durch Windeinwirkung zu Schwingungen angeregt. Die Windtechnologische Gesellschaft WTG hat deshalb ihre

5. Dreiländertagung (D-A-C-H)

in Braunschweig am 6. und 7. November 1997 unter das Thema

Baukonstruktionen unter Windeinwirkung

gestellt. Im Rahmen der D-A-C-H-Tagung 1997 wurden neben neuesten Erkenntnissen zu verschiedenen Windanregungsmechanismen auch die jeweiligen Wirkungsketten über die aerodynamische und mechanische Übertragung bis hin zu den Schädigungsmodellen ausführlich dargestellt und diskutiert.

Mein besonderer Dank gilt allen Autoren für die Zeit und die Mühe, die sie aufgewendet haben, um ihre Arbeitsergebnisse darzustellen und damit diesen Tagungsband zu einem Erfolg werden zu lassen.

Braunschweig, im September 1998

Udo Peil

KAPITEL I:

Windlasten

**Winterstürme über Deutschland –
ein Schadenrückblick über die letzten 30 Jahre**

Dr. Gerhard Berz
Ernst Rauch
Forschungsgruppe Geowissenschaften
Münchener Rückversicherungsgesellschaft
D-80791 München

Schadensstatistiken weltweit und für Deutschland im Vergleich

Weltweit haben die Schäden aus Sturmereignissen in den letzten gut 30 Jahren (die globalen Statistiken der Forschungsgruppe Geowissenschaften der Münchener Rück gehen zurück bis 1960) massiv zugenommen. Ein Vergleich der Schadensummen aus Großereignissen in der letzten Dekade mit den 60er-Jahren zeigt, daß die Versicherungswirtschaft an diesem Anstieg überproportional beteiligt war. Einem Zuwachsfaktor von 4,3 bei den volkswirtschaftlichen Gesamtschäden steht ein Anstieg um den Faktor 11,1 bei den versicherten Schäden gegenüber (alle Schadenangaben in Werten von 1996). Die Anzahl der Ereignisse nahm im Vergleich der beiden Dekaden um 3,1 zu.

Große Sturmkatastrophen 1960 - 1996

	Dekade 1960 – 1969	Dekade 1970 – 1979	Dekade 1980 – 1989	Letzte 10 Jahre 1987 – 1996	Faktor 80er : 60er	Faktor Letzte 10 : 60er
Anzahl	8	14	31	25	3.9	3.1
Volkswirtschaftliche Schäden	26.6	39.5	45.9	115.5	1.7	4.3
Versicherte Schäden	6.2	9.7	21.2	68.9	3.4	11.1

Schadenangaben in Mrd. US-$ (Preisniveau 1996)

Tabelle 1: Große Sturmkatastrophen weltweit 1960 – 1996

In Deutschland – hier auf den Zeitraum 1967-1997 begrenzt – finden sich in den Sturmschaden-Statistiken insgesamt 63 bedeutendere Ereignisse mit einem Gesamtschaden von US$ 14,7 Mrd. (in Werten von 1996). Rund 35% davon (ca. US$ 5,1 Mrd.) wurden von der Assekuranz getragen. Hier liegen die Vergleichszahlen für die erste 10-Jahre-Periode 1967-1976 bei US$ 4,0 Mrd. (vwl.) und US$ 1,3 Mrd. (vers.), bzw. für die Periode 1987-1996 bei US$ 10,2 Mrd. (vwl.) und US$ 3,5 Mrd. (vers.). Dies ergibt Zuwachsfaktoren von 2.6 und 2,7 für volkswirtschaftliche bzw. versicherte Schäden in Deutschland.

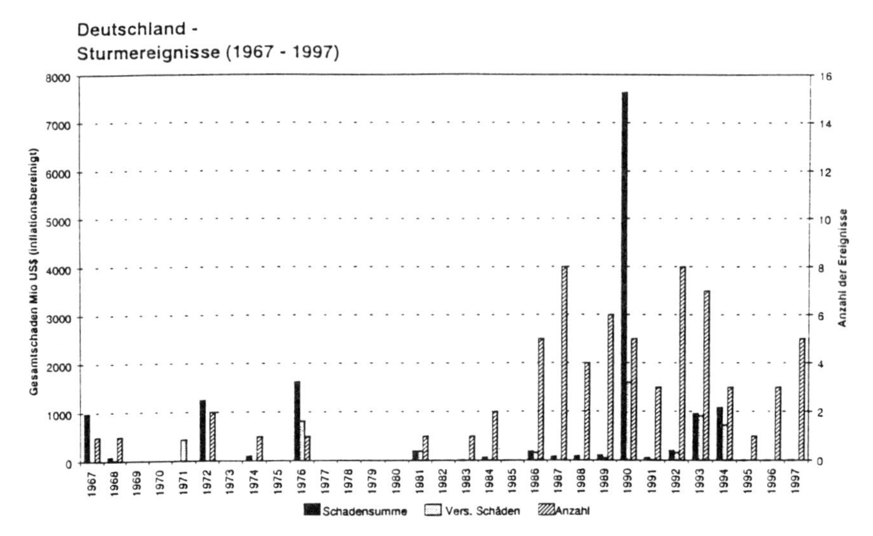

Abbildung 1: Sturmereignisse 1967-1997 in Deutschland; Anzahl, volkswirtschaftliche und versicherte Schäden (inflationsbereinigt)

Auch wenn die wiedervereinigungsbedingten Einflüsse in den Deutschland-Statistiken (Abb. 1) seit 1990 nicht quantifizierbar sind, ist festzustellen, daß Sturmschäden in Deutschland zwar erheblich, im weltweiten Vergleich in den letzten 30 Jahren aber doch unterproportional zugenommen haben.

Mögliche Ursachen für den Schadenanstieg in Deutschland

Für die in den letzten Jahrzehnten erheblich gestiegenen Sturmschäden in Deutschland sind eine Reihe von Ursachen verantwortlich, u. a.

- Zunahme von Bevölkerung und Werten
- Zunahme der Schadenanfälligkeit, insbesondere des Gebäudes-Altbestandes (Wartungsmangel)
- Zufallsbedingte oder tendenzielle Zunahme großer Sturmereignisse.

Der vermutlich am besten quantifizierbare Einflußfaktor „Zunahme von Bevölkerung und Werten" wird derzeit analysiert; dies wird zu einer Korrektur früherer Schäden auf die heutige Gebäude- und Wertesituation führen.

Der deutliche Anstieg der Anzahl der Schadenereignisse korreliert gut mit der vom Deutschen Wetterdienst festgestellten Zunahme der Anzahl der Orkantiefs (mit einem Kerndruck unter 950 hPa) seit Ende der 80er Jahre (s. Abb. 2). Da mit Ausnahme des Jahres 1990 der mittlere volkswirtschaftliche Schaden pro (Groß-) Ereignis im letzten Jahrzehnt bei rund DM 100-500 Mio. lag (bei „Daria", „Vivian" und „Wiebke" 1990 allerdings ca. DM 2.000 Mio.) und keine Tendenz nach oben zeigte, scheint es in erster Linie die gestiegene Häufigkeit der Stürme über Deutschland zu sein, die zum festgestellten Schadenanstieg führte.

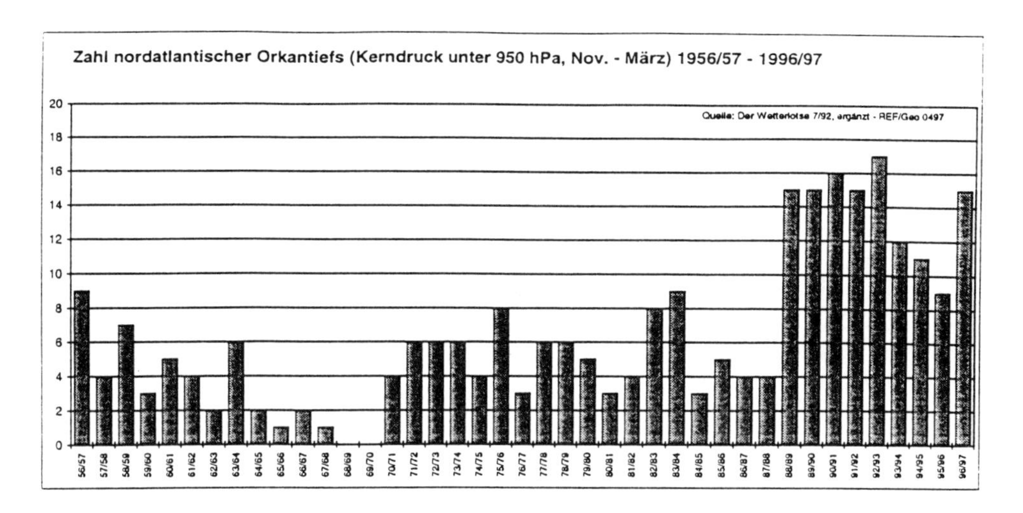

Abbildung 2: Zunahme der Orkantiefs über dem Nordatlantik

Eine Auswertung des Deutschen Wetterdienstes von Windregistrierungen an repräsentativen Standorten (s. Abb. 3 für den Flughafen Düsseldorf) deutet darauf hin, daß die jährliche Anzahl von Tagen mit Windstärke 8 und darüber in den letzten Jahrzehnten deutlich zugenommen hat.

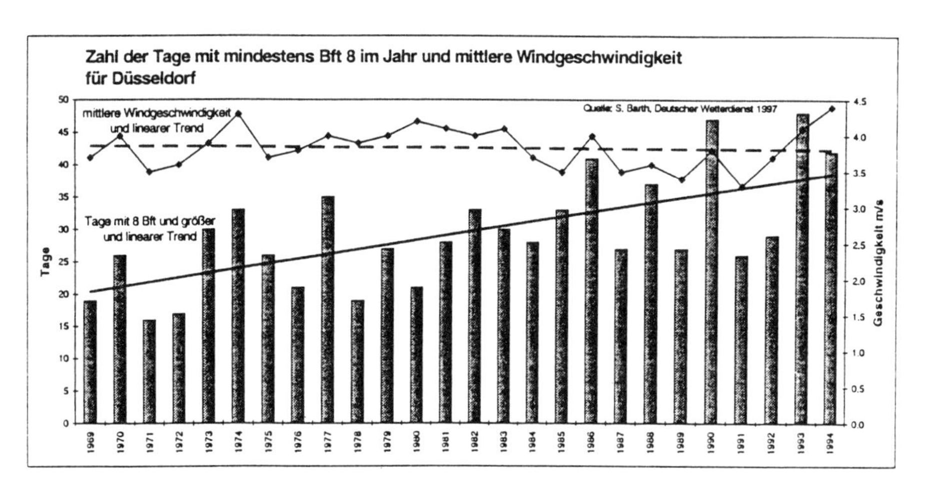

Abbildung 3: Anzahl der Sturmtage 1969-1994, Flughafen Düsseldorf

Die globale Erwärmung, die sich in Europa vor allem auch in milderen Wintern auszuwirken beginnt, kann für eine Zunahme der Sturmaktivität über dem Nordatlantik und ein häufigeres und tieferes Vordringen von Orkantiefs nach Mitteleuropa verantwortlich sein.

WINDSTATISTIK UND BAUWERKSERMÜDUNG

Prof. Dr.-Ing. U. Peil
Institut für Stahlbau
TU Braunschweig
Beethovenstraße 51
D-38106 Braunschweig

Dipl.-Ing. G. Telljohann
Institut für Stahlbau
TU Braunschweig
Beethovenstraße 51
D-38106 Braunschweig

ZUSAMMENFASSUNG. Die dynamische Beanspruchung hoher Bauwerke resultiert in erster Linie aus Windlast. Eine realitätsnahe Beschreibung der stochastischen Einwirkung kann nur mit Hilfe statistischer Methoden erfolgen. Basierend auf langjährigen Messungen wird für den Standort der Meßanlage in Gartow ein statistisches Modell der Windlast aufgebaut, das die Einwirkung in verschiedenen Windsituationen und deren Häufigkeit beschreibt. Anhand der aerodynamischen Übertragungsfunktion und des mechanischen Modells lassen sich dann Lastkollektive bestimmen, die eine Lebensdauerprognose ermöglichen.

1 Einleitung

Die gesamte Modellkette, die erforderlich ist, um den Nachweis der Betriebsfestigkeit zu führen, zeigt Bild 1.

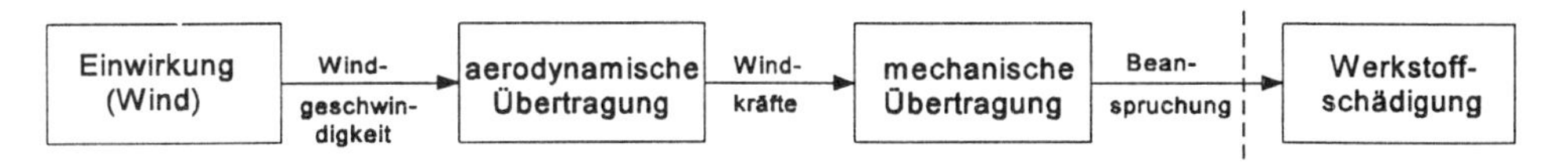

Bild 1: Modellkette.

Jede Komponente dieser Kette birgt diverse Probleme, die z. T. einschneidender Vereinfachungen bedürfen:

- Die Windeinwirkung ist ein instationärer stochastischer Prozeß, der nur mit statistischen Methoden zutreffend modelliert werden kann.
- Die aerodynamische und bei abgespannten Systemen auch die mechanische Übertragungsfunktion sind stark nichtlinear.
- Sind die dynamischen Antworten bzw. deren statistische Verteilungsfunktion bekannt (makroskopische Betrachtung, Grobmodell), so müssen die lokalen Spannungen oft mit großem Aufwand am einzelnen Bauteil bestimmt werden. Die Streuungen von Lebensdauerversuchen im Werkstoffbereich ist groß, eine Lebensdauerprognose also zwangsläufig mit großen Unsicherheiten behaftet.

Hier wird das Hauptaugenmerk auf die statistische Beschreibung der Windeinwirkung gerichtet, der Bereich "Werkstoffschädigung" bleibt unberücksichtigt.

Die turbulente Windeinwirkung ist ein kontinuierlich fortlaufender, instationärer stochastischer Prozeß. Teilt man diesen fortlaufenden Prozeß in kurze Teilbereiche (z.B. 10min oder 30min) ein, so können für die meisten Teilbereiche stationäre Eigenschaften in hinreichendem Maß angenommen werden. Da die Geschwindigkeitsschwankungen innerhalb dieser Ausschnitte in guter Näherung normalverteilt sind, werden ihre Verteilungsfunktionen durch die Parameter Mittelwert und Varianz vollständig erfaßt.

Die Ergebnisse der statistischen Auswertungen der 30-min-Windschriebe werden nun in bestimmte Klassen eingeteilt. Kriterien sind hierbei die mittlere Windrichtung sowie die höhenabhängigen mittleren Windgeschwindigkeiten und Varianzen. Wichtig für das weitere Vorgehen ist, daß sich jeder der definierten Einwirkungsklassen eindeutig eine bestimmte Bauwerksantwort zuordnen läßt. Mit "bestimmter Bauwerksantwort" sind hier wiederum auf statistische Parameter reduzierte Eigenschaften gemeint. Ist eine Linearisierung sowohl der aerodynamischen Übertragungsfunktion als auch der mechanischen Übertragungsfunktion möglich, so ist der Antwortprozeß ebenfalls ein Gauß-Prozeß und läßt sich direkt aus dem Einwirkungsprozeß bestimmen. Treten allerdings Effekte auf, die sich nicht mit linearen Modellen beschreiben lassen, wie z.B. Galloping-Erregung oder wirbelerregte Querschwingungen, so ist die statistische Beschreibung des Antwortprozeßes erheblich aufwendiger. Auf derartige Wind-Bauwerks-Interaktionen, die eine differenziertere Betrachtung erfordern, wird hier nicht näher eingegangen. Es sei aber darauf hingewiesen, daß die vorgestellte Windstatistik geeignet ist, um die Häufigkeit von Windsituationen zu erfassen, in denen gallopingerregte oder wirbelerregte Schwingungen auftreten können.

Für die beschriebene Vorgehensweise ist eine Erweiterung der bestehenden Windlastmodelle erforderlich; denn nahezu alle Ansätze zur Beschreibung der Windlast sind auf Starkwindsituationen ausgerichtet, die nur verhältnismäßig selten auftreten. In dieser Arbeit werden statistische Betrachtungen dargestellt, die versuchen, auch Wettersituationen mit mittleren und kleinen Windgeschwindigkeiten einzubeziehen. Sie basieren auf langjährigen Messungen in Gartow. Die Parameter sind sicherlich nicht direkt auf andere Standorte übertragbar, grundlegende Aspekte zur Abhängigkeit der Parameter von äußeren Rahmenbedingungen dürften hingegen allgemeingültigen Charakter haben.

2 Windmessungen

Bild 2: Sendemast Gartow II mit Windmeßanlage.

Zur Erfassung der Windeinwirkung bis in 341m Höhe wurde 1989 eine Windmeßanlage an einem abgespannten Sendemast der Telekom in Gartow installiert (s. Bild 2). 17 Schalenkreuzanemometer, montiert auf 7,5m langen Auslegern, messen zeitparallel im 0.1-Sekunden-Takt die horizontalen Windgeschwindigkeiten zwischen 30m Höhe und 341m Höhe. Der vertikale Abstand zwischen den Anemometern beträgt ca. 18m. Die Windrichtungen werden in zwölf, die Temperaturen in vier Ebenen erfaßt. Bezüglich einer detaillierteren Beschreibung der gesamten Meßanlage sei auf [Nölle91] oder [Peil96] verwiesen.

Für die statistische Auswertung stehen Messungen aus den vergangenen sieben Jahren zur Verfügung. Sie erfolgen im Regelfall in Abständen von jeweils einer Stunde und erstrecken sich über eine halbe Stunde bzw. vor 1992 über 10min. In den ersten Jahren sind einige Lücken durch die Testphase und Umbauarbeiten entstanden. Die letzten vier Jahre konnten nahezu vollständig aufgezeichnet werden.

Auch wenn der Meßbetrieb das gesamte Jahr über aufrecht erhalten werden kann, ist eine vollständige

Erfassung aller Windsituationen aus meßtechnischen Gründen nicht möglich. Die Problematik wird in Bild 3 deutlich.

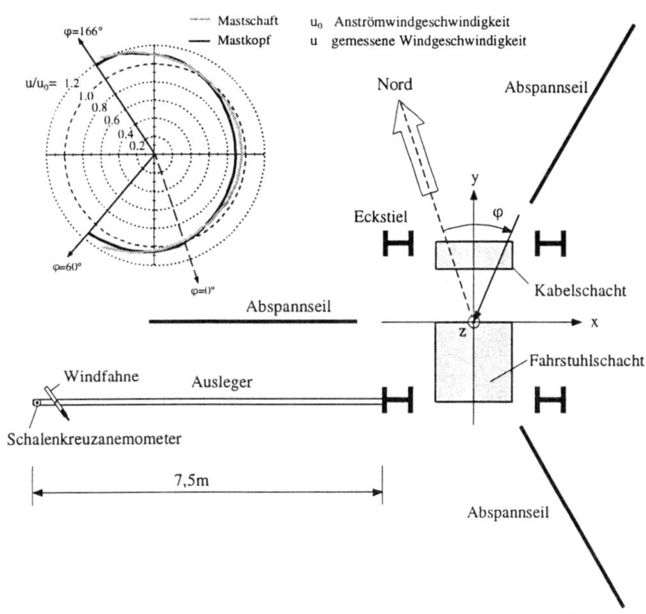

Bild 3: Mastschaftquerschnitt mit Ausleger, meteorologische Definition der Windrichtung φ und Verhältnis der am Anemometerstandort gemessenen Windgeschwindigkeit u zur tatsächlichen Windgeschwindigkeit u_0 in Abhängigkeit von der Windrichtung.

Der Mastschaft verfälscht die Messungen bei Winden aus östlichen Richtungen stark. Die Auswirkungen auf die gemessene mittlere Windgeschwindigkeit wurden am Modell im Windkanal untersucht. Der Bereich zwischen ca. φ=60° und φ=160° liefert keine verwertbaren Meßergebnisse mehr. Am kleinsten sind die Fehler bei φ=0° (Wind aus Nord) und φ=230° (Wind aus südwestlichen Richtungen). Dies war auch der Grund für die Installation der Ausleger am südwestlichen Eckstiel, denn die häufigste Windrichtung in Sturmsituationen ist Südwest bis West.

Bild 4 zeigt die Einteilung der Windrichtungen in Sektoren. Die nachfolgenden Auswertungen werden, um zu große Fehler zu vermeiden, auf die Sektoren 1, 4 und 5 beschränkt. Im Sektor 5 übersteigt der Fehler zwar teilweise 10%, doch ist diese Windrichtung (Westwind) besonders bei höheren Windgeschwindigkeiten die bevorzugte Windrichtung. Dieser Sektor muß deshalb in eine statistische Auswertung unbedingt einbezogen werden, eine Korrektur des Profils ist auf der Grundlage der Windkanalversuche möglich.

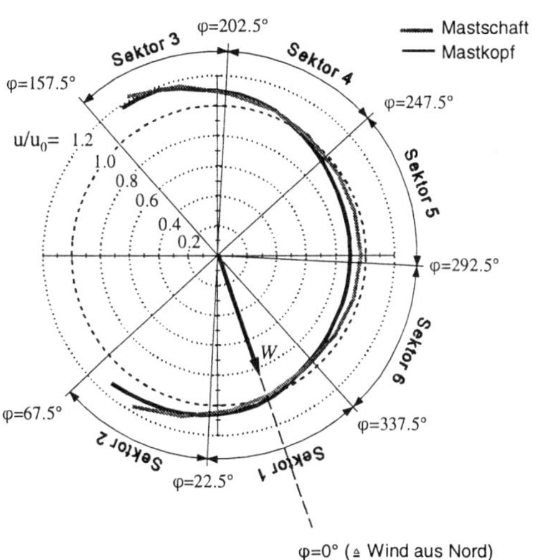

Bild 4: Abgrenzung der Windrichtungssektoren. Die Windrichtung ist von der Kreismitte nach außen aufzutragen.

Eine weitere Einschränkung für die Klassierung muß bezüglich der Windgeschwindigkeit getroffen werden. In Wettersituationen mit schwachen Winden (<5m/s in 48m Höhe) kann in ca. 20% der Fälle keine eindeutige Zuweisung der mittleren Windrichtung zu einem Sektor erfolgen, weil die Windrichtung über die Höhe um z.T. um mehr als 90° dreht. Mit zunehmender Windgeschwindigkeit reduziert sich der genannte Effekt. So sind bei einer mittleren Windgeschwindigkeit zwischen 5m/s und 10m/s (in 48m Höhe) noch etwa 7 bis 8% der Messungen mit stark drehenden Windrichtungen behaftet. Winde über 10m/s zeigen dieses Verhalten nur noch selten.

Die Parameter von Winden mit mittleren Windgeschwindigkeiten unter 10m/s streuen stark. Eine Kategorisierung in diesem Bereich erscheint kaum möglich. Unter dem Gesichtspunkt der Bauwerksbeanspruchung können derartige Windsituationen aufgrund der geringen Windkräfte unabhängig von der Windrichtung in eine "Sammelklasse" eingestuft werden.

3 Verteilung der mittleren Windrichtungen in verschiedenen Jahren

Bild 5 stellt die relativen Häufigkeiten der in den Jahren 1990 bis 1996 gemessenen mittleren Windrichtungen dar. Aufgrund der oben genannten Abschattung der Meßgeräte durch den Mastschaft können die Häufigkeiten der Winde aus östlichen Richtungen (NO und O) nicht exakt bestimmt werden. Die geschätzten Werte sind durch gepunktete Linien gekennzeichnet (gleichmäßige Aufteilung der Windsituationen mit nicht identifizierbaren Windrichtungen auf die Richtungen NO und O).

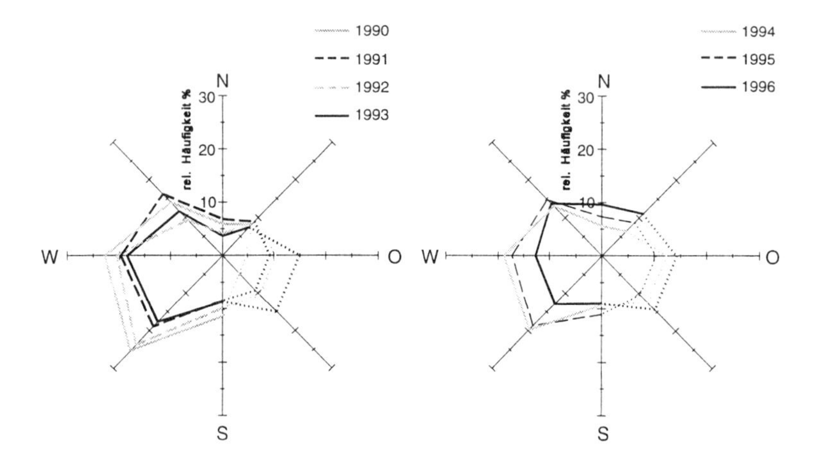

Bild 5: Relative Häufigkeiten der mittleren Windrichtungen.

Das Jahr 1990 ist durch einen besonders großen Anteil von West- und Südwestwinden gekennzeichnet. Die vorliegenden Messungen weisen in Jahren mit größerem West- und Südwestwindanteil gleichzeitig größere Häufigkeiten höherer Windgeschwindigkeiten auf. In diesem Zusammenhang ist auch das Jahr 1996 bemerkenswert. Die mittleren Windrichtungen waren nahezu gleichmäßig verteilt, hohe Windgeschwindigkeiten traten selten auf, Stürme so gut wie gar nicht. Die größte, in 30m Höhe gemessene Spitzenwindgeschwindigkeit (Momentanwert!) erreichte 25,4 m/s, das maximale 30-Minuten-Mittel betrug 15,8 m/s (beide Werte gemessen am 29.10.96 zwischen 23^{00} und 24^{00} Uhr).

Die Häufigkeitsverteilungen machen deutlich, daß, um ein repräsentatives statistisches Windlastmodell aufzubauen, erheblich größere Meßzeiträume als die hier betrachteten sieben Jahre erforderlich sind.

4 Verteilung der mittleren Windgeschwindigkeiten in Abhängigkeit des Windrichtungssektors und der Höhe

Die ungleichmäßige Verteilung der mittleren Windgeschwindigkeiten über die Sektoren wird aus Bild 6 deutlich. Westliche und südwestliche Winde traten 1994 am häufigsten auf (Sektoren 4 und 5). Stärkere Winde wehten überwiegend aus West. Nördliche Winde (Sektor 1) traten relativ selten auf und waren im Regelfall mit kleinen Windgeschwindigkeiten verbunden.

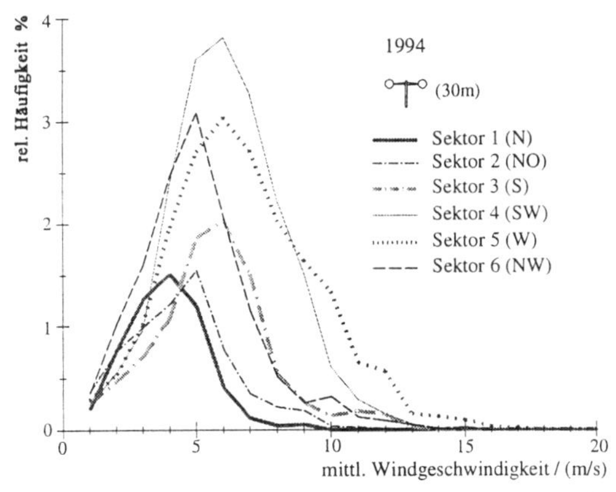

Bild 6: Klassenhäufigkeit der mittleren Geschwindigkeit in Abhängigkeit vom Windrichtungssektor.

Mit wachsender Höhe wandert das Maximum der Klassenhäufigkeit zu größeren mittleren Geschwindigkeiten, die Form wird flacher und zunehmend symmetrischer. Bild 7 zeigt die Klassierung der 1994 im Sektor 4 in sechs unterschiedlichen Höhen gemessenen Mittelwerte.

Aus der stark unterschiedlichen Form der Klassenhäufigkeitsverteilungen in verschiedenen Höhen läßt sich ersehen, daß das Geschwindigkeitsprofil stark variiert, ansonsten ergäbe sich in erster Linie eine Verschiebung entlang der Abzisse. Auch wenn nur Windsituationen mit größeren Windgeschwindigkeiten (>10m/s in 48m Höhe) berücksichtigt werden, weichen die Formen der Klassenhäufigkeitsfunktionen in den unterschiedlichen Höhen voneinander ab.

5 Profil der mittleren Windgeschwindigkeiten

Die Kenntnis des Verlaufes der mittleren Geschwindigkeit über die Höhe ist aus verschiedenen Gründen für dynamische Untersuchungen wichtig. Infolge der nichtlinearen aerodynamischen Übertragungsfunktion sind die Schwankungen der einwirkenden Kräfte nicht nur abhängig von den Schwankungen der Windgeschwindigkeit sondern auch von deren Mittelwert (s. z.B. [Niemann95]). Die Terme enthalten nach einer Linearisierung die mittlere Geschwindigkeit als explizite Größe. Auch im Fall von Gallopingerregung oder Wirbelerregung ist die mittlere Windgeschwindigkeit wesentlich, da die Schwingungsamplituden wegen der kleinen Kräfte nur langsam aufklingen. Im Fall abgespannter Strukturen mit nichtlinearem mechanischen Übertragungsverhalten benötigt man das mittlere Geschwindigkeitsprofils allein zur Bestimmung des Arbeitspunktes.

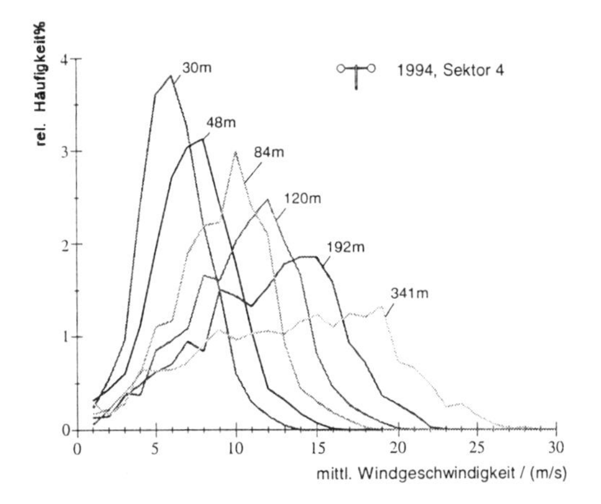

Bild 7: Klassenhäufigkeit mittlerer Windgeschwindigkeiten in verschiedenen Höhen.

Zur Approximation der Windgeschwindigkeitsprofile wird hier auf die häufig verwendete und zum Teil in den Windlastnormen verankerte Exponentialfunktion nach Hellmann zurückgegriffen:

$$\overline{u}(z) = \overline{u_0} \cdot \left(\frac{z}{z_0} \right)^{\alpha}$$

Der Index "0" kennzeichnet eine (beliebige) Bezugshöhe, international üblich sind 10m. Das Exponentialgesetz basiert auf keiner physikalischen Herleitung sondern ist vollkommen empirisch. Aus plausiblen Gründen kann der Exponent α keine universelle Konstante sein. Er ist unter anderem von der Rauhigkeit der Erdoberfläche abhängig. Umso rauher die Oberfläche ist, umso größer ist auch α und umso flacher verläuft das Profil. Der Einfluß einer rauheren Oberfläche reicht bis in größere Höhen, d.h. eine größere Rauhigkeit verschiebt die Gradientenhöhe z_G nach oben. Als Anhaltswerte sind in [Petersen96] z_G=300m für flaches, offenes Gelände und z_G=460m für stark bebaute städtische Zentren angegeben. Diese Werte beziehen sich auf Sturmsituationen mit mittleren Windgeschwindigkeiten über ca. 10m/s, gemessen in 10m Höhe.

In Schwachwindsituationen dominieren andere physikalische Gesetzte. Sowohl die Böenstruktur als auch das mittlere Geschwindigkeitsprofil sind nicht mehr mit den gleichen Modellen beschreibbar. Die Messungen über viele Jahre zeigen, daß Schwachwindsituationen nahezu jedes beliebige Geschwindigkeitsprofil annehmen können. In Inversionswetterlagen sind die Windgeschwindigkeiten in Bodennähe (hier heißt das unterhalb von 80m) am größten (s. z.B. [Stull88]). Eine feste Formulierung zur Beschreibung der höhenabhängigen mittleren Windgeschwindigkeit läßt sich nicht angeben. Erst mit zunehmender Windgeschwindigkeit nimmt die Streubreite der Parameter ab, fest definierbare Grenzen existieren jedoch nicht (s.a. Anmerkungen im Kapitel 2 zur Konstanz der Windrichtung über die Höhe).

Nachfolgend werden die Mittelwertmessungen der Jahre 1990 bis 1996 ausgewertet. Entsprechend Bild 4 erfolgt im ersten Schritt eine Zuordnung der betrachteten Windsituation zu einem Windrichtungssektor. Die hier dargestellten Ergebnisse resultieren aus Windsituationen, die in die Sektoren 4 und 5 fallen. Damit ist sichergestellt, daß die Streuung der ermittelten Parameter nicht durch Einflüsse des Mastschaftes oder durch stark unterschiedliche topographische Gegebenheiten bedingt ist.

Es werden nur Windsituationen mit hohen mittleren Windgeschwindigkeiten (gewählter Schwellenwert: 10m/s in 48m) herausgefiltert. Die Auswahl des Anemometers in 48m Höhe hat rein praktische Gründe, da dieses Anemometer in dem betrachteten Meßzeitraum die wenigsten Ausfälle aufweist. Diese Selektion schließt Schwachwindsituationen von der Auswertung aus, in denen kein ausgeprägtes Grenzschichtprofil vorhanden ist und die sich durch die verwendeten parameterisierten Ansätze nicht beschreiben lassen.

Die freien Parameter werden mit Hilfe des Levenberg-Marquardt-Algorithmus [Press92] so bestimmt, daß die Summe der Fehlerquadrate ein Minimum annimmt. Aufgrund des hohen Datenaufkommens ist ein automatischer (programmierter) Ablauf für die praktische Durchführung erforderlich. Wesentlich hierfür ist die Erkennung und Elimination von fehlerbehafteten Meßwerten. VorteilhafteVerfahren lassen sich nicht pauschal angeben sondern nur anhand der real gemessenen Geschwindigkeitsprofile entwickeln. Bewährt hat sich die Vorgehensweise, im ersten Schritt alle Meßwerte zu eliminieren die grob von den theoretisch möglichen Verläufen des Geschwindigkeitsprofils abweichen. Dabei dient als Referenzpunkt die in 48m Höhe gemessene Windgeschwindigkeit. Im zweiten Schritt werden die verbliebenen Meßpunkte durch den gewählten Ansatz approximiert. Nach Streichen zweier weiterer Meßpunkte, die die größten

Abweichungen von der zuvor berechneten Ansatzfunktion aufweisen, erfolgt dann die Bestimmung der endgültigen Parameter.

Zur Approximation wird das Hellmann-Gesetz mit

a. einem freien Parameter und der (Meß-) Bezugshöhe 30m

$$\bar{u}(z) = \bar{u}(30\,\mathrm{m}) \cdot \left(\frac{z}{30\,\mathrm{m}}\right)^{P_1}$$

b. zwei freien Parametern und der Bezugshöhe 10m

$$\bar{u}(z) = P_2 \cdot \left(\frac{z}{10\,\mathrm{m}}\right)^{P_1}$$

verwendet.

Beide Ansätzen liefern gute Resultate, die Summe der Abweichungsquadrate der einbezogenen Meßwerte (meistens 14 oder 15) ist fast immer kleiner als $1{,}5\,m^2/s^2$. Die Annäherung mit zwei freien Parametern ist geringfügig besser. Bild 8 zeigt zwei Approximationsbeispiele aus dem Jahr 1993 für den Sektor 5.

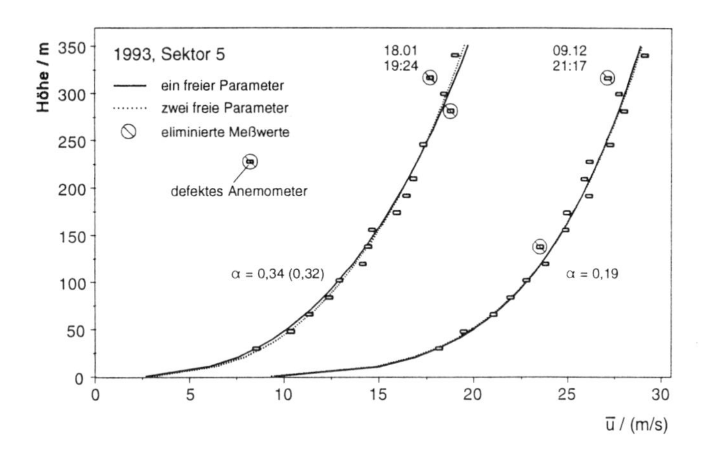

Bild 8: Verlauf der mittleren Geschwindigkeit über die Höhe und Exponentialfunktion nach Hellmann.

Die Bilder 9 und 10 stellen die berechneten α-Werte der Sektoren 4 und 5 aller sieben Jahre mit statistischer Auswertung dar. Die α-Werte sind über der in 48m Höhe gemessenen Geschwindigkeit $\bar{u}(48\mathrm{m})$ aufgetragen, in der Bildmitte sind ihre Klassenhäufigkeiten für abgegrenzte Bereiche (Bereichsbreite 2m/s) von $\bar{u}(48\mathrm{m})$ eingezeichnet. Die Häufigkeiten sind auf die Gesamtzahl der in einen Bereich fallenden Werte und die Klassenbreite bezogen. Damit ist die Fläche unter jeder der Kurven gleich Eins. Die Klassenbreite auf der α-Achse beträgt 0,025. In den Bildern unten sind die Summenhäufigkeiten dargestellt. Folgende Eigenschaften lassen sich ablesen:

- Im Bereich kleiner mittlerer Windgeschwindigkeiten ist die Verteilung der α-Werte unsymmetrisch. Der zur Summenhäufigkeit 0,5 gehörige α-Wert ist kleiner als der zum Maximum der relativen Häufigkeit gehörige Wert.
- Mit zunehmender mittlerer Windgeschwindigkeit wird die Streuung kleiner.

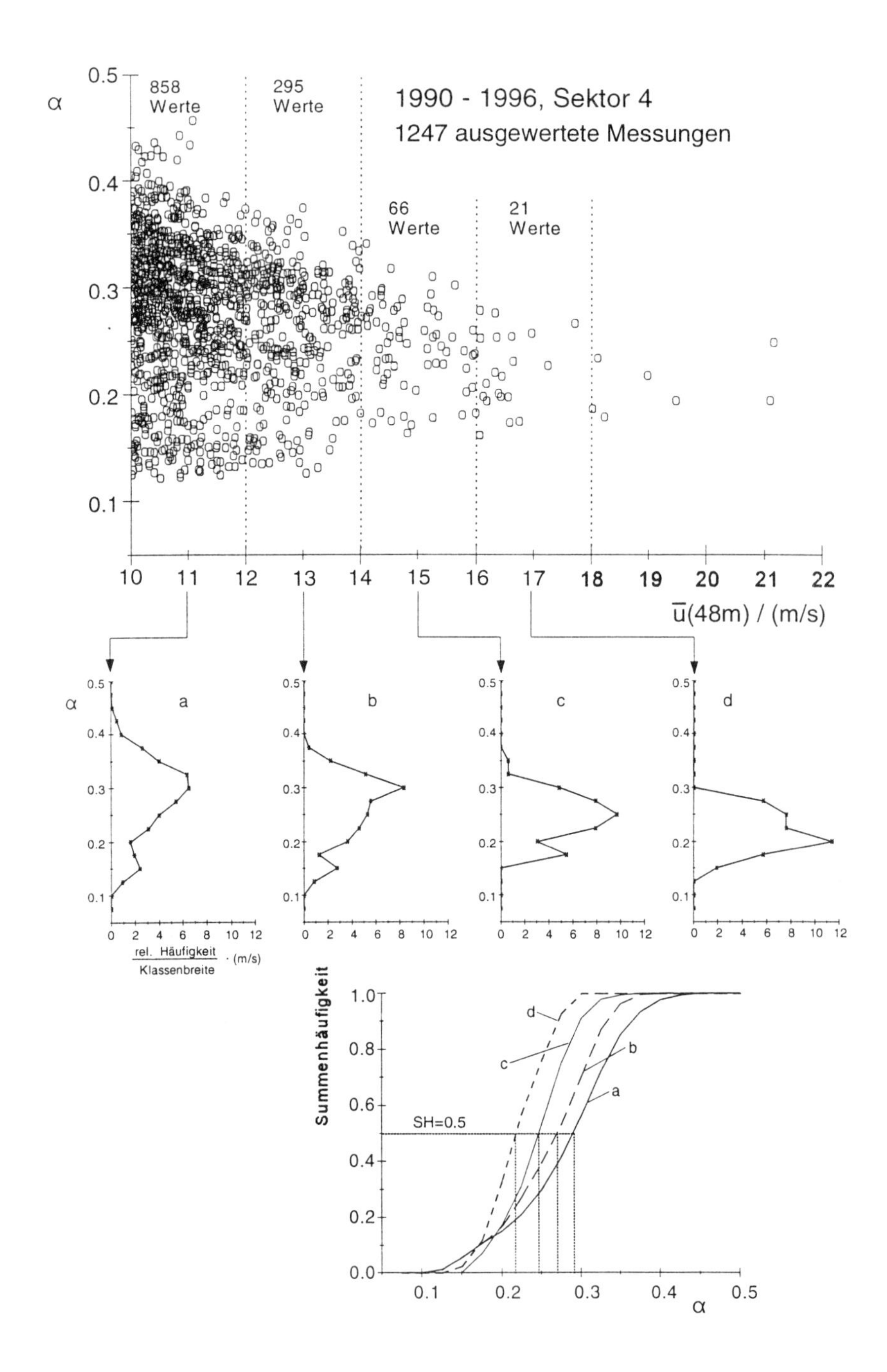

Bild 9: Mittels Approximation mit zwei Parametern bestimmte α-Werte im Sektor 4.

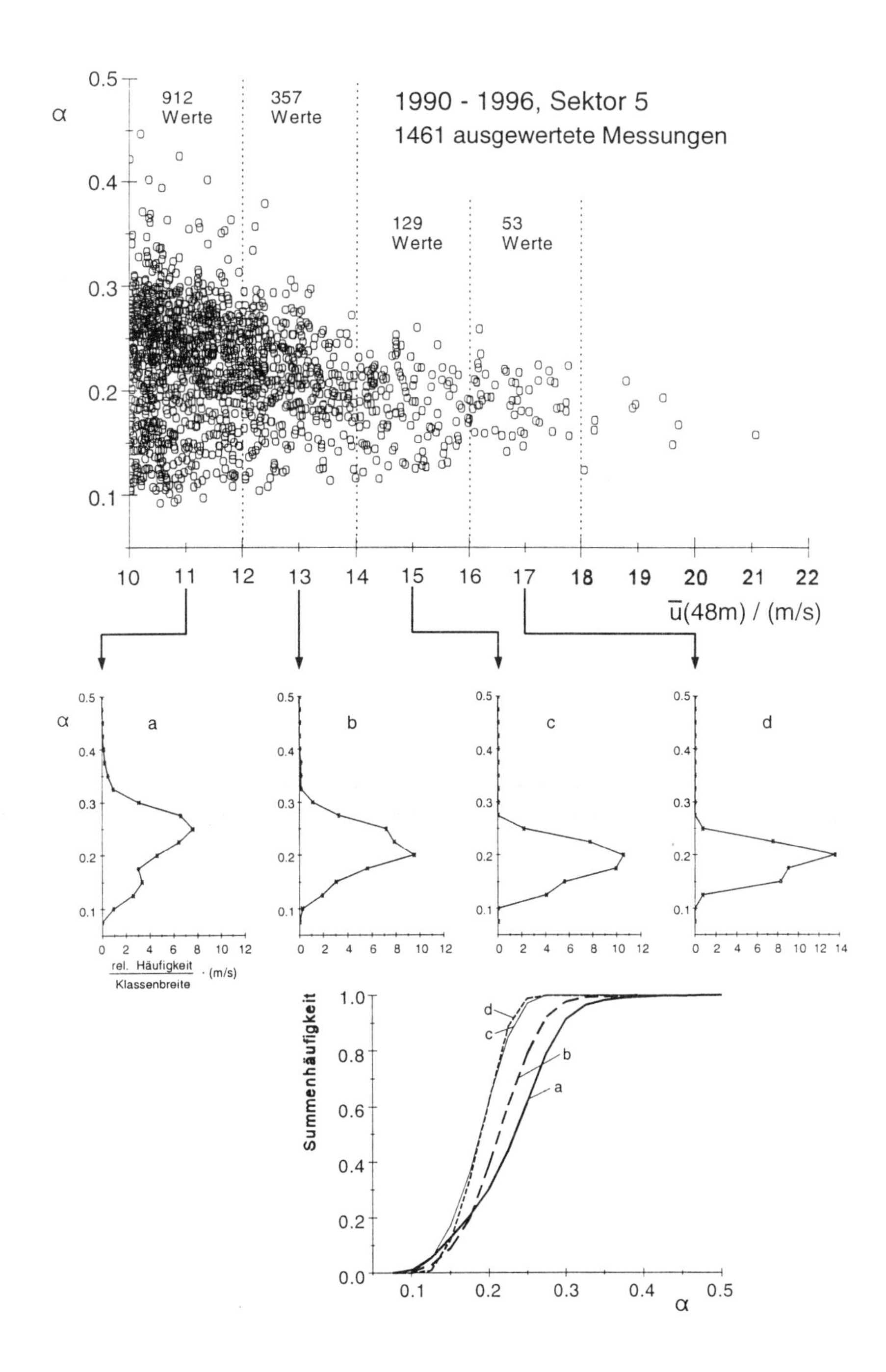

Bild 10: Mittels Approximation mit zwei Parametern bestimmte α-Werte im Sektor 5.

- Mit zunehmender mittlerer Windgeschwindigkeit verkleinern sich die zum Maximum und die zur Summenhäufigkeit 0,5 gehörigen α-Werte.

- Die im Sektor 5 bestimmten Exponenten sind im Mittel kleiner als die im Sektor 4 bestimmten. Die Differenz ist mit großer Sicherheit auf das unterschiedliche Mastvorland in verschiedenen Windrichtungen zurückzuführen.

Durch grafische Auftragung lassen sich Abhängigkeiten der α-Werte von weiteren gemessenen Parametern finden. Bild 11 zeigt die ermittelten α-Werte aufgetragen über dem Temperaturgradienten $\Delta t/\Delta z$, wobei dieser vereinfacht als mittlerer Temperaturgradient der in 30m und 341m Höhe gemessenen Temperaturen berechnet wurde. Eine deutliche Korrelation zwischen den aufgetragenen Größen ist erkennbar (Einfluß der Schichtung). Der praktische Nutzen ist jedoch gering, weil über den Temperaturgradienten i.d.R. auch nicht mehr Informationen vorliegen, als über die Windgeschwindigkeit in großer Höhe.

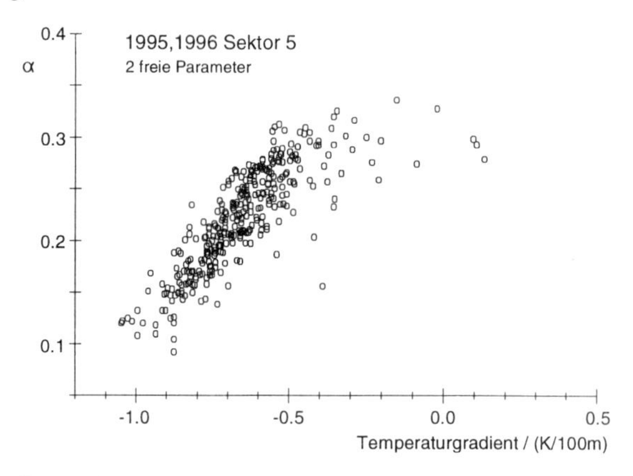

Bild 11: α-Werte über dem Temperaturgradienten.

6 Zusammenfassung

Windlastmodelle, auf deren Basis Beanspruchungskollektive für Lebensdauerberechnungen erstellt werden, müssen neben Sturmereignissen auch Situationen mit kleineren Windgeschwindigkeiten berücksichtigen. Ein wichtiger Baustein innerhalb des Windlastmodells ist die Statistik der Windprofile, bzw. präziser formuliert, des Verlaufes der mittleren Windgeschwindigkeit über die Höhe. Im Rahmen des vorliegenden Aufsatzes wurden gemessene Windprofile aus den vergangenen sieben Jahren durch den Exponentialansatz nach Hellmann approximiert und der Approximationsparameter α statistisch ausgewertet. Die Ergebnisse der Betrachtung von α in Abhängigkeit der in 48m Höhe gemessenen mittleren Geschwindigkeit lassen sich in folgenden Punkten zusammenfassen:

- Mit zunehmender Windgeschwindigkeit nimmt die Streuung der berechneten α-Werte ab. Windprofile in Schwachwindsituationen ($\bar{u}(48\,\mathrm{m}) < 10\,\mathrm{m/s}$) lassen sich nicht mehr sinnvoll durch ein Exponentialprofil annähern.

- Mit zunehmender Windgeschwindigkeit nimmt der mittlere α-Wert ab und konvergiert offensichtlich gegen einen bestimmten Wert.

- Die Lage der mittleren α-Werte ist richtungsabhängig. Sie wird durch die Geländebeschaffenheit im Mastvorland beeinflußt.

Darüber hinaus läßt sich ein Einfluß der Schichtung aufzeigen. Er äußert sich in einer starken Korrelation zwischen α-Werten und dem Temperaturgradienten, d.h. $\alpha = f(\Delta t/\Delta z)$. Dieser Zusammenhang ist für die Praxis aber nicht direkt verwertbar, da über die Statistik des Temperaturgradienten bis in den hier betrachteten Höhenbereich im allgemeinen wenig bekannt ist.

Ein für praktische Berechnungen geeignetes Modell könnte z.B. mit einem bilinearen Ansatz entsprechend Bild 12 arbeiten.

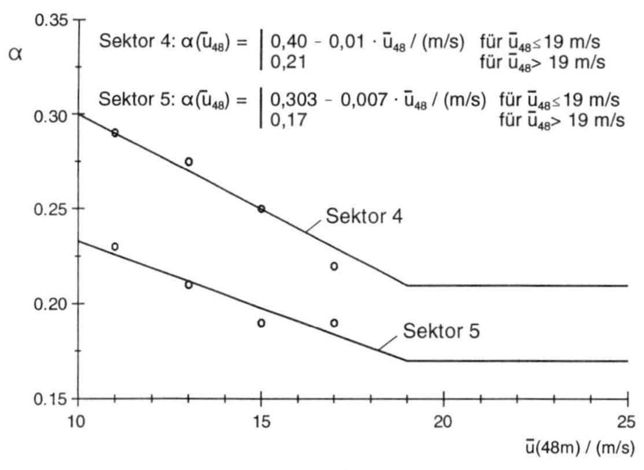

Bild 12: α in Abhängigkeit von $\overline{u}(48\text{m})$.

Auf diese Weise erscheint es möglich, eine in niedriger Höhe (hier 48m) aus Messungen bekannte Verteilung mittlerer Windgeschwindigkeiten auf größere Höhen zu extrapolieren.

Dynamische Berechnungen erfordern darüber hinaus die Kenntnis der höhenabhängigen Varianzen und deren Verteilungen über die Frequenz (Leistungsdichtespektren). Untersuchungen hierzu sind Gegenstand der aktuellen Auswertungen. Das Ziel ist eine dem obigen Ansatz ähnliche, höhen- und geschwindigkeitsabhängige Formulierung, so daß aus einer bekannten Windstatistik in niedriger Höhe das gesamte Einwirkungsmodell aufgebaut und für Ermüdungsberechnungen bzw. Lebensdauerprognosen hoher Bauwerke benutzt werden kann. In einem weiteren Schritt bleibt zu prüfen, inwieweit die mit Hilfe dieses Einwirkungsmodells berechneten Beanspruchungskollektive den direkt gemessenen Beanspruchungskollektiven gleichen.

Literatur

[Niemann95] Niemann, H.-J. (1995): *Windanregung von Gebäuden*. Darmstädter Massivbau Seminar 1995.

[Nölle91] Nölle, H.: *Schwingungsverhalten abgespannter Maste in böigem Wind.* Berichte der Versuchsanstalt für Stahl, Holz und Steine der Universität Fridericiana in Karlsruhe. 4.Folge - Heft 24, 1991.

[Peil96] Peil, U., G. Telljohann: *Lateral Turbulence and Dynamic Response*. Proceedings of the third European Conference on Structural Dynamics: Eurodyn `96. 207-211, A.A.Balkema/Rotterdam/Brookfield/1996.

[Petersen96] Petersen, Chr.: *Dynamik der Baukonstruktionen.* Friedrich Vieweg & Sohn Verlagsgesellschaft mbH, Braunschweig/Wiesbaden 1997.

[Press92] Press, W.H., Flannery, B.P., Teukolsky, S.A., Vetterling, W.T.: *Numerical Recipes in Pascal.* Cambridge University Press 1992.

[Stull88] Stull, R.B.: *An introduction to boundary layer meteorology.* Kluwer Academic Publishers, Dordrecht/Boston/London 1988.

EINFLUSS DES MODELLIERUNGSMASSSTABES BEI DER ERMITTLUNG VON WINDLASTANNAHMEN IN GRENZSCHICHTWINDKANÄLEN

Dipl.-Ing. K. Költzsch
Prof. Dr.-Ing. habil. H. Ihlenfeld
Prof. Dr.-Ing. habil. J. Brechling
Institut für Luft- und Raumfahrttechnik
TU Dresden
D-01062 Dresden

KURZÜBERSICHT. Windkanalversuche gestatten eine Abschätzung der Windlasten auf Gebäude im Planungsstadium. Dabei setzt der gewählte, geometrische Maßstab die Modellgröße im Windkanal fest.
Untersuchungen an Würfeln verschiedener Abmessungen (M 1:333, M 1:500 und M 1:750) in einer atmosphärischen Modellgrenzschicht zeigen keine Abhängigkeit vom Maßstab auf die Widerstandsbeiwerte. Andererseits unterscheiden sich die normierten Druckbeiwerte in Abhängigkeit des gewählten Maßstabes. Ferner treten Unterschiede zwischen den Druckmessungen an Würfeln der am Ringversuch (für Windlastannahmen und Ausbreitungsvorgänge) sich beteiligten Grenzschichtwindkanäle auf. Die möglichen Ursachen aus dem Geschwindigkeitsfeld, wie Turbulenzintensitätsverteilung, Geschwindigkeitsprofil und einzuhaltende Mindest-Reynolds-Zahl werden anhand experimenteller Daten diskutiert.

1 Experimente

1.1 DRUCKMESSUNGEN AM WÜRFEL

Die Messungen wurden im offenen Umlaufkanal Göttinger Bauart an der TU Dresden ausgeführt. Die atmosphärische Modellgrenzschicht wird durch eine Kombination von Bodenrauhigkeiten und Turbulenzgitter erzeugt. Ausgangspunkt der Druckmessungen waren die Experimente zur Phase 2 der Ringversuche (Költzsch, 1995), denen ein Maßstab von 1:750 zu Grunde lag, d.h. die Kantenlänge betrug 67*mm*.

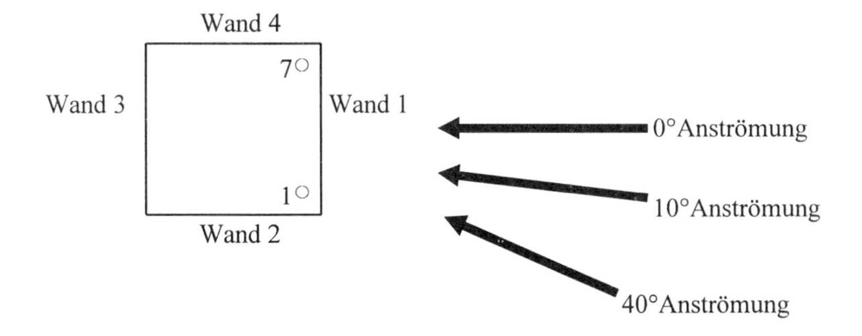

Abbildung 1-a: Skizze zur Messung der Dachfläche

Ergänzend dazu wurden zwei weitere Modelle im Maßstab 1:500 (100*mm*) und 1:333 (150*mm*) gebaut (analog den Vorgaben zu den Ringversuchen - Pernpeintner et al. 1994). Mit diesen drei Würfeln wurden erneut Druckmessungen in der atmosphärischen Modellgrenzschicht für drei Anströmwinkel (0°, 10° und 40°) ausgeführt, wobei vorab an ausgewählten

Druckmeßbohrungen der Einfluß der Kanalgrundgeschwindigkeit (Reynolds-Zahl) getestet wurde.

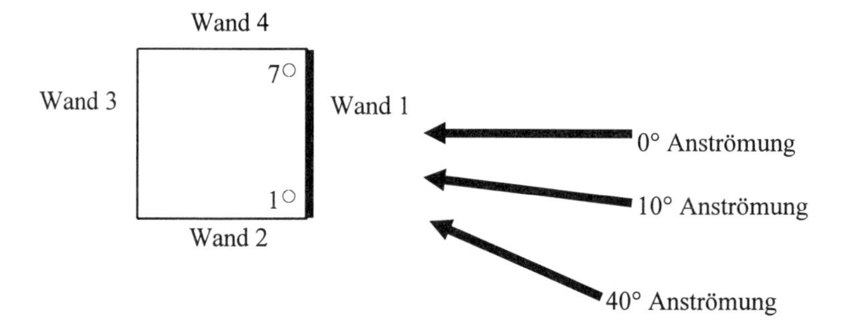

Abbildung 1-b: *Skizze zur Messung der Wandflächen (hier am Beispiel der Wandfläche 1)*

29 30 31 32 33 34 35
22 23 24 25 26 27 28
15 16 17 18 19 20 21
8 9 10 11 12 13 14
1 2 3 4 5 6 7

Wand 3
43 44 45 46 47 48 49
36 37 38 39 40 41 42
29 30 31 32 33 34 35
Wand 2 22 23 24 25 26 27 28 Wand 4
15 16 17 18 19 20 21
8 9 10 11 12 13 14
1 2 3 4 5 6 7
Wand 1

Abbildung 1-c: *Maßstabsgetreue Anordnung der Druckmeßbohrungen auf den Wandflächen (links) und der Dachfläche (rechts); genauere Angaben sind Pempeintner et al. (1994) zu entnehmen*

Ferner erfolgte ein Test der Reynolds-Zahl mit einem angenäherten Rechteckgeschwindigkeitsprofil am Würfel M 1:333 (150*mm*).

1.2 KRAFTMESSUNG MIT VARIATION DER TURBULENZINTENSITÄT

1.2.1 VORVERSUCH - GESCHWINDIGKEITSFELD MIT BZW. OHNE TURBULENZGITTER

Im Vorversuch wurde das Geschwindigkeitsfeld im leeren Windkanal, d.h. ohne Bodenrauhigkeiten und Turbulenzgitter, mit der Hitzdrahtmeßtechnik (Normalsonde) vermessen. Das Verhältnis der mittleren, örtlichen Geschwindigkeit (Abstand 2000*mm* von der Düse und Höhe 500*mm* über der Platte) zur Kanalgrundgeschwindigkeit beträgt 0,984. Der Windkanal besitzt in dieser Entfernung einen Turbulenzgrad von von weniger als 0,1*%* in einem weiten Geschwindigkeitsbereich.

Anschließend wurde ein Turbulenzgitter mit acht Stangen (quadratischer Querschnitt 20mm) äquidistanter Teilung von 120mm aufgebaut. Das Ziel bestand darin, die Turbulenzintensität in Abhängigkeit vom Gitterabstand zu vermessen. Der Effekt, das turbulente Schwankungen an einem Gitter erzeugt werden und mit wachsendem Abstand davon abnehmen (siehe Abbildung 1-e/obere Kurve), sollte zur Kraftmessung am Würfel mit variabler Turbulenzintensität ausgenutzt werden.

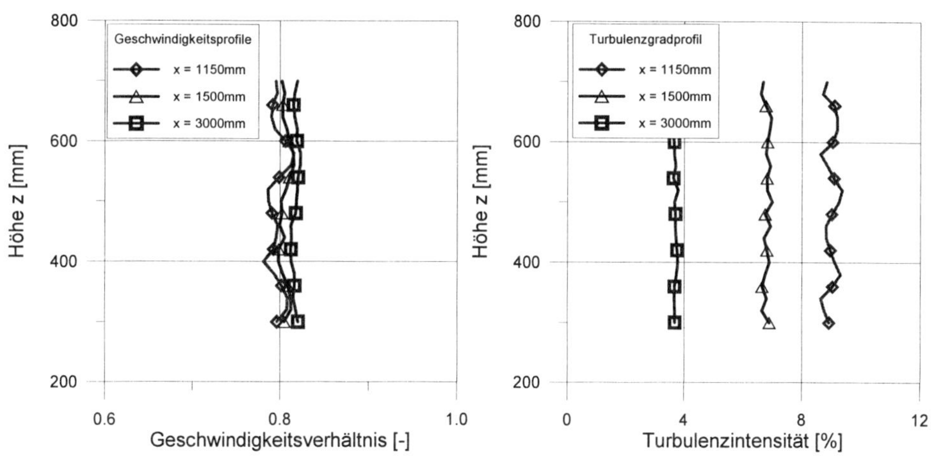

Abbildung 1-d: Geschwindigkeitsprofile (links) und Turbulenzgradprofile (rechts) in verschiedenen Abständen vom Gitter; (Symbolabstände repräsentieren nicht die Dichte der Meßpunkte!)

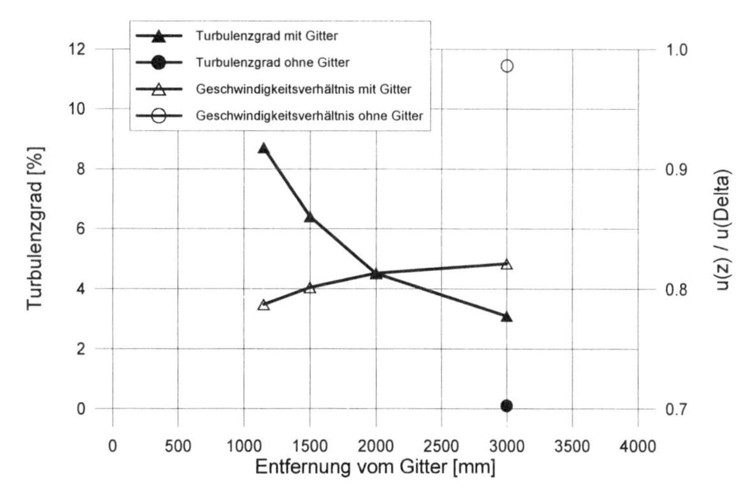

Abbildung 1-e: Turbulenzgradverteilung und Geschwindigkeitsverhältnisse (mittlere örtliche Geschwindigkeit bezogen auf die Kanalgrundgeschwindigkeit) in Abhängigkeit vom Gitterabstand

Außerdem bestanden die Forderungen, daß das Geschwindigkeitsfeld unabhängig von der Kanalgrundgeschwindigkeit ist (keine Abhängigkeit von der Reynolds-Zahl) und ein konstantes, höhenunabhängiges Geschwindigkeits- und Turbulenzgradprofil aufweist. Die Geschwindigkeitsverteilung ist in einem Bereich zwischen $1m$ und $3m$ hinter dem Gitter als konstant über der Höhe anzusehen (Abbildung 1-d links). Zeigt die Turbulenzgradverteilung (Abbildung 1-d rechts) noch leichte Nachlaufdellen des Turbulenzgitters in einem Abstand von $1m$ hinter dem Turbulenzerzeuger, so sind bereits nach $1{,}5m$ keine signifikanten Unterschiede im Turbulenzgradprofil zu erkennen. Damit sind die oben genannten Forderungen eingehalten.

In der Abbildung 1-e sind die Meßwerte mit und ohne Turbulenzgitter zusammengefaßt. Mit wachsender Lauflänge nimmt die Turbulenzintensität von knapp 9% auf 3% ab, so daß zusätzlich mit dem leeren Windkanal (Tu = 0,1%) ein breiter Turbulenzgradbereich abgedeckt werden kann.

1.2.2 KRAFTMESSUNG

Am Würfel mit dem geometrischen Maßstab 1:250 (200*mm*) wurden in freier Anströmung (wie zuvor beschrieben - siehe Kapitel 1.2) Kraftmessungen für verschiedene Turbulenzintensitäten ausgeführt. Anhand der gemessenen Kräfte wurden die dazugehörigen Widerstands- und Auftriebsbeiwerte bestimmt (Brechling, 1997).

2 Resultate

2.1 MINDEST-REYNOLDS-ZAHL

Allgemein wird für Druckmessungen an scharfkantigen Körpern, deren Ablösegebiete sich definiert ausbilden und nicht wandern (im Gegensatz zur Kreiszylinderumströmung), eine Mindest-Reynolds-Zahl, gebildet mit der Anströmgeschwindigkeit (hier mit der Geschwindigkeit in Höhe der Oberkante des Würfels) und der Kantenlänge des Würfels, von etwa 20.000 bis 25.000 angegeben (siehe u.a. Benndorf, 1993). Formuliert man die Mindest-Reynolds-Zahl mit der Grenzschichtrandgeschwindigkeit anstatt mit der Geschwindigkeit in Höhe der Oberkante des Würfels (grob vereinfacht besteht zwischen beiden Geschwindigkeiten in den betrachteten Höhen ein Faktor 2), so wird die einzuhaltende Mindest-Reynolds-Zahl einen Wert von etwa 50.000 annehmen (Pernpeintner et al., 1994). Es sei an dieser Stelle darauf hingewiesen, daß im weiteren die Mindest-Reynolds-Zahl immer mit der Geschwindigkeit in Höhe der Oberkante des Würfels gebildet wird.
Die Untersuchungen bestätigen die genannte Grenze für die Staudruckseite (Luvseite) und die 90°-Wandflächen des Würfels.

Ein besonderes Verhalten zeigte dagegen die Dachfläche des Würfels. Erst oberhalb von 50.000 wiesen die Druckbeiwerte keine Abhängigkeit von der Reynolds-Zahl auf, wobei der relative Fehler der gemessenen Druckbeiwerte kleiner als 5% ist. Im Bereich zwischen der häufig verwendeten Grenze von 25.000 und 50.000 beträgt der relative Fehler zum Teil bis zu 20%.

$$\mathrm{Re}_{\mathrm{mind}} = \frac{u_H \cdot H}{\nu} > 50.000 \qquad (1)$$

In der Abbildung 2-a ist das Verhalten für eine Druckbohrung im hinteren Teil der Dachfläche aufgetragen. Eine ähnliche Aussage konnte aus den Kraftmessungen abgeleitet werden. Dabei zeigte sich für den Auftriebsbeiwert sogar oberhalb von Re=50.000 eine Abhängigkeit von der betrachteten Ähnlichkeitskennzahl. Ein weiterer Hinweis ist bei Beger (1971) zu finden, der u.a. Sogspitzen auf Dachflächen von Gebäudemodellen untersucht und auf eine Abhängigkeit von der Reynolds-Zahl hinweist. Die Experimente wurden in einem Bereich der Reynolds-Zahl oberhalb von 100.000 durchgeführt. Mit diesen Ausführungen soll darauf hingewiesen werden, daß die üblicherweise verwendete Mindest-Reynolds-Zahl von 25.000 für die Dachfläche nicht benutzt werden kann und erst ein Vorversuch über die Unabhängigkeit von der Reynolds-Zahl Aufschluß gibt.

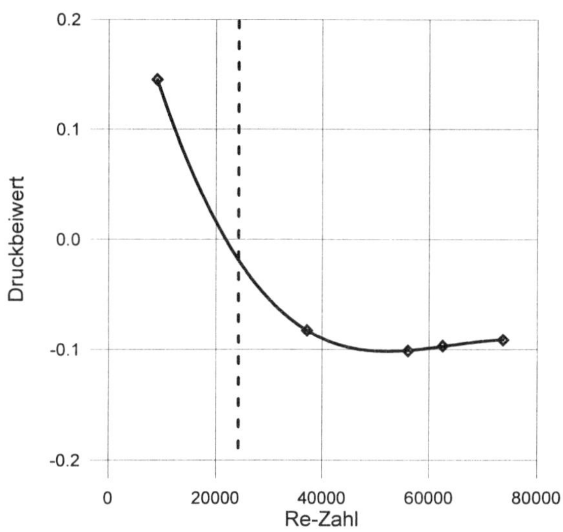

Abbildung 2-a: Druckbeiwerte (Definition siehe Gleichung (2)) in Abhängigkeit der Reynolds-Zahl für Würfel im Maßstab 1:500, Anströmung 0°, Meßbohrung 30 (im hinteren Teil) auf Dachfläche (zur Anordnung der Druckmeßbohrungen siehe Abbildung 1-a bis Abbildung 1-c); senkrechte, gestrichelte Gerade deutet die allgemein verwendete Mindest-Reynolds-Zahl von 25.000 an (u.a. Pempeintner et al. 1994, dort 50.000 gebildet mit der Grenzschichtrandgeschwindigkeit); sowohl die Druckbeiwerte als auch die Reynolds-Zahl sind mit der Würfellänge H und der Geschwindigkeit in Höhe der Würfeloberkante normiert.

Ein weiterer Aspekt läßt sich aus dem folgenden Gedankenexperiment ableiten. Ausgehend davon, daß die Geschwindigkeit aufgrund des Profils in der Nähe des Bodens die kleinsten Werte besitzt, sollten die Druckbeiwerte in dieser Region eine deutliche Abhängigkeit von der Reynolds-Zahl zeigen, was auf der Tatsache beruht, daß die Anströmgeschwindigkeit deutlich kleiner ist als z. B. in der Höhe der Würfeloberkante. Die vorliegenden Untersuchungen beweisen jedoch genau das Gegenteil. Die Druckbohrungen in Bodennähe weisen keine Abhängigkeit von der Reynolds-Zahl im betrachteten Geschwindigkeitsbereich auf. Einzig allein die Turbulenzintensität besitzt in diesem Bereich ihre größten Werte. Daraus kann folgende Aussage abgeleitet werden: Die Mindest-Reynolds-Zahl sinkt, wenn die Turbulenzintensität steigt!

Die Hypothese konnte anhand der Kraftmessung an einem Würfel in einem rechteckigen Geschwindigkeitsprofil (siehe Abbildung 1-d und Abbildung 1-e) bestätigt werden (siehe Abbildung 2-c links).

2.2 DRUCKBEIWERTE

Die gemessenen Drücke werden nach folgender Beziehung normiert und als Druckbeiwerte bezeichnet.

$$c_p = \frac{p - p_{Pos,0}}{\frac{\rho}{2}\overline{u}_H^2} \qquad (2)$$

Der dimensionslose Druckbeiwert c_p ergibt sich somit aus dem gemessenen statischen Druck p, dem statischen Druck $p_{Pos.0}$ im Meßstrahl (Meßquerschnitt - im offenen Kanal ist dieser Wert als Differenz zum barometrischen Druck $p_{Pos.0} - p_{bar}$ kleiner als $1Pa$) und dem Staudruck, der mit der mittleren Geschwindigkeit $\overline{u}_H$ in der Höhe Würfeloberkante gebildet wird. Die umgerechneten Druckbeiwerte wurden entsprechend der vom Ringversuch vorgeschriebenen Form numeriert und abgespeichert. Die Wandfläche 1 besitzt die Ziffern 0 bis 34, die Wandfläche 2 die Ziffern 35 bis 69, die Wandfläche 3 die Ziffern 70 bis 104, die Wandfläche 4 die Ziffern 105 bis 139 und die Dachfläche die Ziffern 140 bis 189 in der Abbildung 2-b (Anordnung der Druckmeßbohrungen siehe Abbildung 1-a bis Abbildung 1-c). Eine umfangreiche Zusammenstellung aller einzelnen Wandflächen und der Dachfläche des Würfels sind in Költzsch et al. (1997) aufgeführt.

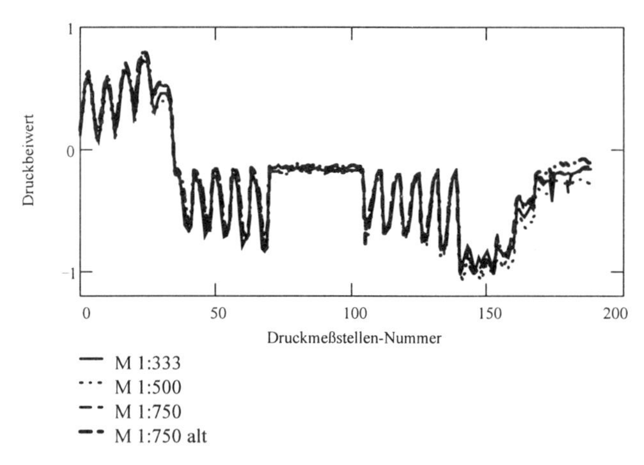

Abbildung 2-b: Druckbeiwerte aller Meßbohrungen auf der Dachfläche und auf den 4 Wandflächen des Würfels bei 0° Anströmung

In der Abbildung 2-b ist zu erkennen, daß sich keine signifikanten Unterschiede und Tendenzen zwischen den drei verschiedenen Maßstäben 1:750, 1:500 und 1:333 ergeben. Die auftretenden Abweichungen untereinander liegen innerhalb der Fehlertoleranz. Bei extrem kleinen Drücken steigt der Meßfehler bis auf etwa 10% an. Lediglich der Maßstab 1:750 weist in der überwiegenden Mehrzahl der Druckmessungen betragsmäßig die kleinsten Druckbeiwerte auf (siehe Költzsch et al., 1997). Diese Abweichung kann nicht exakt erklärt werden. Ein sehr wichtiger Einfluß könnte die Versatzhöhe d (rund $10mm$) im Potenzansatz sein, da diese etwa 15% der Würfelhöhe für den Maßstab 1:750 ($67mm$) ausmacht. Verursacht wird die Versatzhöhe durch die Bodenrauhigkeit, hier LEGO-Steine, deren Höhe zwischen $20mm$ und $30mm$ beträgt, d.h. knapp 30% bis 50% der Würfelhöhe.

Vickery (1966) weist darauf hin, daß die Druckbeiwerte betragsmäßig größer in turbulenzarmer als in stark turbulenter Strömung sind. Der Effekt wird durch den kleiner ausfallenden Nachlauf bei zunehmender Turbulenzintensität bewirkt. Geringe Unterschiede hinsichtlich dieser Einflußgröße liegen zwischen den drei Maßstäben vor, da sie unterschiedlich weit aus der bodennahen Schicht herausragen. In der Tabelle 2.2-a sind sowohl die Turbulenzintensitäten in Höhe der Würfeloberkante als auch der integrale Mittelwert über der Höhe (vom Boden bis Höhe der Würfeloberkante) zusammengefaßt.

Tabelle 2.2-a: Turbulenzintensität in Höhe Würfeloberkante und als integraler Mittelwert (vom Boden bis Höhe Würfeloberkante) für alle drei Maßstäbe

Maßstab	M 1:333	M 1:500	M 1:750 neu
H [mm]	150	100	67
Tu(H) [%]	12,6%	16,2%	19,1%
Tu(0 ... H) [%]	18,7%	20,9%	22,6%

Daraus ergeben sich Unterschiede hinsichtlich der Turbulenzintensitäten von bis zu 4% zwischen den Würfeln bei einem jedoch hohen Turbulenzniveau, die keinen signifikanten Einfluß auf die Druckbeiwerte ausüben, wie die Messung zeigt.

Eine weitere Bemerkung ist bei Bearman (1968, Messung an kreisförmigen und quadratischen Platten bei Anströmung normal zur Plattenebene) zu finden, der den Einfluß der Turbulenz nicht nur durch die Turbulenzintensität sondern auch durch den integralen Längenmaßstab der Turbulenz beschreibt. Er kommt zu dem Schluß, daß der Betrag der Druckbeiwerte mit wachsendem Produkt aus Turbulenzintensität Tu und dem Verhältnis von Quadrat des Makromaßstabes L_{ux} zur Anströmfläche H^2 asymptotisch abnimmt; ab etwa $Tu \cdot L_{ux}^2 / H^2 = 0{,}05$ tritt jedoch keine Änderung bezüglich der Druckbeiwerte mehr auf. Letzteres könnte darauf zurückzuführen sein, daß der Makromaßstab keinen Beitrag mehr liefert, wenn er viel größer gegenüber der Würfelhöhe wird. Auf die vermessenen Würfel angewendet folgt daraus, daß mit wachsender Würfelgröße einerseits die Turbulenzintensität abnimmt und andererseits das Verhältnis Quadrat des Makromaßstabes zur Anströmfläche (in der Größenordnung von 1) kleiner wird. Da beide Faktoren mit wachsender Würfelgröße sich verringern, hätte das betragsmäßig kleinere Druckbeiwerte zur Folge, es sei denn, das Produkt (hier größer als $Tu \cdot L_{ux}^2 / H^2 > 0{,}05$) befindet sich in dem Bereich, wo keine Änderungen der Druckbeiwerte zu verzeichnen sind. Aufgrund der Ergebnisse ist der letztere Fall zu vermuten.
Die größten Abweichungen treten im Gebiet der Dachfläche auf. Hier sind aufgrund der größten Übergeschwindigkeiten am Würfel, insbesondere an der luvseitigen Vorderkante der Dachfläche bei 40°-Anströmung, auch die größten negativen Druckbeiwerte zu erwarten. Weiterhin werden mit der Wiederholungsmessung im Maßstab 1:750 die Ergebnisse in Költzsch (1995) gut reproduziert.

2.3 AUFTRIEBSBEIWERTE

Der Auftriebsbeiwert wurde anhand der gemessenen Druckverteilung auf der Dachfläche des Würfels durch Integration über der Fläche und anschließender Normierung mit dem Staudruck und einer Bezugsfläche (hier $A = H^2$) bestimmt.
Die Auswahl der Geschwindigkeit zur Bildung des Staudruckes ist vielfältig. So kann neben der Kanalgrundgeschwindigkeit auch die mittlere Geschwindigkeit in Höhe Würfeloberkante gewählt werden. Da die unterschiedlichen Würfelgrößen verschieden weit in die Grenzschicht eintauchen, ergeben sich für den gleichen Staudruck des Windkanals unterschiedliche Ge-

schwindigkeiten in Höhe der Würfeloberkante, so daß die letztere Größe einen besseren Bezug gegenüber dem Wert am Grenzschichtrand (Kanalgrundgeschwindigkeit) darstellt.

Im Kapitel 2.2 wurde festgestellt, daß die größten Abweichungen der Druckbeiwerte auf den Dachflächen beim Vergleich der unterschiedlichen Würfelgrößen auftraten. Demzufolge sind große Streuungen der Auftriebsbeiwerte trotz der glättenden Eigenschaft der Integration zu erwarten.

$$c_a = \frac{\int_A p \cdot dA}{\frac{\rho}{2} \bar{u}_H^2 \cdot A} \qquad (3)$$

Tabelle 2.3-a: Auftriebsbeiwerte in Abhängigkeit von der Würfelgröße

Maßstab		**M 1:333**	**M 1:500**	**M 1:750 neu**
H [mm]		**150**	**100**	**67**
Re-Zahl		200.000	130.000	90.000
u(H)/u(Kanal)	Meßwert	0,611	0,554	0,483
u(H)/u(Kanal)	Funktion	0,607	0,541	0,483
0° Anströmung				
ca (u(H))	Druck	0,55	0,64	0,52
ca (u(Kanal))	Druck	0,20	0,19	0,12
10° Anströmung				
ca (u(H))	Druck	0,53	0,62	0,50
ca (u(Kanal))	Druck	0,20	0,18	0,12
40° Anströmung				
ca (u(H))	Druck	0,46	0,53	0,46
ca (u(Kanal))	Druck	0,17	0,16	0,11

In der Tabelle 2.3-a sind die berechneten Werte für alle drei Windrichtungen und alle Würfelgrößen gegenübergestellt. Die Ergebnisse zeigen keinen Trend hinsichtlich der unterschiedlichen Würfelgrößen. Auffallend ist, daß der Maßstab 1:500 für alle drei Anströmrichtungen die größten Auftriebsbeiwerte besitzt und daß die Ergebnisse der Maßstäbe 1:333 und 1:750 einander gleichen. Diesen Abweichungen von etwa $\pm 10\%$ steht ein relativer Meß- und Integrationsfehler der gleichen Größenordnung gegenüber.

2.4 WIDERSTANDSBEIWERTE

Mittels der gemessenen Wanddrücke am Würfels läßt sich der Widerstandsbeiwert durch Integration über der Fläche und anschließender Normierung mit dem Staudruck und einer Bezugsfläche (hier Projektionsfläche, gebildet aus dem Quadrat der Würfelabmessung und dem Anströmwinkel α) berechnen.

$$c_w = \frac{\int_A p \cdot dA}{\frac{\rho}{2} \bar{u}_H^2 \cdot \frac{H^2}{\cos\alpha}} \qquad (4)$$

Wie im vorhergehenden Abschnitt (2.3) bereits angesprochen, existieren verschiedene Geschwindigkeiten zur Bildung des Staudruckes. Die Kanalgrundgeschwindigkeit eignete sich weniger gut zum Normieren. Üblich ist die Verwendung der Geschwindigkeit in Höhe Würfeloberkante.

Eine verbesserte Normierung kann erreicht werden, wenn ein räumlicher Mittelwert der Geschwindigkeit (integraler Mittelwert zwischen Boden und Würfeloberkante) verwendet wird. Die Anströmgeschwindigkeit weist keine konstante Verteilung (Rechteckprofil) sondern ein Grenzschichtprofil auf (siehe Abbildung 2-e), welches u.a. mittels eines Potenzansatzes beschrieben werden kann und in Abhängigkeit von der Bodenrauhigkeit unterschiedliche Form annimmt. Im Versuch liegt eine gleichartige Modellgrenzschicht für alle Würfelgrößen vor. Lediglich die Versatzhöhe d im Potenzansatz besitzt eine Abhängigkeit vom Maßstab. Durch das räumliche Mitteln wird dieser Einfluß erfaßt (siehe Kapitel 2.5).

Tabelle 2.4-a: Widerstandsbeiwerte in Abhängigkeit von der Würfelgröße

Maßstab		M 1:333	M 1:500	M 1:750 neu
H [mm]		150	100	67
Re-Zahl		200.000	130.000	90.000
u(H)/u(Kanal)	Meßwert	0,611	0,554	0,483
u(H)/u(Kanal)	Funktion	0,607	0,541	0,483
u(0...H)/u(Kanal)	integraler Mittelwert	0,480	0,432	0,392
u(0...H)/u(Kanal)	quadrat. Mittel	0,489	0,439	0,396
0° Anströmung				
cw (u(H))	Druck	0,67	0,67	0,72
cw (u(Kanal))	Druck	0,25	0,20	0,17
cw (u(0...H))	Druck	1,08	1,05	1,09
cw (u2(0...H))	Druck	1,04	1,01	1,07
10° Anströmung				
cw (u(H))	Druck	0,71	0,74	0,75
cw (u(Kanal))	Druck	0,26	0,22	0,18
cw (u(0...H))	Druck	1,13	1,16	1,14
cw (u2(0...H))	Druck	1,09	1,12	1,12
40° Anströmung				
cw (u(H))	Druck	0,69	0,71	0,70
cw (u(Kanal))	Druck	0,25	0,21	0,16
cw (u(0...H))	Druck	1,10	1,12	1,06
cw (u2(0...H))	Druck	1,06	1,08	1,04

Eine noch bessere Normierung gelingt, wenn in Anlehnung an den Staudruck - hier geht die Geschwindigkeit quadratisch ein - nicht ein linearer sondern ein quadratischer Mittelwert der Geschwindigkeit über der Höhe ermittelt wird. Dieser Wert drückt einen mittleren Staudruck aus, der auf den Würfel wirkt.

In der Tabelle 2.4-a sind die Resultate aller drei Windrichtungen, der drei Maßstäbe und der verschiedenen Arten der Normierung zusammengetragen. Nur geringfügig unterscheiden sich die Widerstandsbeiwerte (Abweichung etwa $\pm 2\%$). Eine Abhängigkeit von der Würfelgröße ist wie bei den vorhergehenden Resultaten nicht erkennbar, d.h. der geometrische Maßstab hat im vorliegenden Fall keinen Einfluß auf den Widerstandsbeiwert. Das Normieren mit der quadratisch, räumlich gemittelten Geschwindigkeit weist die geringsten Abweichungen zwischen den einzelnen Modellen auf.

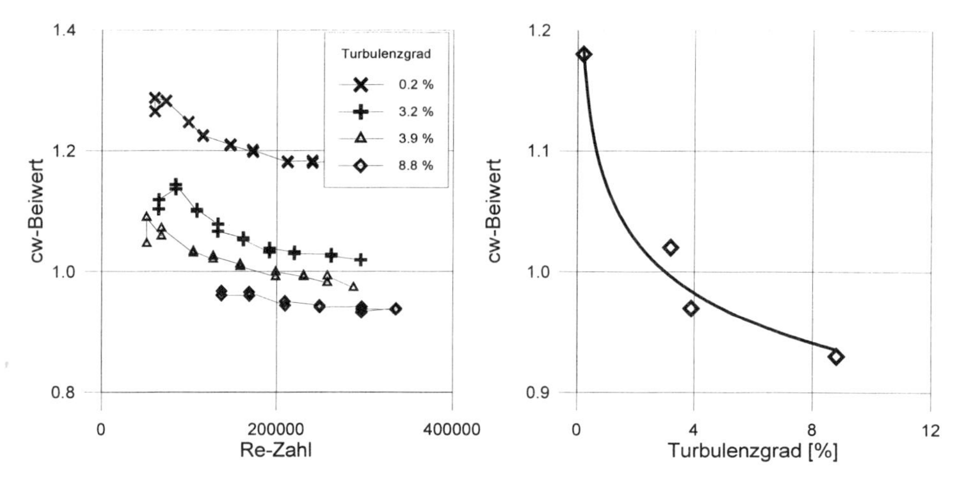

Abbildung 2-c: Widerstandsbeiwerte als Funktion der Reynolds-Zahl (links) und der Turbulenzintensität (bei Re=300.000 / rechte Seite) - Ergebnis der Kraftmessung

Laneville und Williams (1979) zeigen anhand von Messungen in Rechteckgeschwindigkeitsprofilen (keine Scherschicht), daß bei Profilen mit fast quadratischen Querschnitt der Widerstandsbeiwert mit wachsender Turbulenzintensität abnimmt, wobei die Ergebnisse unabhängig vom Integralmaßstab der Turbulenz sind. Sie verzeichnen eine 20%ige Abnahme bei einem Anstieg von knapp 0% auf rund 10% des Turbulenzgrades.
An einem Würfel im Maßstab 1:250 (200*mm*) wurde eine direkte Kraftmessung (siehe Kapitel 1.2) zum Nachweis des Einflusses der Turbulenzintensität ausgeführt. Es konnte eine Abhängigkeit der Druckbeiwerte von der Geschwindigkeit registriert werden, d.h. die Meßwerte sind erst oberhalb Re=200.000 unabhängig von der Reynolds-Zahl (Abbildung 2-c links) für ein niedriges Turbulenzniveau. Die gerade formulierte Mindest-Reynolds-Zahl sinkt jedoch bei ansteigender Turbulenzintensität. Wird im Kapitel 2.1 hingegen eine Mindest-Reynolds-Zahl von 25.000 bzw. 50.000 im bodennahen Bereich der Grenzschicht (hohes Turbulenzniveau) angegeben, so steht das nicht im Widerspruch zur vorher getroffenen Aussage. Ferner zeigt die Abbildung 2-c (rechts) einen 20%igen Abfall des Widerstandsbeiwertes bei einem 10%igen Anstieg des Turbulenzgrades und bestätigt die oben genannte Aussage von Laneville und Williams (1979). Weiterhin wird der abnehmende Einfluß der Turbulenzintensität auf den Widerstandsbeiwert in stark turbulenter Strömung sichtbar.

2.5 ABSCHÄTZUNG ZUM EINFLUSS DES GESCHWINDIGKEITSPROFILES

Innerhalb der Ringversuche wurde vorgegeben, ein Grenzschichtprofil zu modellieren, das der durch eine Vorstadtbebauung verursachten Geschwindigkeitsverteilung ähnelt. So wurde ein Toleranzbereich definiert, innerhalb dessen sich die Windkanäle wiederfinden sollen. Die Vorgabe für den Profilexponenten beträgt $\alpha = 0{,}22 \pm 0{,}02$ und für die Versatzhöhe $d = 10m \pm 5m$, wenn das Geschwindigkeitsprofil mittels des Potenzansatzes beschrieben wird.

$$\overline{u}(z) = \overline{u}_B \cdot \left(\frac{z-d}{z_B - d} \right)^{\alpha} \tag{5}$$

In der Abbildung 2-d ist sowohl das Profil mit den mittleren Vorgaben als auch zwei Profile mit den Grenzwerten eingezeichnet. Aufgrund der mathematischen Formulierung schneiden sich die Kurven in der Bezugshöhe z_B bei der Bezugsgeschwindigkeit $\overline{u}_B$.

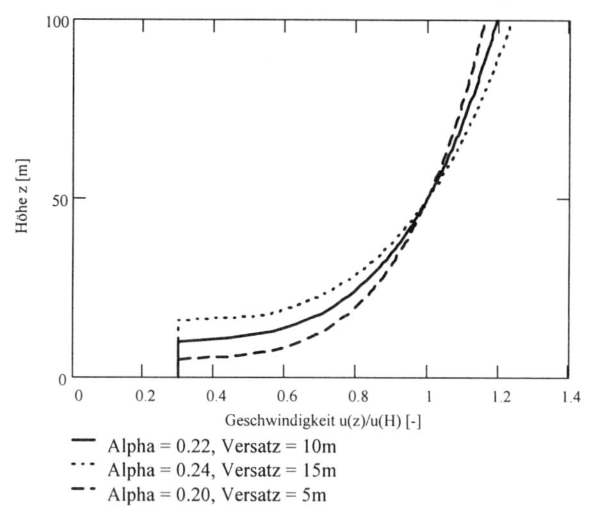

Abbildung 2-d: Theoretische Geschwindigkeitsprofile für verschiedene Profilexponenten und Versatzhöhen

Die Normierung der Druckbeiwerte erfolgt laut Ausschreibungsunterlagen mit dem Staudruck, gebildet mit der Geschwindigkeit in Bezugshöhe. Diese Bezugsgeschwindigkeit ist im Vergleich zwischen den verschiedenen Windkanälen gleich, egal welches Profil in der Messung vorliegt. Wird anstatt der Geschwindigkeit in Höhe der Würfeloberkante ein räumlicher Mittelwert des Staudruckes verwendet, so werden die deutlich sichtbaren Unterschiede im Profil prinzipiell erfaßt.
Die theoretischen Geschwindigkeitsunterschiede betragen zwischen den integralen Mittelwerten der Geschwindigkeiten (Boden bis Höhe Würfeloberkante) rund ±15%. Aufgrund des quadratischen Einflusses der Geschwindigkeit auf den Staudruck sind Abweichungen bis zu ±30% bei den Druckbeiwerten zu erwarten.

Tatsächlich ist die Bandbreite der Geschwindigkeitsunterschiede in den Ringversuchen sogar etwas größer (Hölscher, 1997). Zum Beispiel liegen in der Höhe z/H=0,2 Abweichungen zwischen den Geschwindigkeiten von etwa 23% vor. Daraus resultieren Unterschiede im Staudruck von knapp 50% (siehe Abbildung 2-f)!

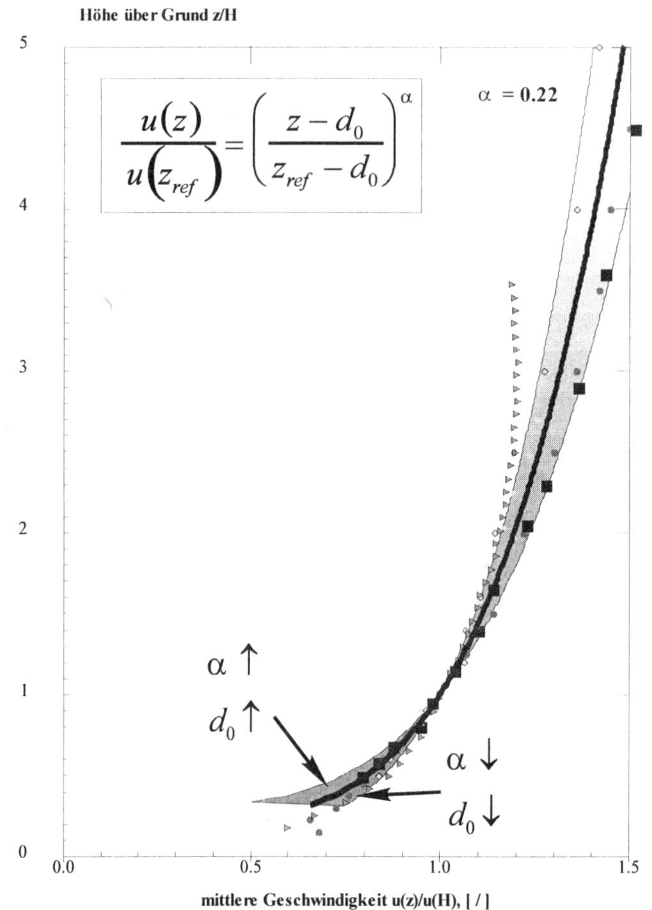

Abbildung 2-e: Die Abbildung zeigt das mittlere Geschwindigkeitsprofil als Funktion der Grenzschichthöhe. Die Symbole charakterisieren verschiedene Grenzschichtwindkanäle, der graue Bereich weist den Toleranzbereich der Ringversuchvorgaben aus. (Die Vorlage zu dieser Abbildung wurde dem vorläufigen Zwischenbericht zu den Ringversuchen in Grenzschichtwindkanälen / Hölscher (1997) entnommen.)

Allgemein kann abgeleitet werden

- Je größer der Profilexponent und die Versatzhöhe desto flacher ist das Geschwindigkeitsprofil, was einen kleineren räumlichen Mittelwert des Staudruckes zur Folge hat. Druckbeiwerte, die mit dem Quadrat der Bezugsgeschwindigkeit anstatt mit dem kleineren räumlichen Mittelwert des Staudruckes normiert werden, weisen betragsmäßig geringere Werte auf (obere Meßpunkte im linken Teil bzw. untere Meßpunkte im rechten Teil der Abbildung 2-f) als völlige Geschwindigkeitsprofile.
- Darum sollten Druckbeiwerte von Würfeln, gemessen in unterschiedlichen Modellgrenzschichten, zur besseren Vergleichsmöglichkeit mit einem räumlichen Mittelwert des Staudruckes normiert werden!

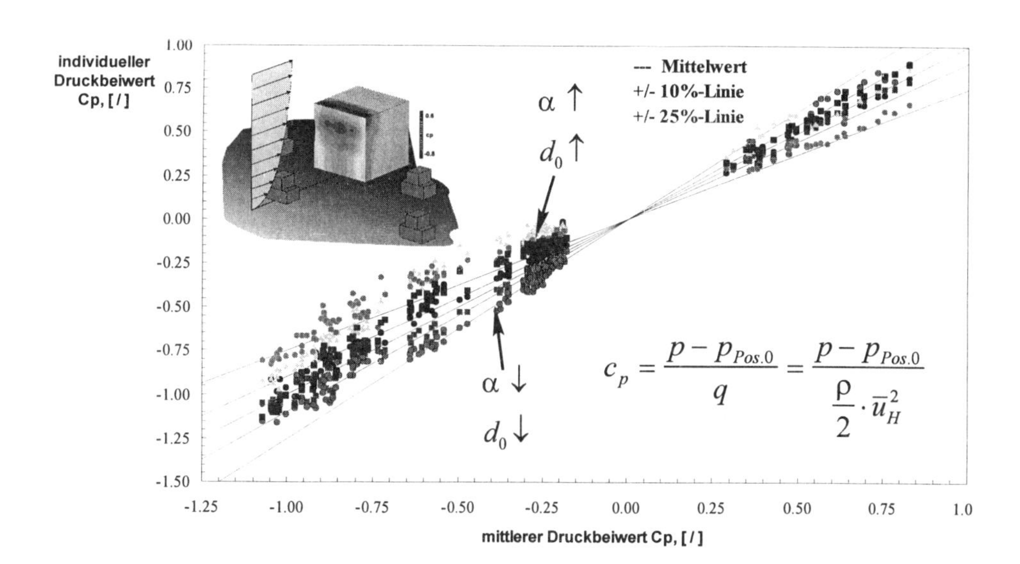

Abbildung 2-f: Erwartungswerte der Druckverteilung am Kubus - Senkrechtanströmung 0° - Die Symbole repräsentieren die Ergebnisse der Druckmessung verschiedener Windkanäle. Die Abweichungen der Druckbeiwerte sind auf die unterschiedlichen mittleren Geschwindigkeitsprofile zurückzuführen. (Die Vorlage zu dieser Abbildung wurde dem vorläufigen Zwischenbericht zu den Ringversuchen in Grenzschichtwindkanälen / Hölscher (1997) entnommen.)

2.6 EINFLUSS DES TURBULENZINTENSITÄTSPROFILES

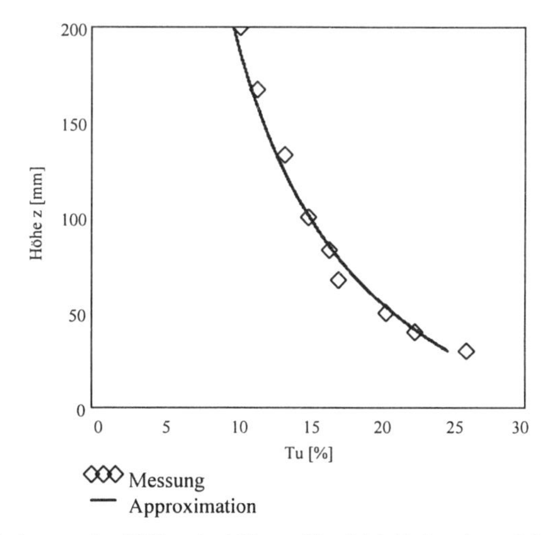

Abbildung 2-g: Turbulenzgradprofil über der Höhe z - Vergleich Meßwerte und Approximation

In der Abbildung 2-g ist das Profil der Turbulenzintensität als Funktion der Höhe dargestellt. Die bodennahe Schicht ist in jedem Fall als stark turbulent gekennzeichnet. Turbulente Schwankungen beeinflussen einerseits die Meßwerterfassung und andererseits das Strömungsfeld. Im Gegensatz zu der vom Würfel selbst produzierten Turbulenz wird im folgenden nur die der Grundströmung betrachtet!

2.6.1 EINFLUSS DER TURBULENINTENSITÄT AUF DIE MESSUNG MIT DRUCKSONDEN

Die Druckmessung mit Druckmeßsonden in stark turbulenter Strömung wird als nicht real bezeichnet (Hinze, 1975; Eck, 1966; Pankhurst et al., 1952; Fage, 1936; Goldstein, 1936).

Im folgenden wird eine kurze Herleitung für den Einfluß der Turbulenzintensität auf statische Druckmeßsonden in Anlehnung an Hinze (1975) beschrieben, die ebenfalls für statische Druckbohrungen an einem Würfel Gültigkeit besitzt. Die Richtungsempfindlichkeit von statischen Druckmeßsonden wird durch folgende Beziehung beschrieben,

$$p_{stat,\,gemessen} = p_{stat} - A \cdot \sin^2 \varphi \cdot \frac{1}{2} \cdot \rho \cdot u^2 \tag{6}$$

wobei der Winkel φ den Winkel zwischen Drucksonde und dem Geschwindigkeitsvektor darstellt. Die Konstante A ist abhängig von der Turbulenz und dem Design der Sonde (i.d.R. $A \cong 1$). Der effektive Geschwindigkeitsvektor in einer turbulenten Strömung läßt sich in seine einzelnen Bestandteile auftrennen.

$$u_{eff} = \sqrt{\left(\bar{u}_1 + u_1'\right)^2 + u_2'^2 + u_3'^2} \tag{7}$$

Der Winkel φ wird hier durch die Querkomponenten der Geschwindigkeitsschwankungen gebildet:

$$\sin\varphi = \frac{\sqrt{u_2'^2 + u_3'^2}}{u_{eff}} \tag{8}$$

Gleichung (7) und Gleichung (8) in Gleichung (6) eingesetzt, liefert für den momentanen statischen Druck

$$p_{stat,gemessen} = p_{stat} - A \cdot \frac{\rho}{2} \cdot \left(u_2'^2 + u_3'^2\right) \tag{9}$$

bzw. für den über der Zeit gemittelten statischen Druck

$$\overline{p_{stat,gemessen}} = \overline{p_{stat}} - A \cdot \frac{\rho}{2} \cdot \left(\overline{u_2'^2} + \overline{u_3'^2}\right) \tag{10}$$

Der Mittelungsstrich über dem Druck wird im weiteren weggelassen! Der mittlere Druckbeiwert ist definiert als

$$c_p = \frac{p - p_{stat\,ref}}{\frac{\rho}{2} \cdot \bar{u}_{ref}^2} \tag{11}$$

Gleichung (10) in Gleichung (11) eingesetzt, liefert

$$c_{p,\ gemessen} = \frac{p_{stat} - \frac{\rho}{2} \cdot \left(\overline{u_2'^2} + \overline{u_3'^2}\right) - p_{stat,ref}}{\frac{\rho}{2} \cdot \overline{u}_{ref}^2} \tag{12}$$

Mit dem Zusammenhang zwischen der mittleren Geschwindigkeit in der Höhe z und dem dazugehörigen statischen Druck

$$p_{stat} - p_{stat,ref} = \frac{\rho}{2} \cdot \overline{u}(z)^2, \tag{13}$$

sowie den Beziehungen zwischen den Turbulenzintensitäten in atmosphärischen Grenzschichten

$$I_u = \frac{\sqrt{\overline{u_1'^2}}}{\overline{u}(z)} \qquad I_v = \frac{\sqrt{\overline{u_2'^2}}}{\overline{u}(z)} = 0.75 \cdot I_u \qquad I_w = \frac{\sqrt{\overline{u_3'^2}}}{\overline{u}(z)} = 0.50 \cdot I_u \tag{14}$$

läßt sich Gleichung (12) folgendermaßen umschreiben:

$$\boxed{c_{p,\ gemessen} \cong c_{p,real} \cdot \left(1 - 0.8 \cdot I_u^2\right)} \tag{15}$$

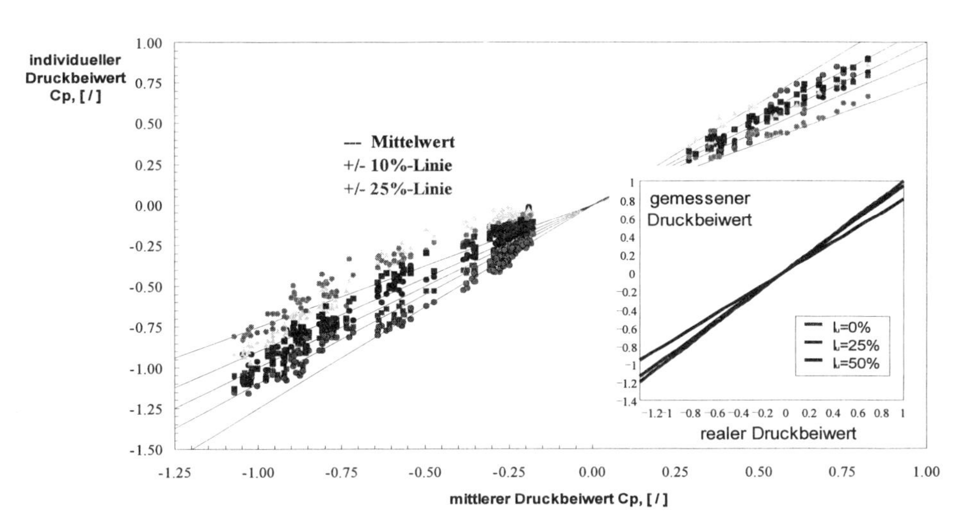

Abbildung 2-h: Linke Abbildung: Erwartungswerte der Druckverteilung am Kubus - Senkrechtanströmung 0° - Symbole repräsentieren die Ergebnisse der Druckmessung verschiedener Windkanäle. (Der linke Teil der Abbildung wurde dem vorläufigen Zwischenbericht zu den Ringversuchen in Grenzschichtwindkanälen / Hölscher (1997) entnommen.)

Rechte Abbildung: Einfluß der Turbulenzintensität auf die gemessenen Druckbeiwerte

Für den gemessenen Druckbeiwert an der Druckbohrung kann somit verallgemeinert werden, daß erhöhte Turbulenz zu einer betragsmäßigen Abnahme des Druckbeiwertes führt (Abbildung 2-h rechts)! Unter dem Index „real" in Gleichung (15) ist die Messung der Druckbeiwerte in turbulenzarmer und mit dem Index „gemessen" die Experimente in turbulenzreicher Strömung zu verstehen. D.h., vergleicht man die Druckmessungen bei unterschiedlichem

Turbulenzniveau aber gleichem Geschwindigkeitsprofil, so werden sich betragsmäßig kleinere Druckbeiwerte in stark turbulenter Strömung einstellen. Umgekehrt sind dagegen betragsmäßig größere Druckbeiwerte in turbulenzarmer Strömung vorzufinden.

Grundsätzlich existiert jedoch ein geringer Einfluß der Turbulenzintensität auf die Messung der Druckbeiwerte am Kubus, da die Experimente in den verschiedenen Grenzschichtwindkanälen bei einem ähnlichen Turbulenzniveau ausgeführt wurden.

2.6.2 EINFLUß DER TURBULENZ AUF DAS STRÖMUNGSFELD

Beim Einfluß der Turbulenzintensität auf die Druckbeiwerte ist in einen Einfluß bei anliegender und bei abgelöster Strömung zu unterscheiden. Die Theorie besagt, daß die Turbulenzintensität das Ablösegebiet stark verändert (je größer der Turbulenzgrad, desto kleiner das Ablösegebiet). Der Einfluß auf die anliegende Strömung, z. B. auf der Staudruckseite im Luv des Würfels, sollte eine untergeordnete Rolle spielen. Zur Bestätigung der Aussage wären Druck- und Kraftmessungen mit dem Würfel M 1:333 (150*mm*) im Freistrahl bei veränderlichem Turbulenzgrad notwendig. Aus der Kraftmessung „Würfel im Freistrahl bei variabler Turbulenzintensität" (Kap. 2.4) folgte einerseits, daß mit zunehmender Turbulenzintensität sich der Widerstandsbeiwert verringert und andererseits, daß der Einfluß mit zunehmendem Turbulenzniveau geringer wird. Ferner wurde gezeigt, daß die Abweichungen im Turbulenzgrad zwischen den verschiedenen Würfelgrößen (jeweils etwa 3%) bei einem hohen Niveau der Turbulenz (rund 20%) keine signifikanten Unterschiede aufweisen.

2.7 ZUSAMMENFASSUNG DER EINFLUSSPARAMETER

Tabelle 2.7-a: Zusammenfassung aller Einflußgrößen

Einflußgröße	**Kriterium**	**Einfluß**
Mindest-Reynolds-Zahl	Re > 25.000 Wandfläche Re > 50.000 Dachfläche	
mittleres Geschwindigkeitsprofil	Normierung auf • Staudruck gebildet mit $\overline{u}_H$ • mittlerer Staudruck $\overline{q}\big\|_0^H$	 **stark** gering
Turbulenzintensität „Falschmessung" bei starker Turbulenzintensität	$\|c_p\| = f(1/Tu)$	**gering** (bei ähnlichem Turbulenzniveau)
Turbulenzintensität Einfluß auf Ablösegebiete	Tu < 10% Tu > 10%	stark **gering**

3 Zusammenfassung

Im Vortrag werden Ergebnisse von zeitlich gemittelten Druckverteilungsmessungen und Kraftmessungen auf Würfel (Kantenlänge 50*m*) im Maßstab 1:333 (150*mm*), 1:500 (100*mm*) und 1:750 (67*mm*) präsentiert.

Im Vorversuch wurde der Einfluß der Kanalgrundgeschwindigkeit (Reynolds-Zahl) untersucht. Anhand der Druckmessungen wurde gezeigt, daß erst oberhalb einer Reynolds-Zahl von 25.000 für die Wandflächen bzw. 50.000 für die Dachfläche, gebildet mit Kantenlänge des Würfels und der Geschwindigkeit in Höhe Würfeloberkante, die Druckbeiwerte unabhängig von Reynolds-Zahl sind (Abweichungen kleiner als 5%).

Die Druckverteilungsmessungen wurden auf drei Würfeln unterschiedlichen Maßstabs in einer atmosphärischen Modellgrenzschicht ausgeführt. Die Druckbeiwerte zeigen, daß zwischen den beiden großen Würfeln (Maßstab 1:500 und 1:333) geringfügige Abweichungen im Rahmen der Fehlertoleranz bestehen. Lediglich am Würfel im Maßstab 1:750 weichen ausgewählte Druckbeiwerte von den Maßstäben 1:333 und 1:500 ab. Die Ursache könnte im Einfluß der Bodenrauhigkeit liegen, da bereits die zur Erzeugung der Modellgrenzschicht notwendigen LEGO-Steine eine Höhe zwischen 20*mm* bzw. 30*mm* besitzen, d.h. 30% bzw. 50% der Würfelhöhe.
Mit Hilfe der gemessenen Druckbeiwerte auf den Wandflächen bzw. der Dachfläche des Würfels wurden die Auftriebs- und Widerstandsbeiwerte bestimmt. Auch hier wird kein Trend aufgrund der unterschiedlichen Würfelgröße sichtbar.

Schließlich folgt eine Kraftmessung am Würfel 1:333 im Freistrahl (Rechteckprofil) bei variabler Turbulenzintensität. Bestätigt wird der starke Einfluß der Turbulenzintensität bei schwacher Grundturbulenz (Tu≈0% bis 10%) auf den Widerstandsbeiwert. Bei einem 10%igen Anstieg der Turbulenzintensität verringert sich der Widerstandsbeiwert um 20%. Der Einfluß vermindert sich erheblich in stark turbulenter Strömung.

Die Abweichungen der Druckbeiwerte für den Würfel im Maßstab 1:750 gegenüber den größeren Würfelmodellen (M 1:500 und 1:333) sind einerseits auf den Einfluß der Bodenrauhigkeiten (Höhe Rauhigkeiten hinsichtlich der Würfelgröße) und die Art der Normierung zurückzuführen. Bei letzterer eignet sich anstatt des Staudruckes, gebildet mit der Geschwindigkeit an der Würfeloberkante, besser der integrale Mittelwert des Staudruckes über der Würfelhöhe.

Ferner wird der Einfluß des Geschwindigkeitsprofiles und der Turbulenzintensität auf die Druckbeiwerte am Würfel mit Bezug auf den ersten Zwischenbericht der Ringversuche (Hölscher, 1997) diskutiert. Den größten Einfluß auf die Druckbeiwerte besitzt das Geschwindigkeitsprofiles (vor allem die Versatzhöhe). Durch eine geeignetere Normierung (mittlerer Staudruck über der Würfelhöhe) schrumpfen die Abweichungen der Druckbeiwerte erheblich. Abschließend kann zusammengefaßt werden, daß die Wahl des Modellmaßstabes durch die Einhaltung der Höhenprofile für die mittlere Geschwindigkeit und für die Turbulenzintensität zwischen Modell und Natur bestimmt wird.

4 Quellen

Bearman, P.W. (1968): Some effects of turbulence on the flow around bluff bodies. Proceeding Symposium On Wind Effects on Buildings and Structures, Loughborough 1968, distribution 11, 13 pages

Beger, G. (1971) Physikalische Grundlagenuntersuchung der Gebäudeum- und -durchströmung im Wind- und im Wasserkanal sowie des Wärmeeinflusses in ausgewählten Bauteilen. TU Dresden, Institut für Luft- und Raumfahrttechnik, Windkanal VB 93

Benndorf, D. (1993) Druckmessungen an einem Modell des Heizkraftwerkes Leipzig Nord. TU Dresden, Institut für Luft- und Raumfahrttechnik, Windkanal VB 271

Brechling, J. (1997) Vergleich direkt gemessener Windkräfte an Würfeln verschiedener Größe mit den dazugehörigen Druckverteilungen. 5. WTG-Dreiländertagung Braunschweig

Fage (1936): On the static pressure in fully developed turbulent flow. Proc. Roy. Soc. (A), vol. 155, p.576

Hinze, J. O. (1975): Turbulence. New York ...: McGraw-Hill, Inc. (2)

Hölscher, N. (1997): WTG-Ringversuche in Grenzschichtwindkanälen - Zwischenbericht der Windtechnologischen Gesellschaft (WTG)

Költzsch, K. (1994): Richtungsmessung des Luftstrahls in der offenen Meßstrecke. TU Dresden, Institut für Luft- und Raumfahrttechnik, Windkanal Kurzbericht

Költzsch, K. (1995): Untersuchungen im Windkanal der TU Dresden im Rahmen der von der Windtechnologischen Gesellschaft geforderten Ringversuche. TU Dresden, Institut für Luft- und Raumfahrttechnik, Windkanal Sachstandsbericht (1/1995)

Költzsch K., H. Ihlenfeld, H. Kitzing, R. Kirchner, M. Heidl (1995):
Abschlußbericht für Windlastannahmen und für Ausbreitungsvorgänge in Grenzschichtwindkanälen. TU Dresden, Institut für Luft- und Raumfahrttechnik, Windkanal Abschlußbericht

Költzsch, K.; H. Ihlenfeld; J. Brechling, R. Kirchner (1997):
Einfluß des Modellierungsmaßstabes bei der Ermittlung von Windlastannahmen in Grenzschichtwindkanälen. TU Dresden / Institut für Luft- und Raumfahrttechnik / Windkanal VB 310

Laneville, A.; C. D. Williams (1979):
The effects of intensity and large scale turbulence on the mean pressure and drag coefficients of 2D rectangular cylinders. Proc. Of 5th Int. Conference on Wind Engineering - Fort Collins 1979, Vol. 1, 397-404

Pankhurst, R. C.; D.W. Holder (1952):
Wind-Tunnel Technique. London: Sir Isaac Pitman & Sons, Ltd. (1)

Pernpeintner, A.; P. Schnabel; A. Schuler; W. Theurer (1994):
Anleitung zur Durchführung von Ringversuchen für Windlastannahmen und für Ausbreitungsvorgänge in Grenzschichtwindkanälen. Windtechnologische Gesellschaft (WTG)

Sockel, H. (1984): Aerodynamik der Bauwerke. Braunschweig/Wiesbaden: Vieweg (1)

Vickery, B. J. (1966): Fluctuating lift and drag on a large cylinder of square cross-section in a smooth and in a turbulent stream. Journal Fluid Mechanics 25 (3), 481-494

Vergleich direkt gemessener Windkräfte an Würfeln verschiedener Größe mit den zugehörigen Druckverteilungen

Prof. Dr.-Ing. habil. J. Brechling
Institut für Luft- und Raumfahrttechnik
TU Dresden
D-01062 Dresden

1. Motivation

Bei der Bestimmung der Windlasten an Bauwerken mittels der Messung im Windkanal an einem Modell wird meist die Messung und Integration der Druckverteilung der unmittelbaren Messung der resultierenden Kräfte vorzuziehen sein. Diese Vorgehen bereitet jedoch bei stark gegliederten Oberflächen einen großen Meß- und Auswertungsaufwand. Als Beispiel sei die Bestimmung der Windlasten auf die Kuppel des umgestalteten Reichstagsgebäudes genannt, bei der aus diesem Grund die Kräfte direkt gemessen wurde.

Der durch die WTG ausgeschriebene Ringversuch enthält in Phase 2 die ausführliche Vermessung der Druckverteilung um einen von einer atmosphärischen Modellgrenzschicht umströmten Würfel. Das legte die in diesem Bericht beschriebene Aufgabe nahe, die auf diese Modellwürfel wirkenden aerodynamischen Kräfte mittels einer Mehrkomponentenwaage direkt zu messen und mit den aus der Druckverteilung integrierten Kräften zu vergleichen.

2. Versuchsaufbau

Der Versuchsaufbau entspricht dem des Ringversuchs gemäß Literatur [1]. Die bei der Modellierung der atmosphärischen Grenzschicht erhaltenen Ergebnisse wurden in [2] dargestellt. Sie sind Teil der zusammenfassenden Bewertung der Ergebnisse des Ringversuchs [3].

Die als Meßobjekt verwendeten Würfel der Kantenlängen 100, 150 und 200 mm entsprechend den zugehörigen Modellierungsmaßstäben 1:500, 1:333 bzw. 1:250 wurden in Position 0 auf eine aerodynamische Sechskomponentenwaage montiert. Bild 1 zeigt den Würfel mit 200 mm Kantenlänge zusammen mit dieser Waage in der Meßstrecke des Windkanals. Die Waage ist auf einer Halterung unter der Bodenplatte drehbar befestigt. Der 100er Würfel mußte auf die dann unter der Bodenplatte versenkte Waage gesetzt werden, so daß die Waage im Meßstrahl liegt. Die beiden größeren Würfel wurden mit der Innenseite der Dachfläche auf der Waage verschraubt. Die Waage befindet sich völlig innerhalb des zu untersuchenden Würfels und erfährt keine direkte Windeinwirkung.

Die Würfel müssen mit kleinem Spalt über der Bodenplatte justiert werden, aber unter allen Umständen so frei beweglich bleiben, daß die gesamte Windlast über die Waage abgeleitet wird. Um das Durchströmen des Spalts zu minimieren, wurden innerhalb der Würfels Rahmen angebracht, die den Spalt wie ein einfaches Labyrinth noch zusätzlich abdichten (in Bild 1 für den 200er Würfel gezeigt).

Die Sechskomponentenwaage ist eine Eigenentwicklung mit einem Meßbereich von ± 80 N für jede Komponente. Dieser Meßbereich ist für die hier behandelte Aufgabe zu groß.

Bild 1; 200er Meßwürfel und Sechskomponentenwaage in der Windkanalmeßstrecke

Der zu erwartende - relative - Meßfehler wird infolge geringer Ausnutzung des möglichen Meßbereichs recht groß. Als Richtgröße für den nach genauer Kalibrierung verbleibenden zufälligen Fehler infolge der Waage werde 0.05 % des Meßbereichs bzw. 0.8 % des anliegenden Meßwerts angegeben.

Die genaue Bestimmung der senkrechten Windlastkomponente aus den unmittelbar durch die Waage angezeigten Kräften erfordert die Korrektur um die Differenz zwischen dem sich im Innern des Meßwürfels einstellenden Druck und dem statischen Bezugsdruck[1].

Die Waage ist modellfest so eingebaut, daß die gemessenen Kräfte in den durch die Würfelkanten definierten Komponenten anfallen. Diese Komponenten werden im folgenden als Längskomponente - Schub in Hauptströmungsrichtung bei Anströmrichtung 0° -, Querkomponente und Auftrieb bezeichnet. Bei der Drehung des Würfels um 90° vertauschen die waagerechten Komponenten ihre Rolle, was zur Kontrolle der Meßergebnisse ausgenutzt wurde.

3. Ergebnisse der Kraftmessungen

Zur Beurteilung des Meßfehlers wird in Bild 2 das Meßergebnis für die Längskraft am 100er Würfel bei Anströmrichtung 0° gezeigt. Die Kraft wurde nicht dimensionslos gemacht, um den Zusammenhang zwischen absolutem und relativem Fehler hervorzuheben. Aufgetragen wurde über der mit der Kantenlänge und der Anströmgeschwindigkeit in Höhe der Dachfläche gebildeten Re-Zahl.

---

[1] Als Bezugsdruck wird der in der ungestörten Modellgrenzschicht vorhandene statische Druck angesehen. Dieser ist in der Meßstrecke großräumig konstant und identisch mit dem Druck der Umgebung.

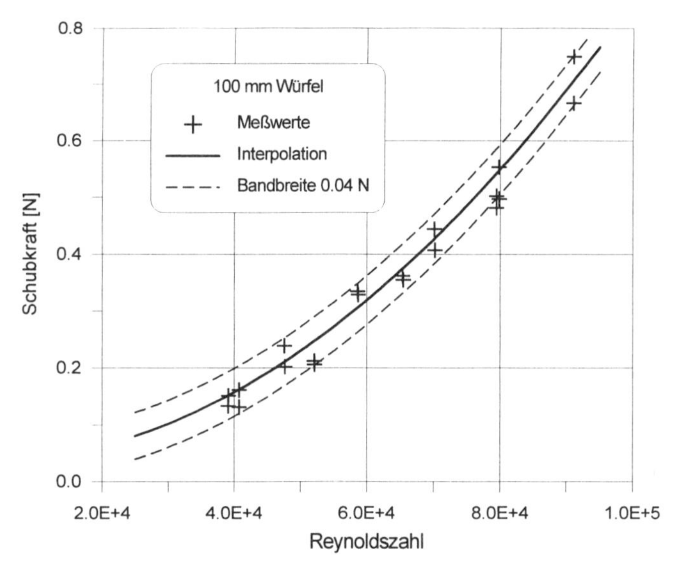

Bild 2; Längskraft am 100er Würfel bei Anströmrichtung 0°

Der 100er Würfel liefert für gegebene Windkanalblasgeschwindigkeit naturgemäß die kleinsten Kräfte, so daß der wenig ausgenutzte Meßbereich bei diesem am deutlichsten sichtbar wird. In Bild 2 ist eine Bandbreite von ±0.04 N entsprechend den genannten ±0.05 % Fehler eingetragen, der von den einzelnen Meßwerten auch eingehalten wird. Dieser an sich kleine Fehler ergibt jedoch einen relativ so erheblichen Fehler, daß die weiteren Betrachtungen auf die Ergebnisse der beiden größeren Würfel konzentriert werden sollen.

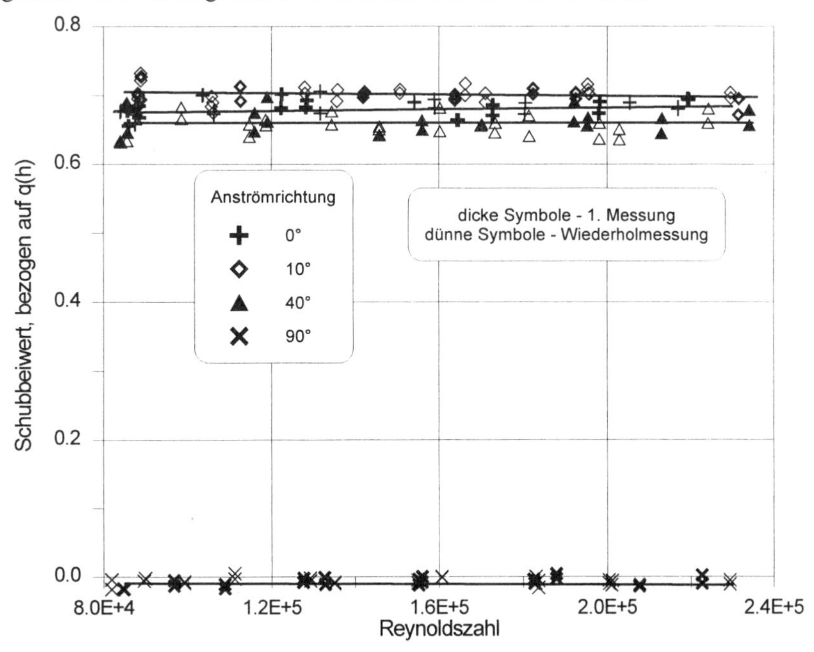

Bild 3; modellfeste Längskomponente am 200er Würfel

Bild 3 zeigt die modellfeste Längskomponente für die im Ringversuch geforderten Anströmwinkel 0°, 10°, 40° und die als Kontrolle gemessene Anströmrichtung 90°, bei der diese Komponente verschwinden sollte, was auch gut erfüllt wird. Aufgetragen ist in diesem Bild und allen folgenden mit Ausnahme von Bild 5 der Quotient aus gemessener Kraft(-komponente), dividiert durch den Staudruck in Höhe der Dachfläche und die Größe einer Würfelfläche. Die waagerechten Komponenten werden als Schubbeiwert, die senkrechte als Auftriebsbeiwert bezeichnet.

Es fällt auf, daß der Beiwert zwischen 0° und 40° fast nicht von der Anströmrichtung abhängt.

Die entsprechende modellfeste Querkomponente zeigt Bild 4. Die Werte entsprechen, soweit die Anströmrichtungen vergleichbar sind, denen in Bild 3.

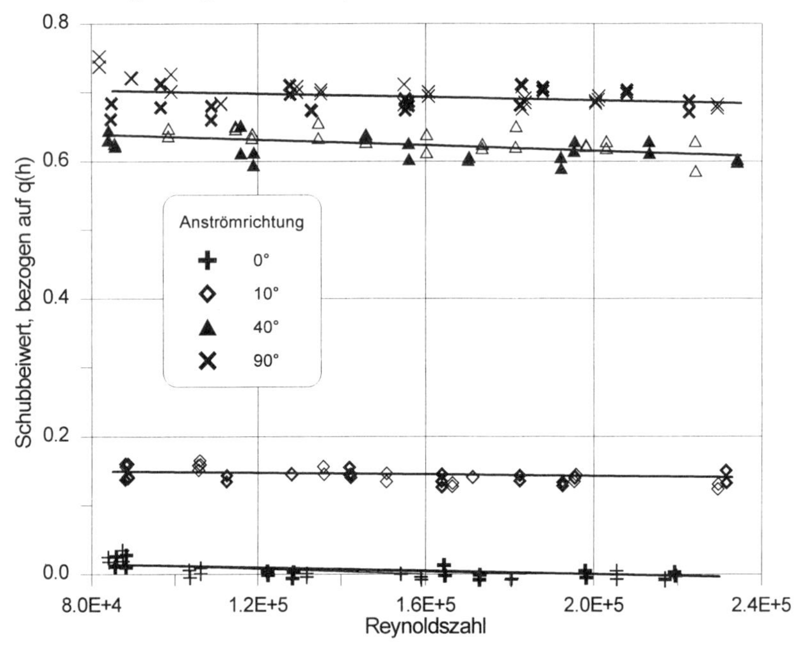

Bild 4; modellfeste Querkomponente am 200er Würfel

Aus den in den Bildern 3 und 4 gezeigten Werten wurde der in Bild 5 dargestellte Betrag der waagerechten Komponenten gebildet. Die Beiwerte in Bild 5 wurden jedoch nicht auf die Größe einer Würfelfläche, sondern auf die jeweilige, von der Anströmrichtung abhängige effektive Stirnfläche bezogen. Die Werte sind deshalb kleiner. Die Abhängigkeit des so gebildeten Beiwerts von der Anströmrichtung ist ziemlich gering.

Aus den beiden waagerechten Komponenten kann eine Angriffsrichtung der Windkraft - in der waagerechten Ebene - berechnet werden (Bild 6). Diese Richtung fällt bei 0° und 90° selbstverständlich mit der Anströmrichtung zusammen, unterscheidet sich aber bei 10° und 40° auch nur um einige Winkelgrade von der Anströmrichtung.

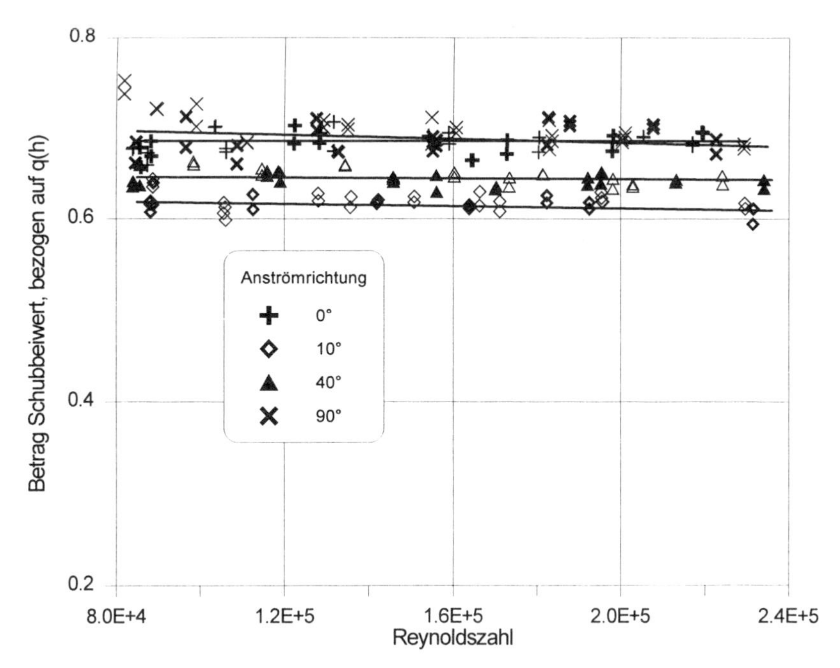

Bild 5; Betrag des Schubbeiwerts, bezogen auf die winkelabhängige Stirnfläche

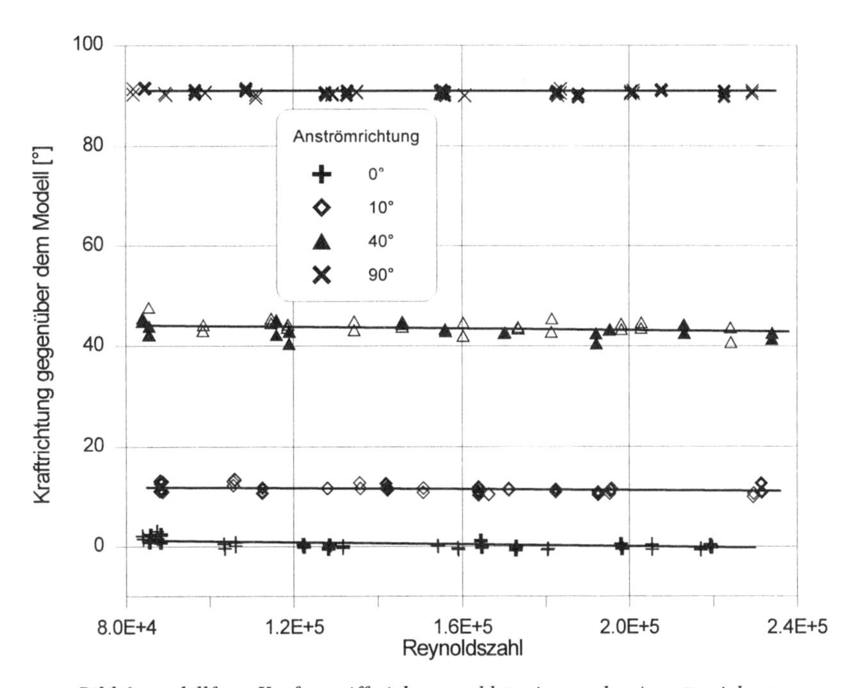

Bild 6; modellfeste Kraftangriffsrichtung, abhängig von der Anströmrichtung

Bild 7 zeigt den am 200er Würfel gemessenen Auftriebsbeiwert für einige Anströmrichtungen. Der unmittelbare Meßwert wurde um den Differenzdruck zwischen Würfelinnenraum und Umgebung korrigiert.

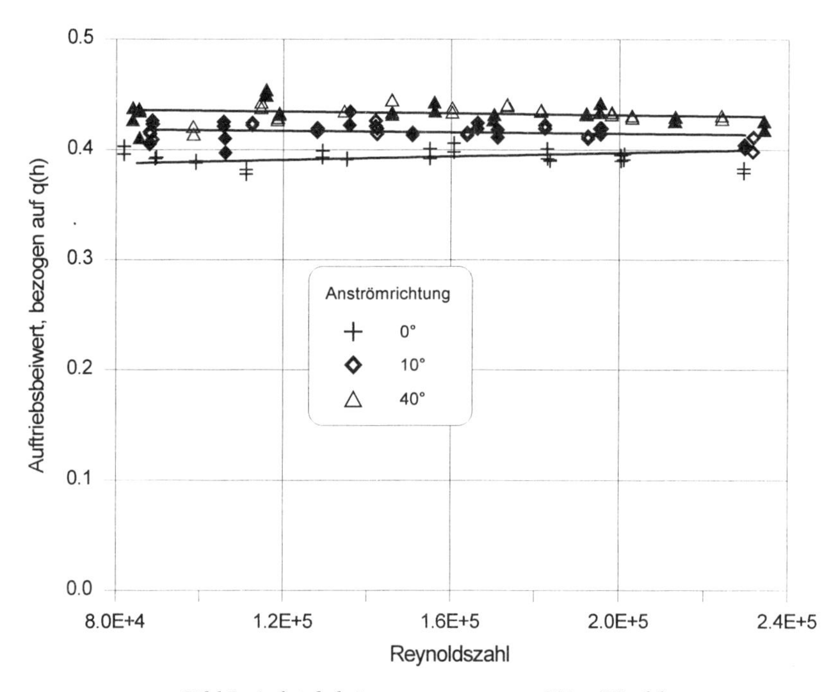

Bild 7; Auftriebsbeiwert, gemessen am 200er Würfel

Eine Auswahl der in den Bildern 3 bis 7 dargestellten Kraftbeiwerte soll mit den aus der Integration der Druckbeiwerte erhaltenen Integralen verglichen werden. Um die Diagramme nicht mit einer verwirrenden Zahl einzelner Symbole zu belasten, wird die in den Bildern 2 bis 7 verwendete Auftragung über der Reynoldszahl verlassen. Die Kraftbeiwerte sind ohnehin von der Reynoldszahl fast unabhängig, so daß der Vergleich der Beiwerte für etwa $Re = 2 \cdot 10^5$ genügt. Die Bilder 8 bis 10 zeigen den Vergleich der beiden waagerechten Komponenten und der senkrechten Komponente. Die Interpolationskurven nutzen als 4. Funktionswert den noch einmal für den Anströmwinkel 90° eingetragenen Meßwert von 0°.

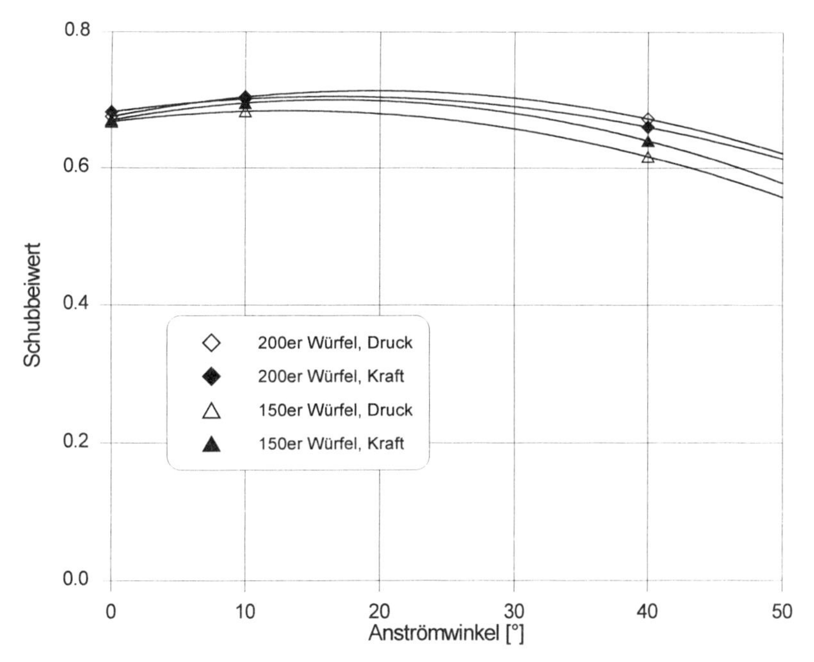

Bild 8; Vergleich der modellfesten Längskomponente

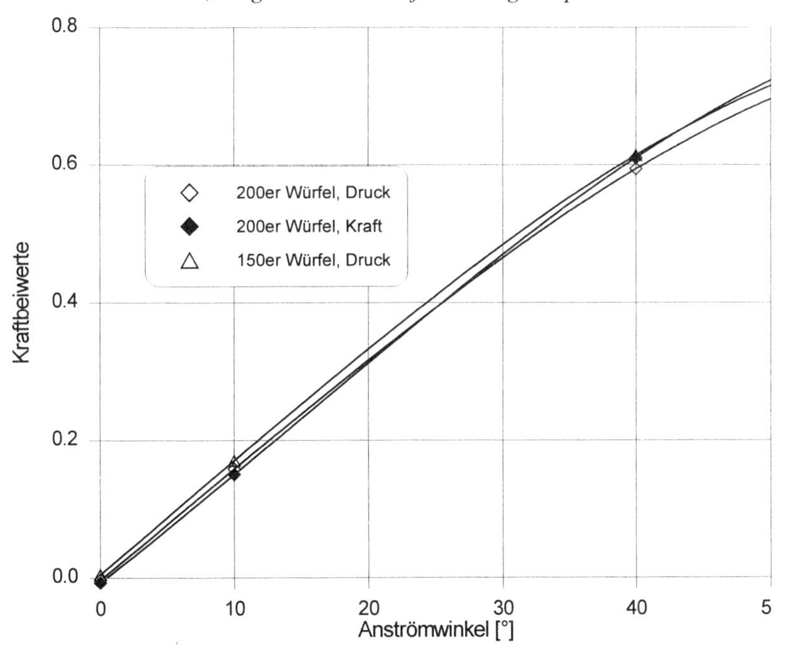

Bild 9; Vergleich der modellfesten Querkomponente

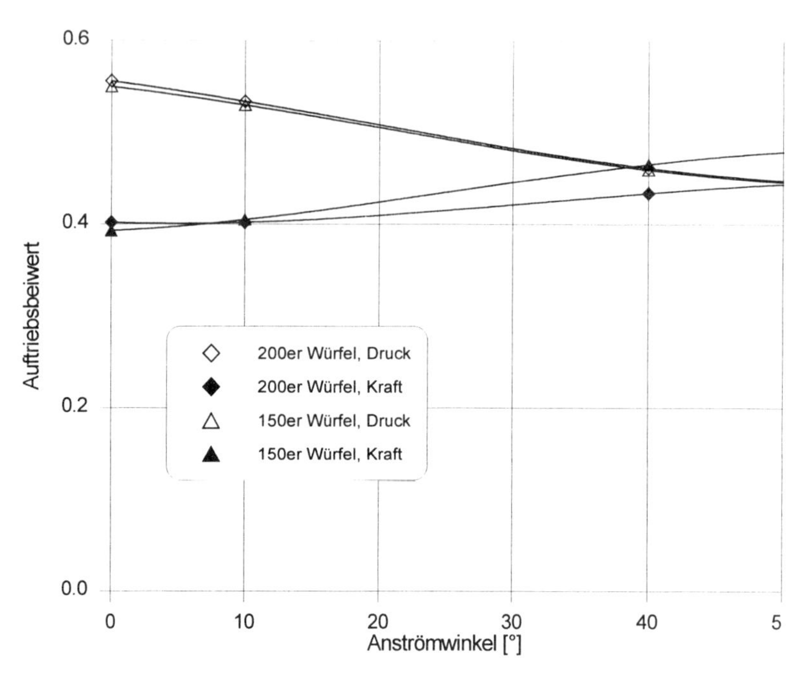

Bild 10; Vergleich der Auftriebsbeiwerte

Der Vergleich zwischen den Integralen der Druckverteilung und dem Ergebnis der Kraftmessung fällt für die beiden waagerechten Komponenten sehr zufriedenstellend aus. Die relativ kleine Abweichung in Bild 8 bei 40° zwischen den Ergebnissen am 150er und am 200er Würfel tritt bei der Druck- und der Kraftmessung gleichermaßen auf und muß nicht im Meßaufbau gesucht werden.

Die Abweichung beim Auftriebsbeiwert ist erheblich und bedarf einer weiteren Klärung. Die Frage, inwieweit bei einem derartigen Meßobjekt der Auftriebsbeiwert überhaupt von Interesse ist, soll nicht diskutiert werden. Jedoch sei noch einmal festgestellt, daß die Definition des Auftriebsbeiwerts für den untersuchten Fall eine Vereinbarung über den statischen Bezugsdruck erfordert, da das Modell nicht vollständig von der Strömung umgeben ist. Darin unterscheidet sich der untersuchte Fall grundsätzlich von einem allseitig in der Strömung befindlichen Objekt, bei dem sich der Druck auf der Unterseite aus der Strömung heraus aufbaut und zum Meßwert dazugehört, wie z.B. bei der eingangs erwähnten Kuppel des Reichstagsgebäudes. Bei den hier vorgestellten Messungen wurde der Druck im Innern der Würfel mitgemessen, jedoch angenommen, daß er über den Innenraum konstant ist.

Als mögliche Ursachen der Abweichung kommen in Frage :

- Trotz des engen Spalts und der Abdichtung treten noch so wesentliche Strömungen im Innenraum auf, daß die Abweichungen des Innendrucks vom Wert an der Meßstelle berücksichtigt werden müssen.
- Die Durchströmung des Spalts bringt auf die unteren Kanten der Würfelflächen gegen den Spalt zur Bodenplatte eine wesentliche Sogkraft nach unten.

- Der Fehler in den Druckintegralen infolge ungenügend dichter Unterteilung der Druckmeßstellen[2] ist zu groß.
- die aus den Wandschubspannungen resultierenden Kräfte; diese werden durch die Druckmessung naturgemäß nicht erfaßt.

Wahrscheinlich sind die beiden erstgenannten Ursachen für die Abweichung verantwortlich, was einer weiteren experimentellen Überprüfung bedarf. Der Integrationsfehler infolge der endlichen Anzahl der Druckmeßstellen ist eventuell bei dem stark veränderlichen Druckfeld bei 40° Anströmwinkel - es treten Unterdruckspitzen mit sehr steilen Flanken auf - bedeutsam, nicht jedoch bei der Anströmung normal zu einer Würfelfläche. Das Integral der Wandschubspannungen ist nach Überschlagsrechnungen für solch kantige Körper mit großräumigen Totwassergebieten vernachlässigbar - im Gegensatz z.B. zu einem PKW -, vor allem aber sollten die Schubspannungen zur Vergrößerung der Gesamtkraft führen, so daß diese Ursache nicht weiter verfolgt werden muß.

4. Instationäre Effekte

Die an dem auf der Waage montierten Modell angreifenden Kräfte sind infolge der stark turbulenten Strömung zeitlich veränderlich. Das System Modell - Waage ist zumindest ohne zusätzliche Dämpfer ein schwach gedämpftes Feder - Masse - System, das durch die aerodynamischen Kräfte zu Schwingungen angeregt werden kann. Für eine sachgemäße Messung - und den Schutz der Waage gegen Überlastung - müssen zwei Bedingungen erfüllt sein :

- die Bewegungsgeschwindigkeit des Modells infolge der Schwingungen muß sehr klein gegen die Anströmgeschwindigkeit sein;
- wenn im Spektrum der aerodynamische Anregung signifikante Frequenzen z.B. aus dem Nachlauf eines vorgelagerten Körpers vorhanden sind, müssen auch die tiefsten Eigenfrequenzen des Feder - Masse - Systems größer sein als die Eigenfrequenzen (hochabgestimmte Aufhängung)[3];

Einige der in Abschnitt 3. vorgestellten Messungen wurden einer Frequenzanalyse unterzogen. Ein - qualitatives - Ergebnis zeigen die Bilder 11 und 12.

Die Eigenfrequenzen sind sehr deutlich zu erkennen. Die Grundfrequenz der Schwingung in Hauptströmungsrichtung liegt bei 28 Hz, unabhängig der Anströmgeschwindigkeit. Diese Unabhängigkeit darf als Beleg dafür gelten, daß es sich um die mechanische Eigenfrequenz handelt, denn die Frequenz einer typischen Strömungsanregung - z.B. durch eine Wirbelstraße im Nachlauf eines Kühlturms - würde sich mit zunehmender Anströmgeschwindigkeit erhöhen. Wenn für eine Überschlagsrechnung die Strouhalzahl der Würfelumströmung mit0.2 angenommen wird, ergeben sich Frequenzen von 6.6, 129 und 16.4 Hz, die merklich kleiner als die gemessene Eigenfrequenz sind. Eine solche Anregung ist jedoch nicht zu erkennen, sondern es liegt vielmehr eine „breitbandiges Rauschen“ vor.

---

[2] Verwendet wurde die für den Ringversuch vorgegebene Unterteilung. Die integrale Auswertung ist nicht Teil des Ringversuchs, die Zweckmäßigkeit der gewählten Unterteilung soll durch diese Feststellung nicht in Frage gestellt werden.
[3] Diese Forderung gilt nicht für Meßaufgaben, bei denen die Bewegung des Modells infolge der aerodynamischen Kräfte Teil der Aufgabe ist, z.B. bei der Untersuchung schlanker Stahlschornsteine.

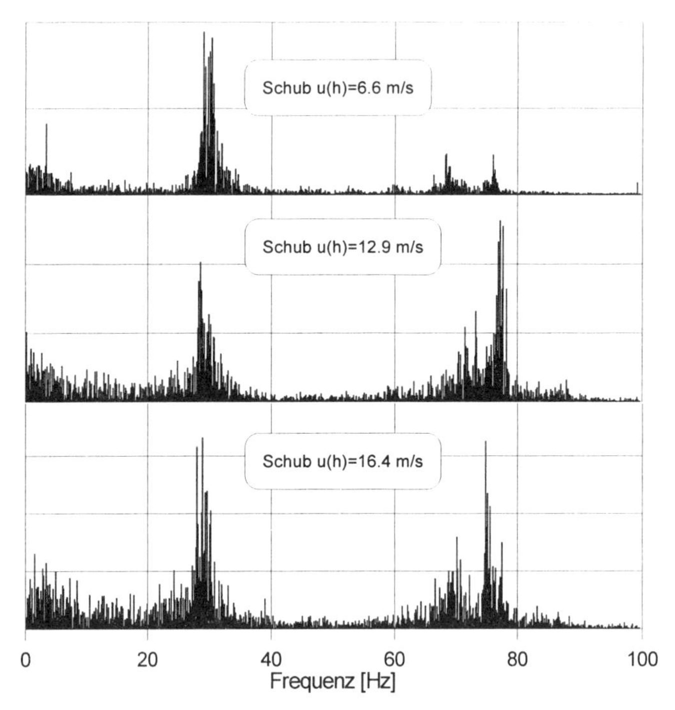

Bild 11; Qualitative Spektralverteilung der Schubkomponente

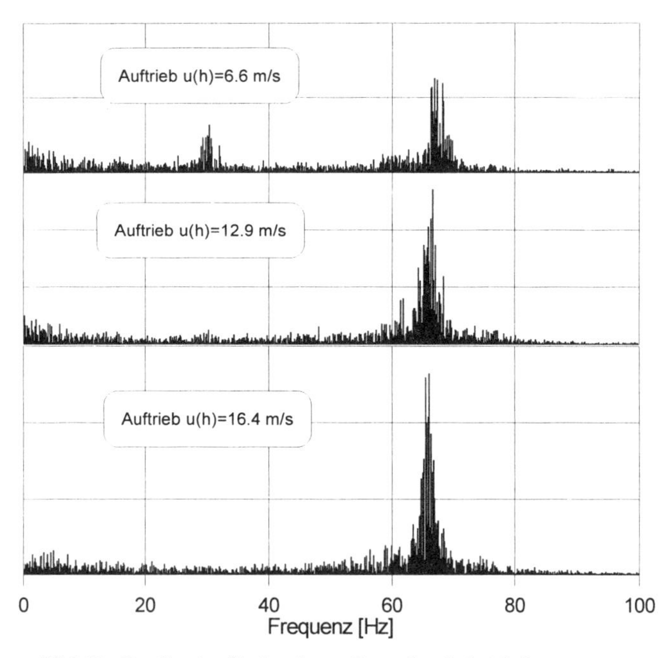

Bild 12; Qualitative Spektralverteilung der Auftriebskomponente

Das Frequenzspektrum der vertikal gerichteten Schwingung besitzt nur einen Peak bei 66 Hz. Die Verkoppelung beider Schwingungen ist so gut wie nicht vorhanden.

Der Versuchsaufbau erfüllt demzufolge die oben erhobene Forderung nach „hoher Abstimmung".

5. Zusammenfassung

Die vorgestellten Messungen und Meßergebnisse zeigen, daß die Bestimmung von Windlasten durch unmittelbare Messung der Kräfte eine mögliche Alternative zur Aufnahme und Auswertung der Druckverteilung darstellt. Vorteilhaft kann diese Meßtechnik bei kompliziert gestalteten Objekten sein. Außerdem erfordert die Kraftmessung wesentlich weniger Meßzeit. Die Meßgenauigkeit entspricht der der Druckmessung. Bei Objekten, die nicht vollständig von der Strömung umgeben sind, müssen Vorkehrungen gegen die Verfälschung der Meßergebnisse infolge fehlerhafter Schließungsbedingungen getroffen werden.

6. Literatur

1 - Pernpeitner, Schnabel, Schuler, Theurer (1994):
Anleitung zur Durchführung von Ringversuchen für Windlastannahmen...

2 - Költzsch, Ihlenfeld, Kitzing u.a. (1995) :
Abschlußbericht für Windlastannahmen und für Ausbreitungsvorgänge in Grenzschichtwindkanälen; unveröffentlicht, Windkanal TU Dresden

3 - Hölscher, N.: WTG-Ringversuche in Grenzschichtwindkanälen, 2. Zwischenbericht, Nov. 1997

WINDERZEUGTE BAUWERKSLASTEN IN BEBAUTEN GEBIETEN

Dipl.-Ing. H. Kiefer
Institut für Hydrologie und Wasserwirtschaft
Universität Karlsruhe
Kaiserstr. 12
D-76128 Karlsruhe

Prof. Dr.-Ing. E. J. Plate
Institut für Hydrologie und Wasserwirtschaft
Universität Karlsruhe
Kaiserstr. 12
D-76128 Karlsruhe

KURZFASSUNG Der winderzeugte Druck an Gebäudeflächen wird im allgemeinen mit Hilfe des dimensionslosen Druckbeiwertes c_p beschrieben. Für geometrisch einfache Baukörper sind diese Angaben in den derzeit gültigen Bemessungsvorschriften enthalten. Die Werte wurden mit Hilfe von Windkanalversuchen ermittelt, wobei ausschließlich einzeln stehende Bauwerksmodelle verwendet wurden. In der Realität ist das einzeln stehende Gebäude jedoch eher ein seltener Fall. In Siedlungsgebieten sind Bauwerke von umliegenden Gebäuden umgeben, wodurch einerseits die Druckverteilung an der Gebäudeaußenfläche durch Abschattungseffekte verändert werden kann, andererseits wird beim Über- bzw. Durchströmen derartiger Gebiete nachhaltig das Windfeld verändert. Der letztere Einfluß wird meist durch die Parameter der anströmenden Grenzschicht berücksichtigt, die Lastbeiwerte des Einzelgebäude finden jedoch auch bei in Umgebungsbebauung eingebetteten Bauwerke ihre Anwendung. Ursache hierfür ist die unzureichende Verfügbarkeit an Daten, um derartige Effekte bei der Ermittlung der maßgebenden Windlast mit einzubeziehen (Cook (1985)). Weiterhin verursacht die Vielzahl existierender Bebauungsformen Schwierigkeiten bei der Formulierung allgemein gültiger Kriterien.

Am Institut für Hydrologie und Wasserwirtschaft der Universität Karlsruhe wurden daher zunächst umfangreiche Studien zur Klassifizierung von typischen Bebauungsmustern durchgeführt (Badde (1994)). An zwei ausgewählten Anordnungsmustern - reihenförmige Bebauung und Industriebebauung - wurden Windkanalversuche zur Quantifizierung von deren Einfluß auf die windinduzierten Gebäudeaußendrücke durchgeführt. In einer weiterführenden Studie werden derzeit die systematischen Windkanalversuche durch Messungen an Gebäudemodellen in einer innerstädtischen Bebauungsstruktur ergänzt. Zudem werden Messungen in Natur und Modell an einem real existierenden Testgebäude auf dem Gelände der Universität Karlsruhe vorgenommen. Das ausgewählte Testgebäude ist eingebettet in eine komplexe Umgebung und daher geeignet die Anwendbarkeit der Ergebnisse aus den Windkanalversuchen zu überprüfen.

Hinsichtlich der mittleren Kraftbeiwerte auf die Gebäudeflächen zeigen die bisherigen Versuche in einem modellierten Industriegebiet, daß bei zunehmender Bebauungsdichte und geringer Höhe des Gebäudes im Verhältnis zu seiner Umgebung die integralen Windlasten zum Teil erheblich verringert werden. Die Verminderung der windinduzierten Drücke ist jedoch nicht gleichmäßig über die Gebäudefläche ausgeprägt. Lokal werden beispielsweise an den Wänden, bei paralleler Ausrichtung zum Wind, in den Bereichen nahe der angeströmten Kante, dort wo sich die Zone des maximalen Soges ausbildet, nur unwesentliche Abweichungen vom Referenzfall des Einzelgebäudes festgestellt.

LITERATURHINWEISE

Badde, O., Plate, E. J. (1994): Einfluß verschiedener Bebauungsmuster auf die Parameter der Grenzschicht und die windinduzierte Gebäudebelastung, Abschlußkolloquium SFB 210, Universität Karlsruhe

Cook, N. J. (1985): The designer's guide to wind loading of building structures, BRE, London, Butterworths

WINDERZEUGTE BAUWERKSLASTEN IN BEBAUTEN GEBIETEN

Dipl.-Ing. H. Kiefer
Institut für Hydrologie und
Wasserwirtschaft
Universität Karlsruhe
Kaiserstr. 12
D-76128 Karlsruhe

Prof. Dr.-Ing. Dr.-Ing. E. h. E. J. Plate
Institut für Hydrologie und
Wasserwirtschaft
Universität Karlsruhe
Kaiserstr. 12
D-76128 Karlsruhe

ZUSAMMENFASSUNG: Das bodennahe Windfeld wird in bebauten Gebieten durch die Rauhigkeitswirkung der Oberfläche verändert. Die gültigen Bemessungsvorschriften für Bauwerke beinhalten nur in sehr vereinfachter Form diesen Einfluß auf die winderzeugten Bauwerkslasten. Für eine sichere und wirtschaftliche Bemessung von Gebäuden oder einzelnen Bauteilen ist eine genaue Kenntnis der zu erwartenden Windlasten von besonderer Bedeutung. Am Institut für Hydrologie und Wasserwirtschaft der Universität Karlsruhe werden umfangreiche Untersuchungen anhand von systematischen Windkanalversuchen und Naturmessungen durchgeführt, um den Einfluß umgebender Bebauung auf die Windlasten zu quantifizieren. Einige Ergebnisse an Bauwerksmodellen in einer typischen Industriebebauung, welche die teilweise unterschiedliche Wirkung verdeutlichen, werden vorgestellt.

1 Einleitung

Der winderzeugte Druck an Gebäudeflächen wird im allgemeinen mit Hilfe des dimensionslosen Druckbeiwertes c_p beschrieben. Für geometrisch einfache Baukörper sind diese Angaben in den derzeit gültigen Bemessungsvorschriften enthalten. Die Werte wurden mit Hilfe von Windkanalversuchen ermittelt, wobei ausschließlich einzeln stehende Bauwerksmodelle verwendet wurden. Das einzeln stehende Gebäude ist jedoch in der Realität ein ausgesprochen seltener Fall. In besonderem Maße gilt dies für die Vielzahl der sog. "Low-rise buildings", welche meist nur wenige Stockwerke umfassen. Diese Art von Gebäuden ist in Siedlungsgebieten eingebettet in eine Anordnungsstruktur, welche durch die Nutzung und die geltenden baurechtlichen Bestimmungen geprägt ist. Die aerodynamische Wirkung dieser Rauhigkeit wird in den gültigen Normen durch die Variation der Grenzschichtparameter berücksichtigt. Die dimensionslosen Druckbeiwerte aus den Untersuchungen an Einzelgebäuden finden jedoch auch bei Bauwerken in bebauten Gebieten ihre Anwendung. Ursache hierfür ist die unzureichende Verfügbarkeit an Daten, um derartige Effekte bei der Ermittlung der maßgeblichen Windlast miteinbeziehen zu können (Cook (1990)).

Bisher wurden nur wenige umfassende systematische Untersuchungen zur Quantifizierung des Einflusses einer umgebenden Bebauung auf die Windlasten durchgeführt. Eine der ersten Studien wurden von Hussain und Lee (1980) veröffentlicht. Ein wesentliches Ergebnis ihrer Arbeiten ist die Abgrenzung von 3 Arten der Strömung über Rauhigkeitselemente, welche sich auch in den Lastzuständen von in Bebauung eingebundenen Gebäuden widerspiegeln. Abb.1 zeigt qualitativ die Unterschiede der Strömungsregime. Bei weit voneinander entfernt stehenden Gebäuden bildet sich die „isolierte Rauhigkeitsströmung" aus. Die vorgelagerten Gebäude bewirken sicherlich eine Veränderung der Grenzschichtparameter, die Umströmung des Gebäudes verläuft aber ähnlich zu jener am Einzelgebäude. Bei sehr dicht stehenden Gebäuden tritt der Fall der „abgehobenen Strömung" bzw. „quasi-glatten Strömung" ein. Die aerodynamische Wirkung der einzelnen Körper nimmt in diesem Fall stark ab, da aufgrund der geringen Bauwerksabstände Abschattungseffekte entstehen. Zwischen den Gebäuden können sich stehende Wirbel ausbilden. Die „Wirbelüberlagerungsströmung" findet bei Bauwerksabständen statt, welche zwischen den beiden erstgenannten Fällen liegen.

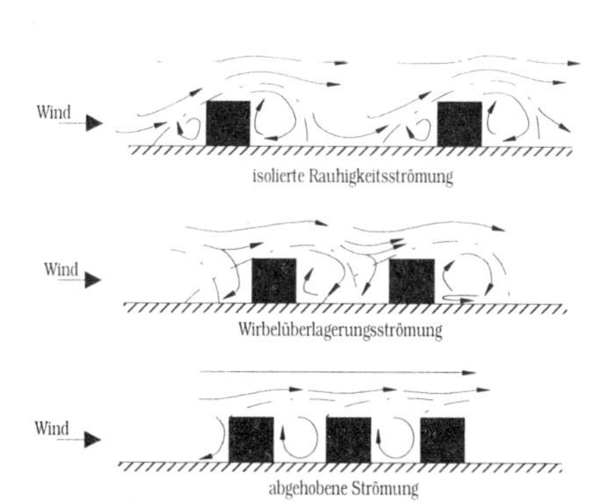

Abb. 1 Strömungszustände bei Überströmung kubischer Rauheitselemente (aus Badde (1994))

Die Messungen im Windkanal wurden an unterschiedlichen Bauwerksmodellen in Feldern würfelförmiger Rauheitselemente durchgeführt. Diese wurden in Gitter- bzw. Reihenmustern unterschiedlicher Bebauungsdichte angeordnet. Es wurden jedoch nur zeitlich gemittelte Druckbeiwerte bestimmt und keine fluktuierenden Größen. Die vorgeschlagene Definition der Strömungsregime über den Gebäudeabstand ist nur bedingt übertragbar auf reale Bauwerksanordnungen mit stark variierenden Abständen und Höhenabmessungen.

Ho et al. (1991) führten Windkanaluntersuchungen an niedrigen Flachdachgebäuden eingebunden in eine typische Industriebebauung einer nordamerikanischen Großstadt durch. Die Meßgebäude wurden an 4 Stellen im Stadtmodell positioniert und lokale und flächengemittelte Lasten an den Seitenwänden und Dächern bei unterschiedlichen Windrichtungen bestimmt. Ihre Ergebnisse zeigen, daß für „Low-rise buildings" in dieser Bebauungssituation mit stark vom Referenzfall des Einzelgebäudes abweichenden Lasten zu rechnen ist. Es wurde eine nur noch geringe Abhängigkeit von der Anströmrichtung und eine Variabilität der Druckbeiwerte in einer bestimmten Bandbreite festgestellt. Eine erhebliche Verringerung der maximal zu erwartenden Lasten in bebauten Gebieten wird deutlich.

Weitere Windkanalstudien wurden von Fang u. Sill (1995), Jia und Sill (1996) sowie Hertig und Alexandrou (1995) durchgeführt. Während die beiden ersten Studien, analog zur Untersuchung von Hussain und Lee, ein Rauhigkeitsfeld mit konstanten Bauwerksabmessungen benutzten, wurden die Windkanalversuche von Hertig und Alexandrou in typischen Bebauungsmustern von Stadtgebieten in der Schweiz durchgeführt.

Die Ergebnisse aus der Literatur machen deutlich, daß zum einen die in der Realität vorhandenen Bebauungssituationen in geeigneter Weise parametrisiert, zum anderen auch der Einfluß der Bebauung auf die lokalen Lastspitzen genauer untersucht werden sollte.

2 Experimente im Natur- und Modellmaßstab

Am IHW wurden zuerst im Rahmen des SFB 210 Studien zur Klassifizierung typischer Bebauungsmuster durchgeführt sowie umfangreiche Windkanalversuche an Bauwerksmodellen, eingebettet in einige dieser charakteristischen Strukturen, vorgenommen. In Fortführung dieser Arbeiten werden derzeit die systematischen Windkanalversuche in umgebender Bebauung ergänzt sowie die Anwendbarkeit der Ergebnisse anhand von Messungen an einem Testgebäude in komplexer Umgebung in Natur und im Modell überprüft.

2.1 Parametrisierung von Bebauungsstrukturen

Um eine möglichst repräsentative Auswahl an Bebauungsmuster für die Windkanalversuche zu treffen, wurde zunächst eine umfangreiche Analyse existierender Stadtstrukturen durchgeführt (Theurer (1993), Badde (1994)). Insgesamt wurden 10 wesentliche Strukturtypen unterschieden, welche in ihrer Zusammenstellung die Gesamtheit einer Stadt beschreiben können (Tab. 1). Hierbei wurden deren charakteristische geometrische Kenngrößen bestimmt, welche aus aerodynamischer Sicht von Interesse sein können:

z_0	Rauhigkeitslänge [m]
Δa	Verhältnis von größerem zu kleinerem Abstand zwischen den Gebäuden [-]
H	Gebäudehöhe [m]
B	Gebäudebreite (s. Abb. 2.1) [m]
L	Gebäudelänge (s. Abb. 2.1) [m]
A_b	Bebauungsgrad (Verhältnis der überbauten Fläche zur Gesamtfläche) [-]
A_f	Frontflächenzahl (Verhältnis der Summe aller zur Anströmung senkrecht stehenden Gebäudeflächen zur gesamten betrachteten Grundfläche) [-]
$\overline{x}$	Mittelwert der Größe x
σ_x^2	Varianz der Größe x (σ= Standardabweichung)

Struktur		Nutzung	Dachform	z_0	Δa	$\overline{H}$	$\sigma_H/\overline{H}$	$\overline{L}/\overline{B}$	$\overline{L}/\overline{H}$	A_b	A_f
1		Neubaugebiet mit Einfamilienhäusern 1 - 2 geschossig	vorwiegend Satteldach, selten Flachdach	0.1 - 0.3 (1.3)	4 - 10	8 - 10	~ 0	~ 1	~ 1.5	0.1 - 0.2	~ 0.1
2		Mischgebiet mit Wohnhäusern 1 - 3 geschossig	vorwiegend Satteldach, selten Flachdach	0.1 - 0.3 (1.4)	1 - 2.5	8 - 12	< 0.2	~ 1	~ 1.5 - 2.5	0.15 - 0.25	~ 0.1
3		Wohnblocksiedlung, Reihen- od. versetzte Anordnung 3 - 5 geschossig	vorwiegend Satteldach, selten Flachdach	~ 0.3 (1.5)	3 - 5	12 - 20	< 0.2	< 0.5	~ 1 - 2	0.1 - 0.25	0.1 - 0.25
4		Wohnsiedlung, Hochhäuser und Wohnblöcke 4 - 15 geschossig	Satteldach Flachdach	> 0.5	1 - 2	> 15	0 - 0.5	< 0.5	~ 0.7 - 1.5	0.1 - 0.2	0.15 - 0.3
5		Kulturelle Anlagen Kirchen, Schulen usw. in Wohnsiedlungen	Satteldach Flachdach	0.3 -1.5 (2.4)	zufällig	> 8	> 0.5	0.5 - 2.0	~ 2 - 5	0.1 - 0.3	0.05 - 0.15
6		Gebäudeblock mit Randbebauung in Stadtzentren 3 - 6 geschossig	vorwiegend Satteldach, selten Flachdach	~ 0.7 (2.1)	~ 1 - 3	15 - 25	< 0.3	~ 1	~ 0.7 - 0.9	0.3 - 0.7	-
7		Innenstadtbereich, gem. Gebiete m. Parks, Hochhäusern, öffentl. Einr.	Satteldach Flachdach	0.3 - 0.7 (>2)	-	>15	< 0.4	~ 1	~ 1.5 - 2	< 0.5	0.1 - 0.2
8		Gewerbe- und Industriegebiete, vorwiegend Reihenbebauung 2 - 5 geschossig	vorwiegend Flachdach, Satteldach m. geringer Neigung	~ 0.3 (0.6)	-	5 - 15	< 0.5	< 1	~ 2 - 5	0.3 - 0.4	0.05 - 0.2
9		Industriegebiete mit Tanks	vorwiegend Flachdach	~ 0.5 (1.6)	1 - 2	10 - 25	< 0.5	~ 1	~ 0.5 - 1.5	0.1 - 0.4	0.1 - 0.2
10		Industriepark gestreute Bebauung 1 - 4 geschossig	vorwiegend Flachdach, selten Satteldach	0.3 - 0.5 (1.6)	~ 1	5 - 15	0.3 - 0.5	~ 1	~ 2 - 7	0.2 - 0.4	0.05 - 0.2

Tab. 1 Charakteristische Stadtstrukturen und ihre zugehörigen geometrischen Kenngrößen (nach Badde (1994))

2.2 Systematische Windkanalversuche zur Bestimmung des Bebauungseinflusses

Anhand von Tab.1 können die 10 identifizierten Stadtstrukturen in 3 Grundtypen unterschieden werden:

- TYP 1: Anordnungen, die sich durch gleichmäßige Gebäudeabstände auszeichnen, wobei die Gebäude in Reihe oder versetzt angeordnet sind (z. B. Wohnblockbebauung)
- TYP 2: Strukturen, in denen die Gebäudeabstände stark variieren (z. B. Industriegebiet)
- TYP 3: Geschlossene Bebauung bzw. Blockrandbebauung (z. B. Innenstadtbereich).

Im Rahmen des SFB-Projektes wurden daher zunächst Druckmessungen an Testgebäuden eingebettet in eine umgebende Bebauung des Typs 1 (reihenförmige Bebauung) und des Typs 2 (BASF-Industriegelände) durchgeführt. Aufgrund der Variabilität der Bauwerksabmessungen und -abstände des modellierten Industriegeländes decken diese Versuche eine große Zahl in der Realität vorzufindender Anordnungsmuster ab. In Abschnitt 3 werden daher vor allem die Ergebnisse dieser Messungen dargestellt. Die Windkanalversuche am Typ 3 - Blockrandbebauung werden derzeit im Rahmen der Weiterführung des SFB-Projektes vorgenommen. Anhand der Ergebnisse aus beiden Studien wird eine Ergänzung der Bemessungsvorschriften zur Berücksichtigung des Umgebungseinflusses auf die Windlasten in bebauten Gebieten erarbeitet.

Als Meßgebäude wurden 6 verschiedene Modelle mit unterschiedlichen Abmessungen angefertigt. Jeweils 3 Gebäude besitzen die gleiche Grundfläche (quadratisch 8 x 8 cm, rechteckig 8 x 26.5 cm).

Meßgebäude	Gebäudehöhen H	Länge	Breite
K1, K2, K3	8 cm, 16 cm, 32 cm	8 cm	8 cm
P1, P2, P3	8 cm, 16 cm, 32cm	26.5 cm	8 cm

Tab. 2 Verwendete Testgebäude

Das ausgewählte Industriegebiet (BASF Ludwigshafen) wurde für 3 Anströmrichtungen im Maßstab 1:250 mit einer Gesamtlänge von 4.30 m modelliert (Abb. 2.). Der Innenkreis in Modellmitte ist unabhängig vom übrigen Modell drehbar. Hier wurden die verschiedenen Meßgebäude an unterschiedlichen Positionen montiert. Durch Drehen der Meßgebäude oder Drehen des Innenkreises wurden die anliegenden Außendrücke bei unterschiedlichen Anströmwinkeln und Nahfeldsituationen bestimmt. Es ergeben sich hieraus Datensätze, welche eine Variation der Bauwerksgeometrie, der unmittelbaren Bauwerksumgebung (Gebäudeposition), des Anströmwinkels sowie der in Tab. 3 aufgeführten Bebauungsparameter enthalten.

	BASF 0°	BASF 45°	BASF 90°
A_b	0.29	0.26	0.31
A_f	0.09	0.14	0.20
$\overline{H}$ [cm]	5.7	4.6	5.4
σ_H [cm]	3.3	2.9	3.2
$\overline{H}_{gewichtet}$ [cm]	6.3	5.6	5.8

$$\text{mit } \overline{H}_{gewichtet} = \left(\sum_{1}^{n} H_i\, B_i\, L_i\right) / \left(\sum_{1}^{n} B_i\, L_i\right)$$

Tab. 3 Bebauungsparameter BASF-Modell

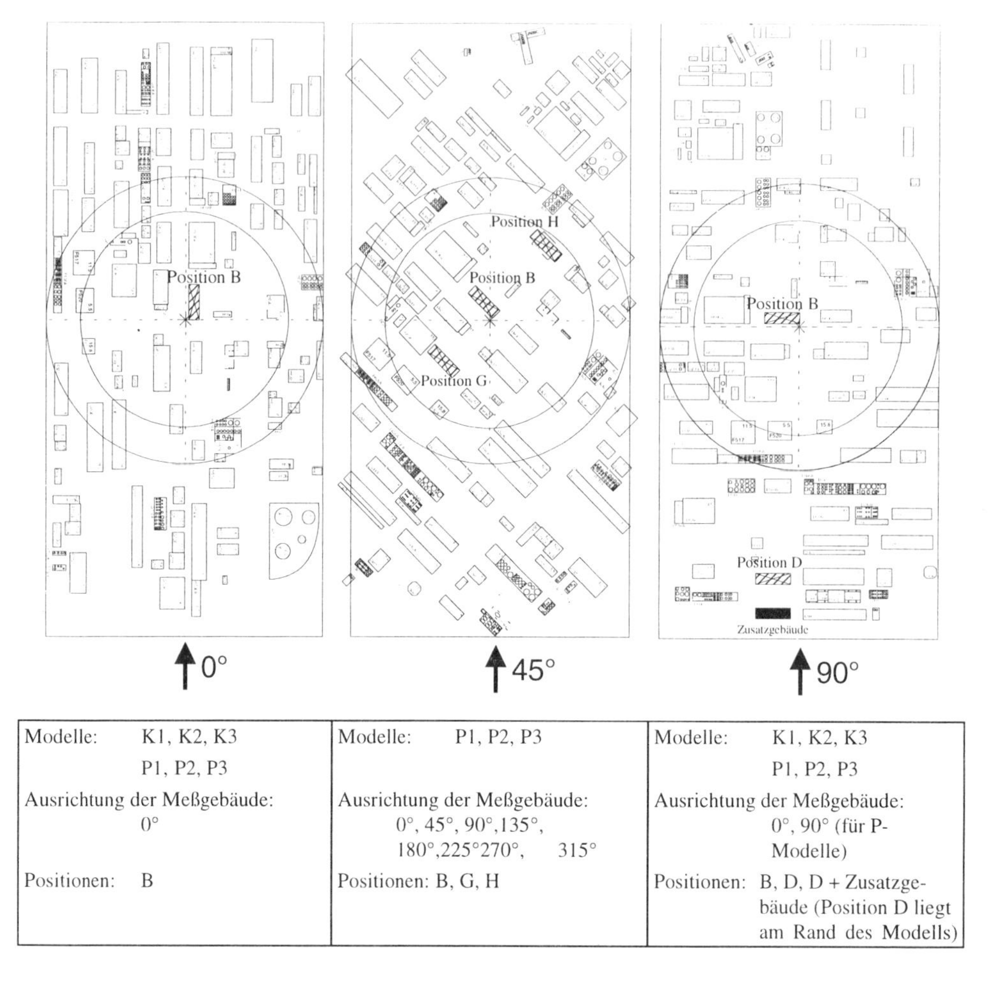

Modelle: K1, K2, K3 P1, P2, P3	Modelle: P1, P2, P3	Modelle: K1, K2, K3 P1, P2, P3
Ausrichtung der Meßgebäude: 0°	Ausrichtung der Meßgebäude: 0°, 45°, 90°,135°, 180°,225°270°, 315°	Ausrichtung der Meßgebäude: 0°, 90° (für P-Modelle)
Positionen: B	Positionen: B, G, H	Positionen: B, D, D + Zusatzgebäude (Position D liegt am Rand des Modells)

Abb. 2 Modelliertes Industriegebiet und Meßprogramm

Die Messungen in einer homogenen Reihenbebauung wurden mit umgebenden Gebäuden, deren Abmessungen identisch mit dem Gebäude P1 sind, durchgeführt. Es wurde der Abstand zwischen den Längsseiten der Gebäude, die Anströmrichtung sowie das Anordnungsmuster (in Reihe und in Reihe versetzt) variiert. Ergebnisse dieser Messungen wurden von Badde (1994) und Mayer (1994) bereits dargestellt.

2.3 Natur- und Modellmessungen an einem ausgewählten Testgebäude

Um die Anwendbarkeit der Ergebnisse aus den systematischen Windkanalversuchen überprüfen zu können, wurde der neu errichtete Gebäudekomplex des Forschungszentrums Umwelt an der Universität Karlsruhe für Testzwecke ausgewählt. Der Gebäudekomplex wird derzeit mit einer Meßeinrichtung zur Erfassung der winderzeugten Drucklasten ausgestattet. Eine detaillierte Beschreibung wurde von Plate und Kiefer (1996) vorgelegt. Die Lage der Gebäude im Stadtgebiet von Karlsruhe ist in Abb. 3 enthalten.

Der Gebäudekomplex (Abb. 4) sowie die komplexe Umgebung der Testgebäude wurde in einem ausgedehnten Windkanalmodell bis zu einem Radius von 800 m in Natur im Maßstab 1:200 für insgesamt 9 Windrichtungen nachgebildet. Die modellierten Richtungen decken die

Hauptwindrichtungen (Abb. 5) ab. Die Umgebung wurde in unterschiedlichen Detailstufen und Modellierungsradien wiedergegeben, so daß aus dem Vergleich der Ergebnisse aus Natur und Modell auch Aussagen über die erforderliche Detailtreue und Modellierungslänge zur Simulation realistischer Windlasten ermöglicht werden.

Abb. 3 Lage der Meßgebäude im Stadtgebiet von Karlsruhe, R = 800 m, beispielhafte Darstellung der Windrichtungen 230° u. 200°

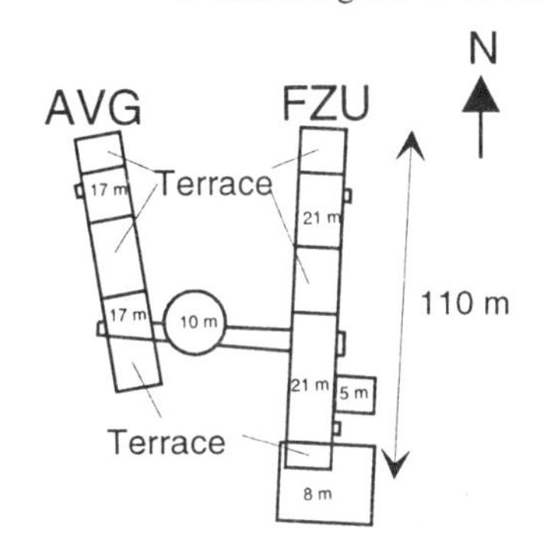

Abb. 4 Grundriß des FZU-Komplexes

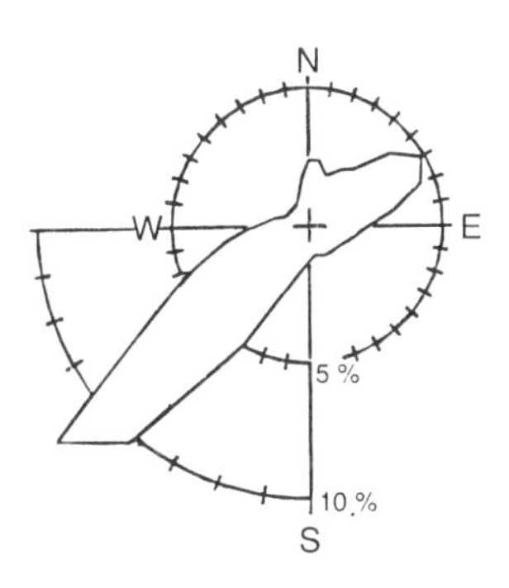

Abb. 5 Häufigkeitsverteilung der Windrichtungen am Meßstandort

2.4 Aufbau und Auswertung der Windkanalversuche

Die Windkanalversuche wurden in einem der Grenzschichtwindkanäle des IHW durchgeführt. In Abb. 6 ist das modellierte Grenzschichtprofil wiedergegeben, wie es sich aufgrund der Windkanaleinbauten ohne Gebäudemodelle ausbildet. Es entspricht einem Windprofil in „rauhem, offenem Gelände“ bzw. über einer „Vorstadt“ (z. B. Wieringa (1991)). Die Messungen an den einzeln stehenden Meßgebäuden wurden in dieser Anströmung durchgeführt. Der Einfluß der umgebenden Bebauung wird als Abweichung von diesem Referenzfall dargestellt.

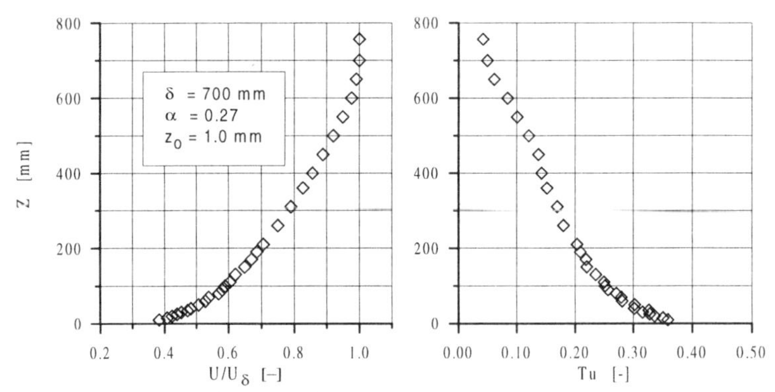

Abb. 6 Modelliertes Grenzschichtprofil

Die Meßgebäude wurden mit einer großen Anzahl von Meßpunkten ausgestattet, wodurch eine detaillierte Analyse der räumlichen Druckverteilung möglich wird. Die Druckbeiwerte wurden in folgender Weise berechnet:

$$c_p = (p - p_{ref}) / \frac{1}{2} \rho U_H^2 \qquad (1)$$

mit p_{ref} = statischer Druck der Anströmung, gemessen an der Seitenwand des Windkanals, ρ = Dichte der Luft, U_H = mittlere Geschwindigkeit der ungestörten Anströmung in Gebäudehöhe.

Die zeitlich gemittelten Kraftbeiwerte wurden durch Integration der räumlichen Verteilung der $c_{p,mean}$ - Werte ermittelt:

$$c_f = 1/A \int^{A} c_{p,mean} \, dA \qquad (2)$$

Die zeitlichen Mittelwerte wurden mit Hilfe eines Meßstellenscanners des Typs Scanivalve ermittelt. Die Zeitreihen der fluktuierenden Drücke wurden an bis zu 16 Meßpunkten gleichzeitig mit einem optimierten Schlauch-Restriktor-System bei einer Aufnahmefrequenz von 500 Hz über 60 bzw. 120 sec aufgezeichnet. Durch Anpassung der Fisher-Tippett Typ 1 FT1 (3) an die Plotting-Positions der Minima bzw. Maxima der 2-Sekunden-Intervalle wurden die Parameter „mode“ U und „dispersion“ 1/a bestimmt, mit deren Hilfe Aussagen über die Auftretenswahrscheinlichkeit extremer c_p-Werte gemacht werden können.

$$F_X(x) = e^{-e^{-a(x-U)}} \qquad (3)$$

mit $F_X(x)$ = Summenhäufigkeit, U = Modalwert "mode", 1/a = Formparameter "dispersion"

3 Ergebnisse der Windkanalversuche zur Bestimmung des Bebauungseffektes durch Industrieanlagen

3.1 Zeitlich gemittelte Kraftbeiwerte der Gebäudeflächen

Die zeitlich gemittelten Kraftbeiwerte c_f der einzelnen Gebäudeflächen der P-Modelle sind für die Meßserie am Modell der Industriebebauung (BASF 45°) in Abb. 7 wiedergegeben. Die Kraftbeiwerte sind über die Anströmrichtung aufgetragen. Die Ausrichtung der Seitenwände zum Wind wird in der Weise dargestellt, daß 0° frontale Anströmung bedeutet. Bei der Dachfläche wird bei 0° die kürzere Dachkante angeströmt.

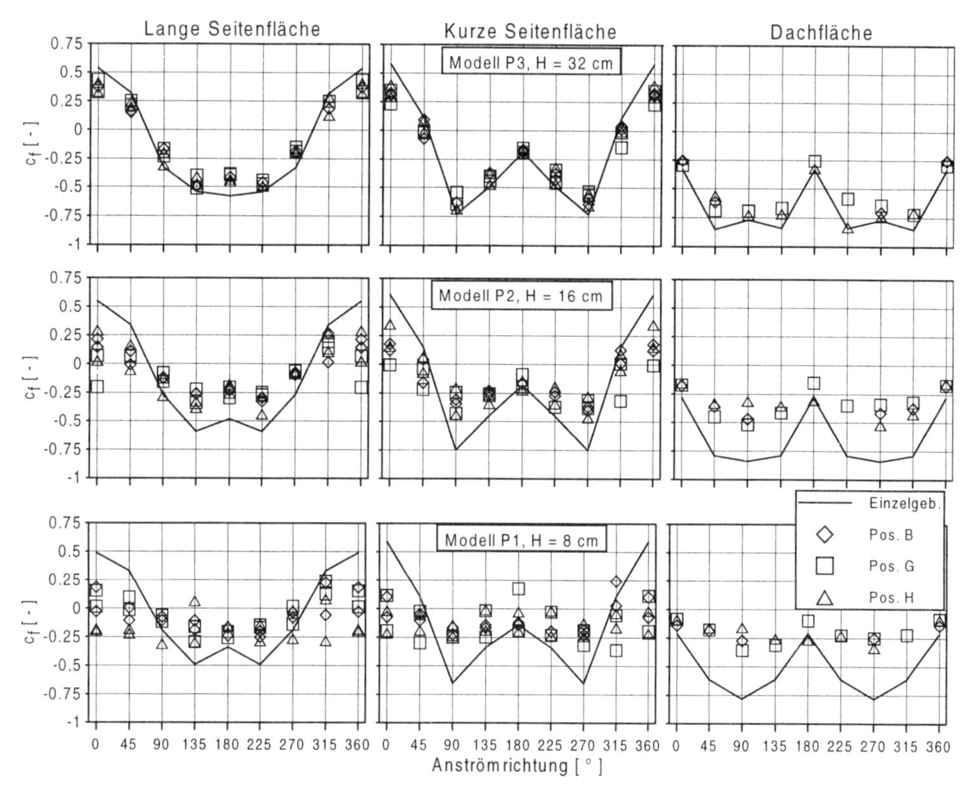

Abb. 7 Mittlere Kraftbeiwerte in der Industriebebauung BASF 45° (Ergebnisse der Einzelgebäude sind als durchgezogene Kurven dargestellt.)

Auf eine Diskussion der Ergebnisse an den Einzelgebäuden wird hier weitgehend verzichtet, auf einige wichtige Sachverhalte soll jedoch hingewiesen werden. Während für die kurze Seitenwand kaum Unterschiede an den einzelnen Modellen festgestellt werden, ergeben sich für die Dachfläche und die lange Seitenwand unterschiedliche Kurvenverläufe aufgrund der Bauwerksabmessungen. An der Dachfläche verschiebt sich am Einzelgebäude die Windrichtung für die maximale Sogbelastung mit zunehmender Höhe von 90° auf 45°. An der langen Seitenwand ändert sich die Richtung für maximalen Sog entsprechend von 135° auf 180°. Die Ursache hierfür liegt in beiden Fällen in der Abnahme der Turbulenzintensität mit der Höhe. Am Dach wird offenbar die Ausbildung der sog. „Delta-Wirbel" erst bei geringerer Turbulenzintensität möglich.

Der Einfluß der Umgebungsbebauung auf die integralen Kräfte wird aus Abb. 7 deutlich. Während am höchsten Gebäudemodell P3 die Kraftbeiwerte noch keine wesentlichen Veränderungen erfahren und im Verlauf den Werten am Einzelgebäude bei variierter Windrichtung folgen, ist am niedrigen P1-Gebäude nahezu eine Unabhängigkeit von der Windrichtung festzustellen. Die Werte variieren in diesem Fall aufgrund der unterschiedlichen Situationen im Nahfeld der Meßgebäude in einer gewissen Bandbreite, wobei zum Teil die Lastbeiwerte des Einzelgebäudes für die entsprechende Windrichtung überschritten werden können. Es wird jedoch deutlich, daß die maximalen Sog- bzw. Druckbeiwerte, auf deren Basis eine Bemessung von Bauwerken erfolgt, in einer derartigen Bebauungssituation nicht erreicht werden. Diese Feststellungen stimmen mit den Literaturangaben aus Abschnitt 1 überein.

Deutlich wird aus Abb. 7 der Einfluß der Gebäudehöhe relativ zur Höhe der umliegenden Bebauung. Für die kurze Seitenflächen bei paralleler Anströmung (entspricht 90° bzw. 270° in Abb. 7) ist das Verhältnis $c_f/c_{f,Einzelgebäude}$ in Abb. 8 über die relative Höhe der umgebenden Bebauung $\bar{H}_{gewichtet}/H$ dargestellt (Definition von $\bar{H}_{gewichtet}$ siehe Tab. 3). Neben den Werten aus den Messungen im BASF-Modell sind auch die Ergebnisse aus den Messungen in einer Reihenbebauung eingetragen.

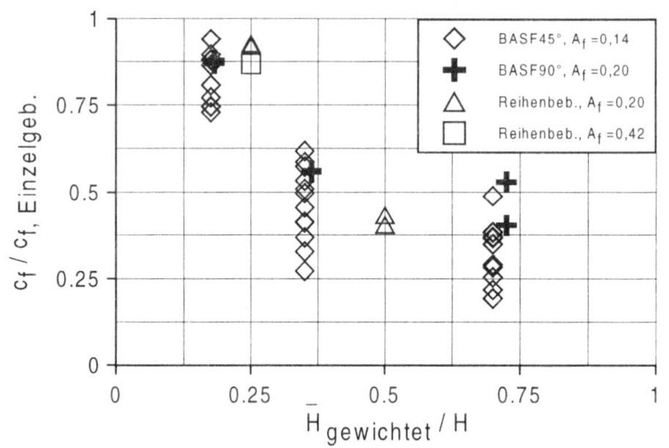

Abb. 8 Abminderung der mittleren Kraftbeiwerte an der kurzen Seitenwand bei paralleler Anströmung

Aus Abb. 8 wird deutlich, daß im Fall des niedrigen Gebäudes, wenn die Bauwerkshöhe nahezu der Höhe der umgebenden Bebauung entspricht, maximal noch 50 % des Kraftbeiwertes des Einzelgebäudes erreicht werden. Der Einfluß der Frontflächenzahl A_f, welche auch ein Maß für die Bebauungsdichte darstellt, auf die Abminderung der Kraftbeiwerte erscheint im Vergleich zur Variabilität aufgrund der Nahfeldsituation eher von untergeordneter Bedeutung zu sein.

3.2 Lokale Druckbeiwerte

Für die lange Seitenfläche werden bei paralleler Anströmung aufgrund der Wiederanlegung der Strömung am Einzelgebäude relativ niedrige Kraftbeiwerte erreicht. Im BASF-Modell wurde teilweise ein höherer Sog auf die Gesamtfläche ermittelt als am Einzelgebäude. In Abb. 9 und Abb. 10 sind daher horizontale Verläufe entlang der langen Seitenfläche für die $c_{p,mean}$- und $c_{p,rms}$-Werte für das P3-und das P1-Modell in unterschiedlichen Höhen dargestellt. Zum Vergleich wurden auch die Druckbeiwerte $c_{pe,10}$ des Eurocode 1 (1994) für diese Anströmung aufgetragen. Hierzu muß angemerkt werden, daß diese Werte für die Bemessung noch mit dem Faktor $c_e(z)$ multipliziert werden müssen, wodurch die fluktuierende Lastkomponente berücksichtigt wird. Zudem gelten diese Werte für Anströmrichtungen die ±45° von der parallelen Anströmung abweichen können.

Aus Abb. 9 wird ersichtlich, daß sich im Fall des hohen Gebäudes im oberen Bereich der langen Seitenwand (z = 26 cm) keine grundlegenden Änderungen im Verlauf der Werte ergeben. Im unteren Bereich der Seitenwand (z = 8 cm) ergeben sich stromabwärts der Kante sehr rasch niedrigere Werte als im Fall des Einzelgebäudes, jedoch zeigt sich, daß im Kantenbereich annähernd gleiche $c_{p,mean}$-Werte erreicht, die $c_{p,rms}$-Werte sogar überschritten werden können.

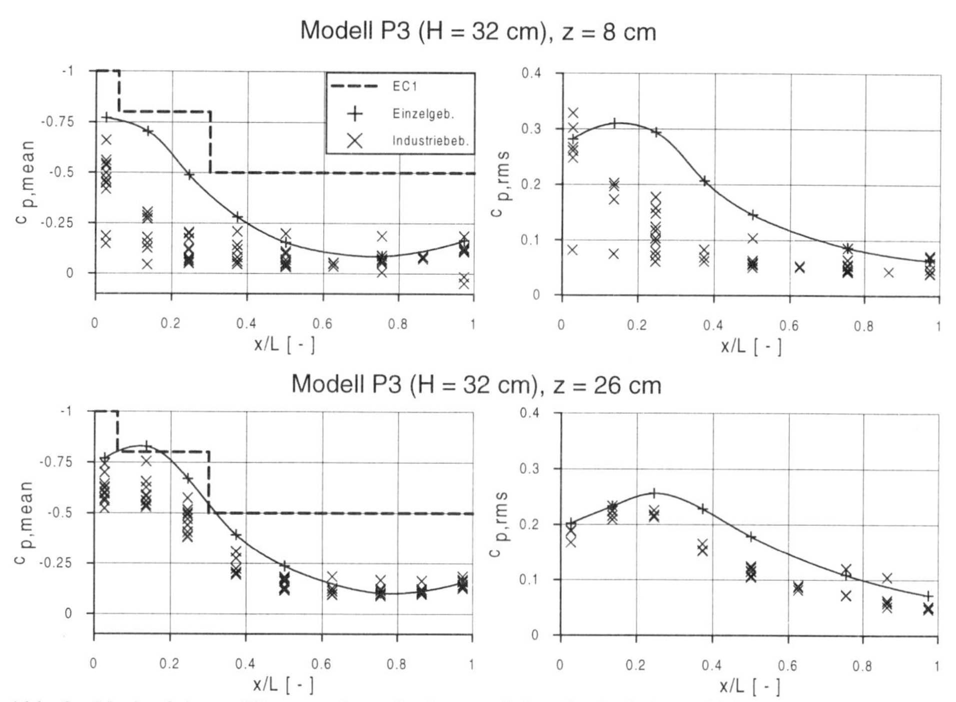

Abb. 9 Verlauf der c_p-Werte entlang der langen Seitenfläche bei paralleler Anströmung am Modell P3 (H = 32 cm) für z = 8 cm und z = 26 cm, Anströmung von links

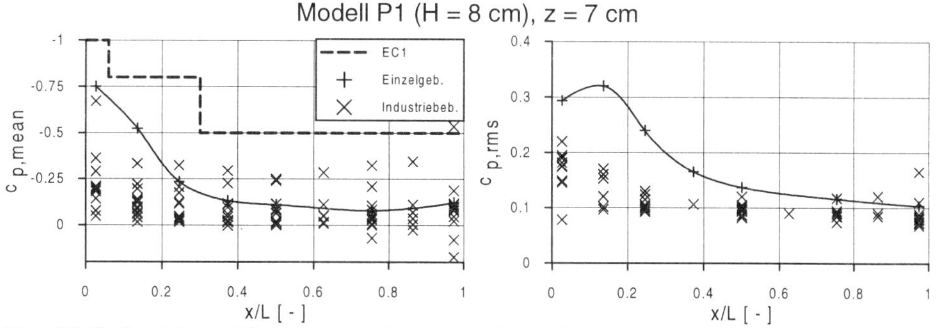

Abb. 10 Verlauf der c_p-Werte entlang der langen Seitenfläche bei paralleler Anströmung am Modell P1 (H = 8 cm) für z = 7 cm, Anströmung von links

Am niedrigeren Modell P1 wird das Sogmaximum des Einzelgebäudes im Bereich nahe der Kante nicht erreicht; es ergeben sich aber Strömungsfälle, bei denen es entlang der Fläche un zwar dort, wo sich die Strömung beim Einzelgebäude wiederanlegt, zu höheren Sogwerten als am Einzelgebäude kommt. Zurückzuführen ist dies auf die Strömungszustände im bodennahen Bereich, wo aufgrund der Straßenschluchten Kanalisierungseffekte auftreten, und somit die Strömungsrichtung von der exakt parallelen Ausrichtung abweichen kann. Weiterhin können auch stationäre Wirbel zwischen den Gebäuden entstehen und die Druckverteilung beeinflussen.

Für Gebäude P3 ist für z = 8 cm der Verlauf der Mode- und Dispersion-Werte der FT1-Verteilung in Abb. 11 dargestellt. Aus Abb. 9 wurde ersichtlich, daß in diesem Bereich hohe Fluktuationen an der Bauwerkskante vorhanden sind. Während die Mode-Werte im bebauten Gebiet in der Größenordnung der Werte des Einzelgebäudes liegen, werden teilweise Dispersion-Werte ermittelt, anhand derer ab einer bestimmten Wahrscheinlichkeit ein höherer Sogbeiwert als am Einzelgebäude prognostiziert wird.

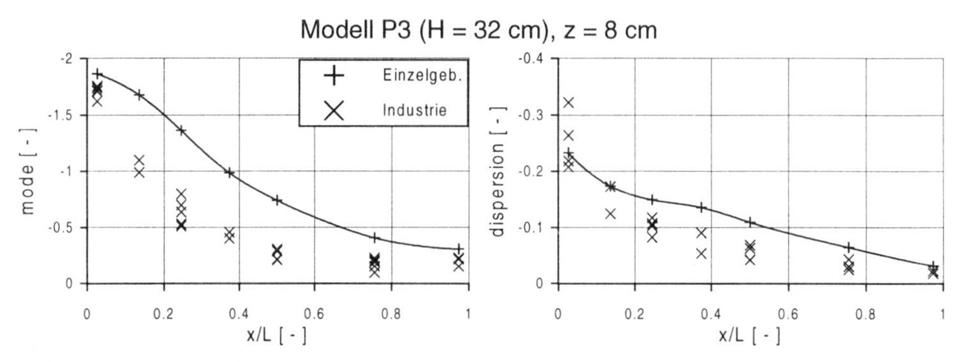

Abb. 11 Mode- und Dispersion-Werte an der langen Seitenwand bei paralleler Anströmung am Modell P3 (H = 32 cm) für z = 8 cm, Anströmung von links

4 Schlußfolgerungen und Ausblick

Anhand einiger Ergebnisse von Windkanaluntersuchungen an Bauwerksmodellen, eingebettet in eine typische Industriebebauung, wurde aufgezeigt, daß die benachbarte Bebauung auf die integralen und lokalen Windlasten eines Bauwerks teils gegensätzliche Einflüsse ausüben kann. Einerseits zeigen die Ergebnisse der Kraftbeiwerte auf die Gesamtflächen, daß die Spitzenwerte bei bestimmten Windrichtungen nicht erreicht werden, andererseits wurden lokal im Kantenbereich bei abgelöster Strömung zum Teil Erhöhungen der fluktuierenden Lastkomponente festgestellt.

Im weiteren Verlauf der Arbeiten wird überprüft werden, inwiefern die Kantenbereiche an Gebeäudeflächen in bebauten Gebieten stärker belastet werden, und ob sich Zusammenhänge mit der Bauwerkshöhe bzw. Bebauungsstruktur ergeben. Im Sinne einer wirtschaftlicheren Bemessung sollte jedoch auch die Möglichkeit der Abminderung der flächengemittelten Lasten für den Fall der „Low-rise buildings“ erwogen werden. Die Meßdaten beider Studien werden entsprechend analysiert und ein Vorschlag zur Ergänzung der Bemessungsvorschriften erarbeitet. Letztendlich werden die Ergebnisse aus den vorgestellten Naturmessungen eine Überprüfung dieser Ansätze ermöglichen.

Literaturverzeichnis

Badde, O., Plate, E. J. (1994): Einfluß verschiedener Bebauungsmuster auf die Parameter der Grenzschicht und die windinduzierte Gebäudebelastung, Abschlußkolloquium SFB 210, Universität Karlsruhe

Cook, N. J. (1990): The designer's guide to wind loading of building structures, Part 2, Static structures, BRE, London, Butterworths

Eurocode1 (1994), Basis of design and actions on structures, Part 2-4. Wind actions, European Committee for Standardization

Fang, C., Sill, B. L. (1995): Pressure distribution on a low-rise building model subjected to a family of boundary layers, J. of Wind Eng. and Ind. Aerodyn., 56, pp 87-105

Hertig, J.-A. und Alexandrou, C. (1995): The influence of surrounding on pressure distributions around buildings, in: Wind Climate in Cities, Cermak et al., NATO ASI Series, Kluwer Academic Publlisher

Ho, T. C. E., Surry, D., Davenport, A. G. (1991):Variability of low building wind loads due to surroundings, J. of Wind Eng. and Ind. Aerodyn., 38, pp 297-310

Husain, M., Lee, B. E.(1980): An investigation of wind forces on three dimensional roughness elements in a simulated atmospheric boundary layer flow, Part I - III, BS 55, BS 56, BS 57, Depart. of Build. Science, Faculty of Architect. Studies, University of Sheffield

Jia, Y., Sill, B. L. (1996): Pressures on a cube imbedded in a roughness field, BBAA III, Volume of abstracts, Virginia Tech. University, Blacksburg, Virginia, USA

Mayer, T. (1994): Bestimmung des Einflusses umgebender Bebauung auf die Gebäudebelastung, Diplomarbeit am Institut für Hydrologie und Wasserwirtschaft, Universität Karlsruhe

Plate, E. J., Kiefer, H. (1996): Modellierung von Windkräften auf Bauwerke in bebautem Gelände, Zwischenbericht an die DFG, Institut für Hydrologie und Wasserwirtschaft, Universität Karlsruhe

Theurer, W. (1993): Ausbreitung bodennaher Emissionen in komplexen Bebauungen, Dissertation, Institut für Hydrologie und Wasserwirtschaft, Universität Karlsruhe

Wieringa, J. (1991): Representative roughness parameters for homogenous terrain, Royal Netherlands Meteorological Institute, De Bilt, Netherlands

KAPITEL II:

Aerodynamische Admittanz

WINDLASTUNTERSUCHUNGEN AM MODELL EINES CONTAINER - KRANES

Dr.-Ing. B. Leitl
Universität Hamburg
Meteorologisches Institut
Bundesstraße 55
D-20146 Hamburg

Dr. D. E. Neff, Prof. Dr. R. N. Meroney
Colorado State University
Fluid Dynamics and Diffusion Laboratory
Engineering Research Center
Fort Collins, Colorado, 80523 - 1372

ZUSAMMENFASSUNG. Im Rahmen einer Auftragsuntersuchung wurden am Fluid Dynamics and Diffusion Laboratory der Colorado State University Windlastuntersuchungen am Modell eines Container-Kranes durchgeführt. Ziel der Untersuchungen war die Ermittlung der vom natürlichen Wind am Kran verursachten, zeitgemittelten Windkräfte und Momente sowie eine Abschätzung der zu erwartenden Spitzenlastwerte für verschiedene Betriebszustände des Kranes. Der vorliegende Beitrag beschreibt die versuchstechnische Umsetzung der Meßaufgabe, wobei auf den Bau des aerodynamischen Modells und die erforderlichen Kraftmeßeinrichtungen eingegangen wird. Die im Windkanal modellierte Windgrenzschicht wird beschrieben und mit entsprechenden Vorgabewerten aus der Natur verglichen. Es werden Besonderheiten der Versuchsdurchführung und typische Meßergebnisse zusammengefaßt dargestellt.

1 Einführung

Für moderne Container-Krananlagen können Bauhöhen von 70 m und höher als typisch gelten. Das statische und dynamische Lastverhalten derartiger Strukturen wird insbesondere geprägt durch die Masseverteilung am Kran mit meist schwerer Ausrüstung am Kranausleger (Laufwagen, Maschinenhaus mit Hebevorrichtung), schlanke Tragrahmen und geringe Strukturdämpfung. Charakteristische Werte für die kleinste Eigenfrequenz liegen in der Größenordnung von 0.1 Hz und weniger. Infolge der kleinen Eigenfrequenzen und der in der Regel windexponierten Aufstellung der Krane im Hafenbereich sind statische und dynamische Windlasten ein wesentlicher Faktor im Zuge des Entwurfs und der konstruktiven Auslegung von Container-Kranen. Als Eingangsgrößen für die Auslegung des Kransystems müssen Lastannahmen sowohl für die zeitgemittelten Windlasten, als auch für die Amplitude und die Frequenz von Spitzenlastwerten getroffen werden. Neben der theoretischen Abschätzung kritischer Lastfälle (~ Definition einer kritischen Windrichtung) auf der Grundlage von Einzellastannahmen für die wesentlichen Strukturelemente eine Kranes haben sich Windkanalversuche am starren, aerodynamischen Modell bewährt. Als besonders vorteilhaft erweist sich dabei, daß im Rahmen von Windkanalversuchen relativ einfach verschiedenste Anströmsituationen für den vollen Anströmwinkelbereich hinsichtlich Lastverhalten untersucht werden können. So können die bezüglich Windlast kritischen Betriebskonfigurationen und entsprechende Spitzenlastwerte genauer spezifiziert und die Auslegung an diesen Werten orientiert werden.

Im vorliegenden Fall sollten die zur Auslegung erforderlichen Windlasten für einen großen Container-Kran mit neuartiger Ausleger-Struktur bestimmt werden. Den Windkanalversuchen waren sowohl theoretische Lastabschätzungen auf der Grundlage von Erfahrungen mit konventionellen Container-Kranen sowie Windkanalversuche mit verschiedenen, ähnlichen Entwürfen vorausgegangen, die jedoch keine eindeutigen Aussagen lieferten.

Die im Folgenden vorgestellten Messungen wurden im "Meteorological Wind Tunnel" (MWT) an der Colorado State University (CSU), Fort Collins, Colorado durchgeführt (vergl. **Abbildung 1**, aus [1]). Der für die Modellierung atmosphärischer Grenzschichtströmungen konzipierte Windkanal verfügt über eine 29 m lange Anlauf- und Meßstrecke mit einem freien Meßstreckenquerschnitt von 1.83 m x 2.0 m, die zur Simulation verschiedener Windprofile bzw. Anströmverhältnisse unter anderem mit Wirbelgeneratoren und Bodenrauhigkeiten versehen werden kann. In der Meßstrecke des Windkanals sind Strömungsgeschwindigkeiten von etwa 0.1 m/s bis 38 m/s stufenlos einstellbar.

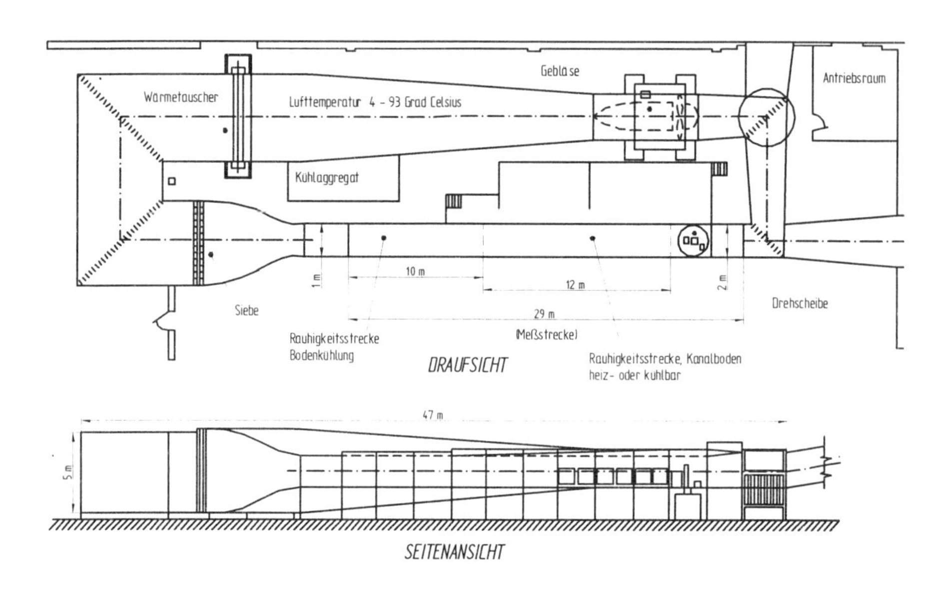

Abbildung 1: "Meteorological Wind Tunnel" - MWT der Colorado State University.

2 Versuchstechnische Realisierung

2.1 MODELL UND GRENZSCHICHT

Unter Berücksichtigung des freien Meßstreckenquerschnittes und der Hauptmaße des Container-Kranes wurde der Modellmaßstab auf 1:150 festgelegt. Da lediglich die statischen, mittleren Windlasten sowie turbulenzinduzierte Spitzenlastwerte, nicht aber die dynamische Reaktion des Kranes selbst Gegenstand der Untersuchung waren, wurde ein starres, aerodynamisches Modell gefertigt. Der Modell-Grundkörper wurde aus gefrästen Aluminiumteilen aufgebaut, die im Sinne starrer Verbindungen verschweißt wurden. Eine Übersichtszeichnung des Kranmodells zeigt **Abbildung 2**.

Drei Einzelkomponenten des Kranes weisen im Entwurf des Originals Kreisquerschnitte aus und waren mit Blick auf die korrekte Reproduktion des Lastanteiles im Bezug auf die unterschiedlichen Widerstandsbeiwerte bei unterschiedlichen Reynoldszahlen der Umströmung zu korrigieren. Für die Seitenstreben und die Hauptstrebe auf der Landseite des Kranes wurde entsprechend dem C_w-Wert Verhältnis von Modell zu Original der Modell-Durchmesser auf 1/3 reduziert (vergl. [2]). Der Querschnitt der Tragstrebe zur Unterstützung des Auslegers auf der Wasserseite des Kranes wurde im Sinne verbesserter Steifigkeit des Modell-Auslegers geringfügig vergrößert, wobei der Einfluß der Vergrößerung des Querschnittes auf das Gesamtwindlastverhalten als vernachlässigbar nachgewiesen werden konnte. Alle Details, die im Rahmen einer konservativen Lastabschätzung einen Summenanteil von 0.5% an der prognostizierten Gesamtlast nicht überschritten, wurden nicht modelliert (frei umströmte Kabel, Hydraulik-Leitungen etc.).

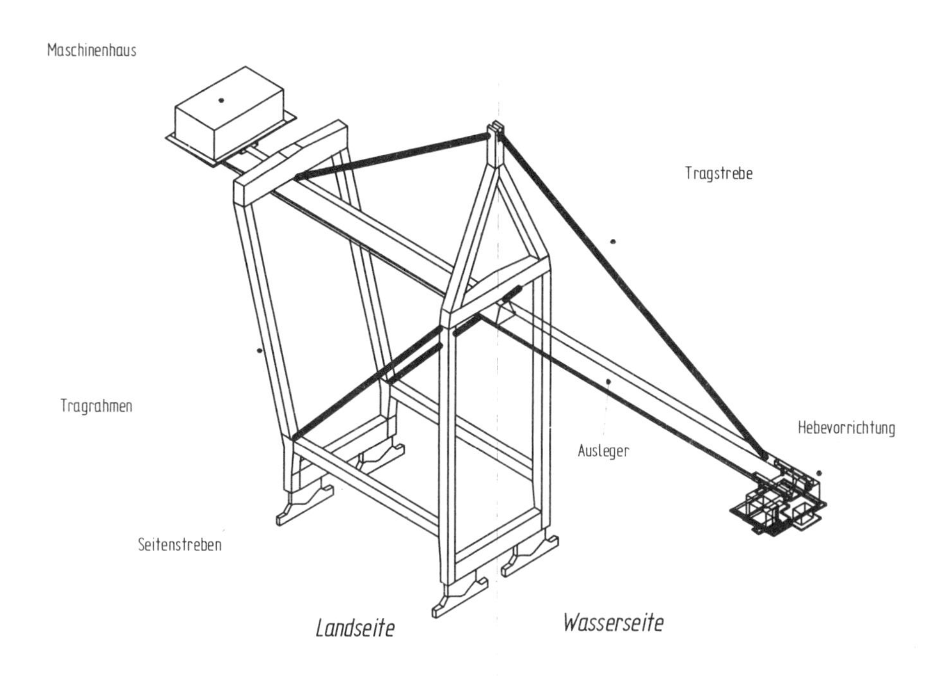

Abbildung 2: Hauptkomponenten des Kranmodells (schematisch).

Um die Übertragbarkeit der Modellergebnisse auf die Großausführung zu gewährleisten, müssen die Anströmverhältnisse im Windkanal strömungsmechanisch ähnlich nachgebildet werden. Im Einzelnen ist nachzuweisen, daß das zeitgemittelte vertikale Windprofil, die vertikale Verteilung des Turbulenzgrades sowie die spektrale Verteilung der Turbulenzenergie maßstäblich nachgebildet wird. **Abbildung 3** faßt die Ergebnisse von Strömungsmessungen mit Hitzdrahtanemometer zusammen. Die zur Evaluierung der im Windkanal modellierten Grenzschicht durchgeführten Messungen zeigen sehr gute Übereinstimmung mit Vorgabewerten aus der Natur. Entsprechend dem geplanten Aufstellungsort des Kranes und den Vorgaben des Auftraggebers war eine Grenzschicht gemäß ASCE 7-95, Exposure D zu modellieren [3], die der Anströmung über See mit mindestens 5 km freiem Vorlauf entspricht.

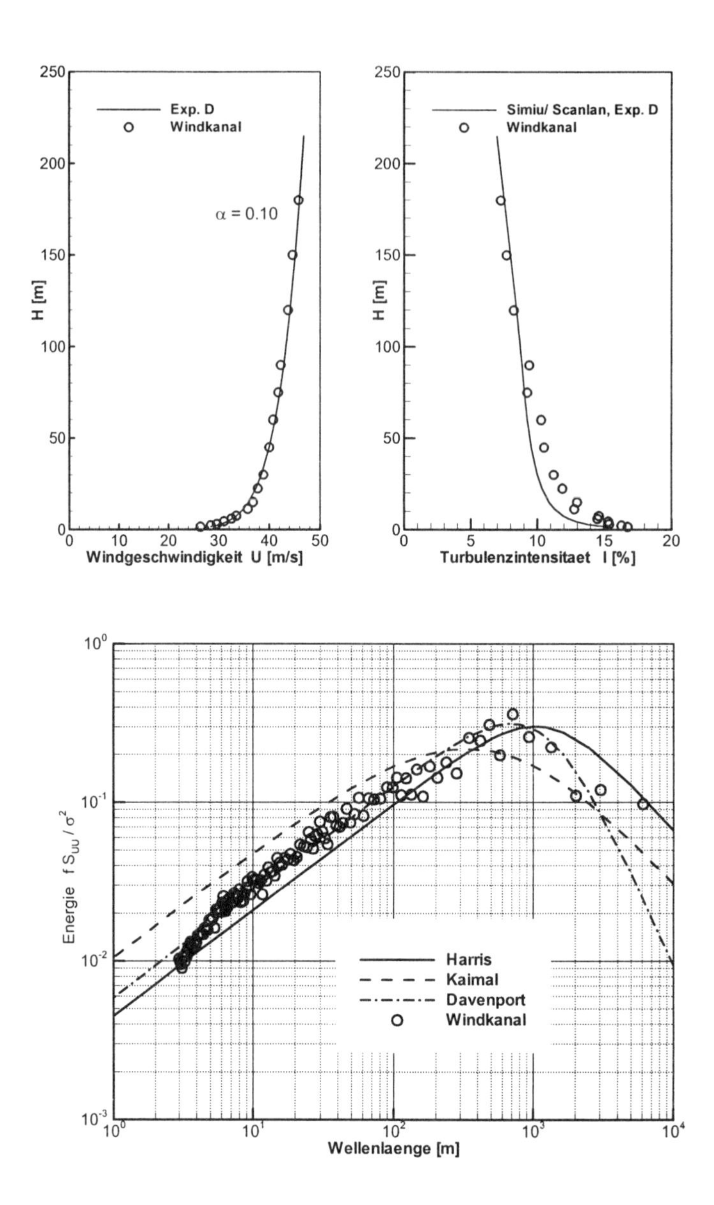

Abbildung 3: Im Windkanal modellierte Grenzschicht.

2.2 KRAFT- UND MOMENTEN-MESSEINRICHTUNGEN

Zur meßtechnischen Erfassung der am Kran auftretenden Windlasten wurden zwei separate Meßsysteme genutzt. Für die Messung der beiden Horizontalkomponenten der Windkraft wurde eine 2-Komponenten-Meßeinrichtung auf der Basis von mit Dehnmeßstreifen bestückten Biegebalken konzipiert und aufgebaut, die im Meßbereich optimal an die am Modell zu erwartenden Windkräfte angepaßt wurde. **Abbildung 4** zeigt einen Ausschnitt aus der Zusammenbauzeichnung des 2-Komponenten-Systems. Das Meßsystem wurde aus zwei separaten Meßebenen für je eine Kraftkomponente aufgebaut, die durch geeignete Querschnittsgestaltung der Biegebalken das Messen von zwei senkrecht zueinander ausgerichteten Einzelkomponenten F_X und F_Y ohne meßtechnisch nachweisbares Übersprechen der Einzelkanäle ermöglichen. Pro Meßebene bzw. Kraftkomponente wurden vier mit Dehnmeßstreifen bestückte Biegebalken eingesetzt, deren Meßsignale einzeln erfaßt und im Meßrechner nach Überprüfung der Konformität zu einem mittleren Kraftmeßwert pro Komponente zusammengefaßt wurden. Die Biegebalken waren einzeln leicht wechselbar, so daß der Meßbereich der Kraftmeßeinrichtung auch während der Meßkampagne leicht an unterschiedliche Lastfälle angepaßt werden konnte. Zur Vermeidung von Resonanzschwingungen mit signifikanter Amplitude im interessierenden Frequenzbereich und einer daraus resultierenden, gegebenenfalls fehlerhaften Bestimmung der Standardabweichung bzw. Streuung des Meßsignals wurde in die Meßeinrichtung ein Flüssigkeitsdämpfer eingebaut, für den experimentell eine obere Grenzfrequenz von etwa 100 Hertz bestimmt wurde. Als Kalibriergenauigkeit wurden maximale Fehler von 1.57% für F_X und 0.45% für F_Y bestimmt. Die im Rahmen der Messungen erreichte Reproduziergenauigkeit der Meßergebnisse lag bei ±1% für die Komponente F_X und ±2% für F_Y.

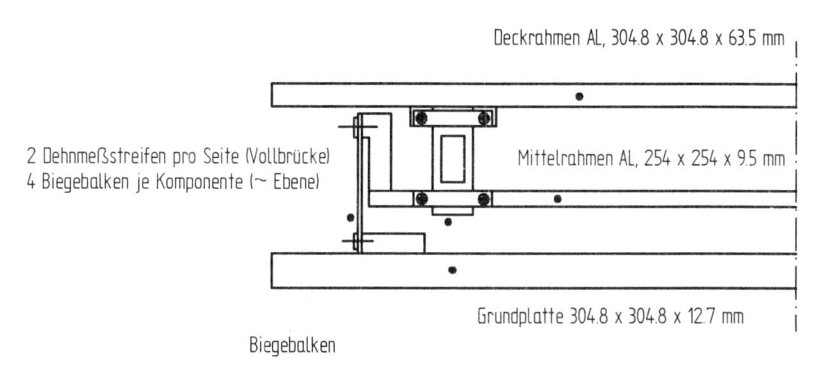

Abbildung 4: 2-Komponenten-Kraftmeßeinrichtung zur Bestimmung von F_X und F_Y (schematisch).

Die für die Momenten-Messungen (M_X, M_Y, M_Z) verwendete Meßeinrichtung ist in **Abbildung 5** dargestellt. Das ursprünglich für dynamische Untersuchungen an Bauwerksmodellen konzipierte System ist mit Halbleiter-Dehnmeßstreifen (SPB3-20-35) ausgerüstet und weist ein maximales Übersprechen der Kanäle von 0.4%, 1.5% und 0.5% für M_X, M_Y und M_Z aus. Im Sinne genauer Meßergebnisse wurde das Übersprechverhalten der Meßeinrichtung während der Kalibrierung erfaßt und im Zuge der Berechnung von Meßwerten aus den Einzelsignalen kompensiert. Die Kalibrierung erfolgte für Einzelkomponenten und kombinierte Lastfälle und wurde während der Messungen mehrfach wiederholt, um Fehler durch Drift der Meßaufnehmer zu minimieren. Ein Vergleich der Kalibrierdaten für die erste und letzte Kalibrierung des Systems zeigte sehr kleine Abweichungen von 0.35% für M_X, 0.65% für M_Y und 1.69% für M_Z. Als Reproduziergenauigkeit wurde durch Wiederholungsmessungen für ausgewählte Lastfälle eine maximale Streuung der Ergebnisse von ±2% für M_X und M_Y sowie ±6% für M_Z bestimmt.

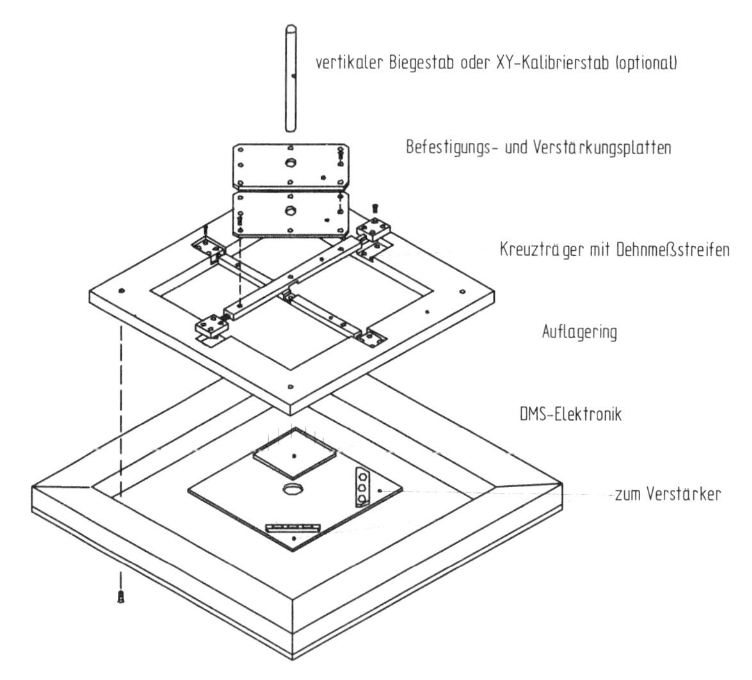

Abbildung 5: Momenten - Waage zur Messung der Momente M_X, M_Y und M_Z (schematisch).

3 Versuchsdurchführung und Ergebnisse

Vom Auftraggeber wurden 5 Betriebskonfigurationen und ein Vergleichsfall vorgegeben (vergl. **Tabelle 1**), für die Meßergebnisse in einem Anströmwinkelbereich von $\alpha = 0° .... 180°$ in 10°-Schritten geliefert wurden (siehe **Abbildung 6**). In Vorversuchen wurde zunächst die mindestens zu realisierende Anströmgeschwindigkeit bzw. Reynoldszahl bestimmt, ab der die Umströmung der Modellkomponenten transkritisches Verhalten zeigt und dimensionslose Kraft- und Momentenbeiwerte einen konstanten Wert ausweisen. Wie **Abbildung 7** zeigt, ergibt sich für Strömungsgeschwindigkeiten U_{REF} größer etwa 15 m/s keine Reynoldszahl-Abhängigkeit der dimensionslosen Momentenbeiwerte.

Testfall	Konfiguration
A	nur Tragrahmen, kein Ausleger
B	Tragrahmen mit landseitigem Ausleger, Hebevorrichtung Mitte Landseite
C	Tragrahmen mit Ausleger aufgeklappt, Hebevorrichtung Mitte Landseite
D	Tragrahmen mit Ausleger horizontal, Hebevorrichtung Mitte Landseite
E	Tragrahmen mit Ausleger horizontal, Hebevorrichtung am Maschinenhaus
F	Tragrahmen mit Ausleger horizontal, Hebevorrichtung maximal ausgefahren

Tabelle 1: Untersuchte Kran-Konfigurationen.

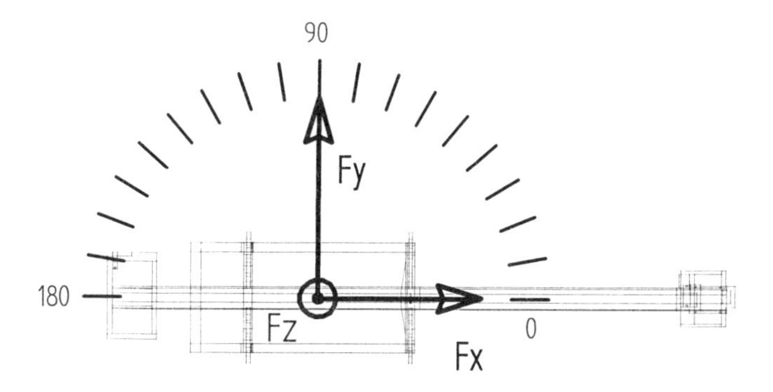

Abbildung 6: Untersuchter Anströmwinkelbereich und kranfestes Koordinatensystem.

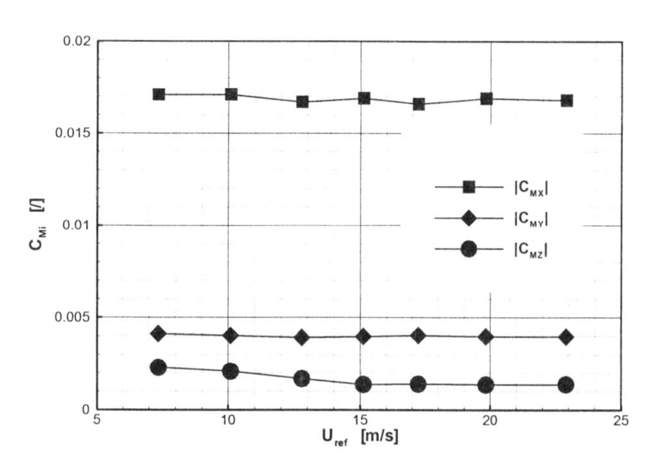

Abbildung 7: Gemessene Momentenbeiwerte für unterschiedliche Anströmgeschwindigkeiten (Re-Test).

Während der Messungen wurde kontinuierlich die mittlere Windgeschwindigkeit U_{REF} in 30 cm Höhe (45 m im Original, Unterkante Ausleger) unmittelbar vor dem Modell gemessen und den entsprechenden Kraft- und Momenten-Meßwerten zugeordnet. Pro Meßpunkt wurden 5 Zeitserien ausreichender Länge für die 5 Meßgrößen F_X, F_Y, M_X, M_Y und M_Z erfaßt, die off-line nach jeder Messung analysiert wurden.

Obwohl das Modell des Container-Kranes so starr wie möglich gefertigt wurde, zeigte die in Vorversuchen durchgeführte, experimentelle Analyse der Eigenfrequenzen des Modellkörpers einen Resonanzpunkt bei etwa 21 Hz, verursacht durch Schwingungen des Auslegers am Modellkran. Um die kleinste Eigenfrequenz deutlich zu erhöhen, hätte ein sehr viel kleinerer Modellmaßstab gewählt werden müssen. Ein kleinerer Modellmaßstab hätte jedoch gleichzeitig kleinere Absolutwerte der gemessenen Windkräfte und in Folge eine geringere Meßgenauigkeit in den Mittelwerten der Meßgrößen bedeutet. Da die Bestimmung der mitteleren Kräfte und Momente am Kran Schwerpunkt des Projektes war, wurde dem großen Modellmaßstab und der guten meßtechnischen Auflösung der zeitgemittelten Kraft- und Momentenbeiwerte zunächst Priorität eingeräumt. Die Frequenzanalyse der gemessenen Zeitreihen zeigte jedoch, daß im Frequenzbereich um 21 Hz noch signifikante Lastanteile gemessen wurden. Aus diesem Grunde wurde jede Zeitreihe im Frequenzbereich analysiert und der Resonanz-Spitzenwert im Energiedichtespektrum entfernt. Die aus den korrigierten Energiedichtespektren berechneten Standardabweichungen (siehe [4]) der Meßgrößen wurden im Weiteren zur Kennzeichnung der Windlastschwankungen (RMS bzw. Standardabweichung) verwendet.

Die gemessenen, mittleren Kräfte und Momente für die 6 Testfälle, umgerechnet auf die Absolutwerte der Großausführung (Auslegungsfall mit $U_H = 40$ m/s in einer Höhe von H = 45 m), sind in **Abbildung 8** zusammengefaßt. Als kritischer Lastfall erscheint die Konfiguration mit aufgeklapptem Kranausleger, für die zum Teil tendenziell abweichende Windlastverteilungen und erwartungsgemäß, mit Ausnahme des Torsionsmomentes M_Z, auch die größten, mittleren Lastwerte gemessen wurden. Die verschiedenen Positionen der Hebevorrichtung am Ausleger zeigen deutliche Wirkung im gemessenen Torrsionsmoment M_Z. Für alle weiteren Mittelwerte der Meßgrößen wurde eine nur geringe Abhängigkeit von der Position der Hebevorrichtung festgestellt. Die vom Auftraggeber mit der Wahl der Testkonfigurationen beabsichtigte Unterscheidung von Einzellastanteilen der Hebevorrichtung bzw. des Auslegers im Vergleich zur Gesamtlast wird für relevante Windrichtungen deutlich.

Eine wesentlich stärkere Abhängigkeit der Versuchsergebnisse vom jeweiligen Testfall konnte für die gemessenen Standardabweichungen bzw. RMS-Werte der Meßgrößen festgestellt werden (**Abbildung 9**). Die Konfiguration mit aufgeklapptem Ausleger erweist sich auch bei der Auswertung der RMS-Werte als kritischer Lastfall mit zum Teil ausgeprägter Windrichtungsabhängigkeit der Ergebnisse. Deutlicher als bei der Darstellung der zeitgemittelten Größen kann der Lastanteil der Hebevorrichtung insbesondere für den RMS-Wert der Horizontalwindkraft F_Y unterschieden werden. Die größten Lastschwankungen für M_X, M_Z und F_Y ergeben sich für Anströmrichtungen senkrecht zum Kranausleger. Entsprechend können für M_Y und F_X maximale RMS-Werte für Windrichtungen annähernd parallel zum Ausleger des Kranes.

4 Formelzeichen und Abkürzungen

C_W	Strömungswiderstandsbeiwert eines umströmten Körpers (aus [2])
C_M	Momentenbeiwert (aus [2])
F_X, F_Y	mittlere Windkraft am Kran in X- und Y-Richtung des Modellkoordinatensystems
M_X, M_Y	Kippmomente um die Horizontalachsen des Modellkoordinatensystems
M_Z	Torsionsmoment um die Vertikalachse des Modellkoordinatensystems
α	Anströmwinkel (Windrichtung)
I	Turbulenzintensität (siehe auch [6]
U_{REF}	Referenz- bzw. Bezugswindgeschwindigkeit in Hauptströmungsrichtung
U_H	Strömungsgeschwindigkeit in der Höhe H in Hauptströmungsrichtung
H	Höhe über Grund
RMS	root-mean-squared (siehe auch [4])

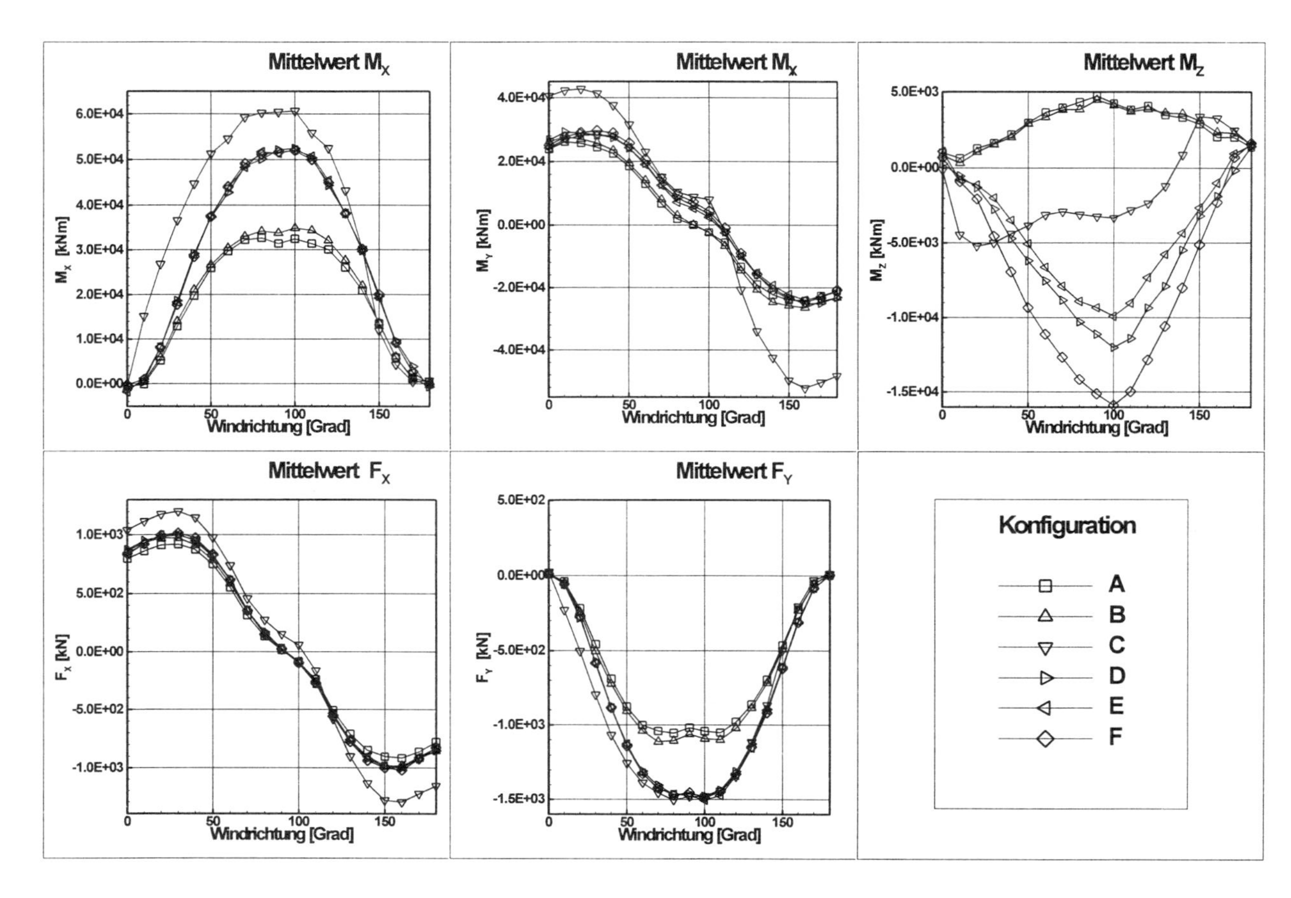

Abbildung 8: Mittelwerte der gemessenen Windlasten, umgerechnet auf die Verhältnisse im Original (U_H = 40 m/s, H = 45 m).

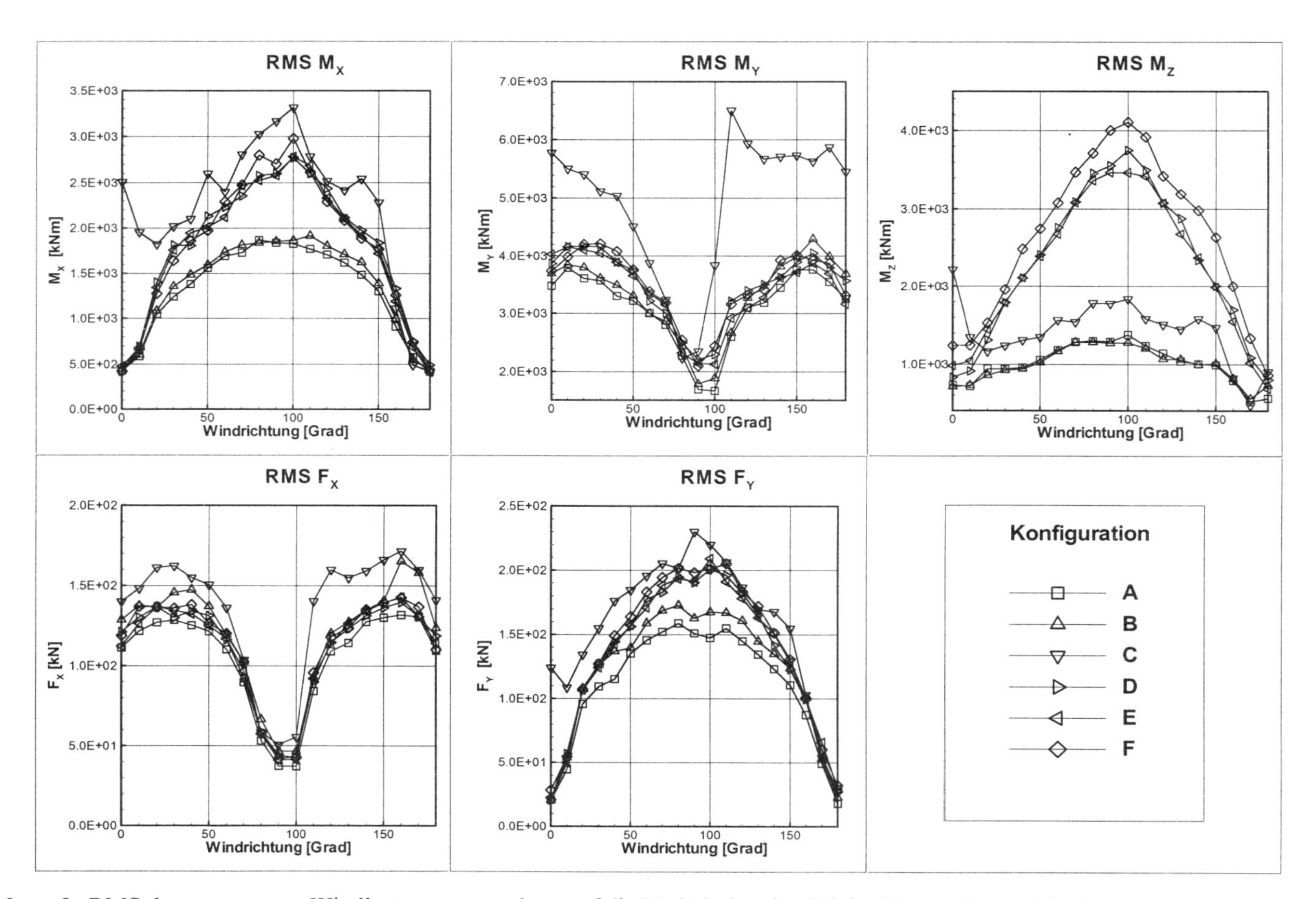

Abbildung 9: RMS der gemessenen Windlasten, umgerechnet auf die Verhältnisse im Original (U_H = 40 m/s, H = 45 m).

5 Literatur

[1] Fluid Dynamics and Diffusion Laboratory - Research Facilities and Instrumentation, compiled by A.E. Lee, Colorado State University, College of Engineering, Fluid Dynamics and Diffusion Laboratory, Fort Collins, Colorado

[2] Hoerner, S.F.(1965): "Fluid-Dynamic Drag", Dr.-Ing. S.F. Hoerner, 148 Busteed Drive, Midland Park, New Jersey, 07432

[3] American Society of Civil Engineers and American National Standards Institute: "Minimum Design Loads for Buildings and Other Structures", ANSI/ASCE 7-95, 1995

[4] Bendat, J.S.; Piersol, A.G., 1971: "Random Data: Analysis and Measurement Procedures", John Wiley and Sons, New York, 407p.

[5] Neff, D.E.; Leitl, B., 1996: "Wind Tunnel Study of Container Crane", Abschlußbericht, Colorado State University, Fluid Dynamics and Diffusion Laboratory, Dept. Of Civil Engineering, Fort Collins, Colorado, Juni 1996, unveröffentlicht

[6] Simiu, F.; Scanlan, R.H., 1978: "Wind Effects on Structures: An Introduction to Wind Engineering", John Wiley and Sons, New York, 458pp.

WIND INDUCED PRESSURES AND INTERFERENCE EFFECTS ON A COOLING TOWER GROUP

Gianni Bartoli, Claudio Borri, Rüdiger Höffer, Maurizio Orlando

Dipartimento di Ingegneria Civile, Università di Firenze
Via di S. Marta 3, 50139 Firenze, Italy

ABSTRACT. The structural response of a group of cooling towers in a turbulent wind flow can be completely different from that of an isolated tower due to the interference effects. In this paper the actual wind loads on two cooling towers in a power plant arrangement have been determined through a series of wind tunnel tests, assuming different directions of the wind with respect to the line passing through the axis of the towers. The cooling towers models used are rigid so that interference effects are analyzed only in terms of pressure distributions and not of the structural response. In particular an attempt is made to study the interference effects by means of the orthogonal decomposition of the fluctuations covariance matrix, that allows the reduction of a complex fluctuating pressure field into a set of uncorrelated time functions.

INTRODUCTION

After several decades of service, power plants need major maintenance works and restructuring measures in their main infrastructures. The specific station referred to in this paper (power plant located in Santa Barbara, AR) needs furthermore major transformations because of the changed fuel source used for energy production. A verification of all existing components of the plant was therefore necessary, starting with the complete check of the group made by two neighboring cooling towers of approx. 80 m height.

As the towers were built in the early fifties, the main structural concern deals with the actual loading conditions. The paper introduces the experimental campaign carried out in the BLWT of the CRIACIV (Centro di Ricerca Interuniversitario di Aerodinamica delle Costruzioni e Ingegneria del Vento), by the University of Florence. The analyses are aimed to following main targets : a) investigation on a isolated tower, b) evaluation of the interference effects induced by the group arrangement and neighboring buildings in terms of actual dynamic external pressures. The research work has been carried out in the framework of a contract granted by ENEL-CRIS (Ente Nazionale Energia Elettrica - Centro di Ricerca Idraulica e Strutturale) which had the main task of the check-up of the structural response.

FULL-SCALE AND MODEL CHARACTERISTICS

The two natural draught cooling towers are R.C. hyperbolic shells supported by X-shaped columns. Their main overall dimensions are the total height of 80 m, the throat diameter of 36.1 m, the basement diameter of 62.2 m and the thickness of the shell of 11 cm; the distance between the center of the towers is about 77 m. The ratio between this distance and the mean diameter is then about 1.6.

On the basis of the topography of the area where the power plant is situated, an exponent of 0.26 for the wind velocity profile has been estimated, then in the wind tunnel, after some attempts, a particular disposition of small wooden cubes of 5 x 5 x 5 cm^3 has been adopted to reproduce the roughness of the area and the corresponding exponential wind velocity profile.

The models of the two cooling towers have been made of aluminium with meridional ribs of rectangular wires, with only one tower instrumented with pressure taps at five different levels, being the two models interchangeable. The longitudinal ribs have been adopted to reproduce on the surface of the models the transcritical regime that characterizes the cooling towers in the reality [1]. The height and the distance of the ribs have been determined so that the minimum pressure coefficient measured in the wind tunnel on an isolated tower fits very well the values obtained by means of full-scale measurements reported in literature [2].

Figure 1. Model in the wind tunnel.

INTERFERENCE EFFECTS

Often, in a power plant arrangement, two or more cooling towers are situated very close one to each other and their behavior in a turbulent wind flow can be completely different from that of an isolated tower, depending on the direction of the incoming flow. Concentrating the attention to one cooling tower in a group of closely spaced towers, it results that the presence of the surrounding towers and of possible other buildings can change drastically the flow around it, producing unexpected forces and pressure distributions and intensifying or decreasing vortex shedding. These reciprocal influences on both the wind loads and the structural response are generally known as interference.

For identifying the pressure distributions on a group of cooling towers is then necessary to carry out full-scale measurements or wind tunnel tests. These tests can be performed on flexible or rigid models, the least being the case studied in the present work. In the first case the interference effects on the structural response are directly measured in the wind tunnel, while in the second one the wind tunnel tests allow the determination of the interference effects on the pressure fields. From investigations made by Niemann [3] on flexible models, it results that, excluding the presence of other buildings, the bigger effects on the structural response are produced by winds incoming along directions with a deviation or approx. 10°-20°, with respect to the direction of the centers of the towers. Also in the present work, it has been assessed that in this quite small range the largest changes in the pressure distribution can be measured.

ORTHOGONAL DECOMPOSITION

The orthogonal decomposition of the covariance matrix of a set of fluctuating pressures to study the wind actions on bluff bodies was introduced in 1968 by Armitt [4], who used this technique for investigating the fluctuating pressures on a full-scale cooling tower. Later on, different researchers have used this decomposition or that of the correlation matrix to characterize the wind loads on bluff bodies (see [5], [6], [7]). Armitt considered the following representation of the pressure fluctuations:

$$p(\vartheta, z, t) = \sum_{n=1}^{m} a_n(t) \cdot p_n(\vartheta, z) \tag{1}$$

where m is the dimension of the covariance matrix, and, among the infinite choices for the shapes p_n, he found that the shapes must be orthogonal and the time-functions $a_n(t)$ perfectly uncorrelated. These conditions are satisfied if the mode shapes coincide with the eigenvectors of the covariance matrix and the time-functions with the eigenvalues; besides, the sum of the eigenvalues coincides with the mean square pressure fluctuations over the surface investigated. Concerning the relation between the eigenvectors and the phisycal phenomena, Armitt concluded that it is not possible to link a physical cause to one eigenvector, as the spatial variations of the pressure fluctuations due to different causes are not necessarily orthogonal like the shapes. In reality, other researchers have shown that a physical meaning can be given to the first eigenvectors, corresponding to the higher eigenvalues : for example in the case of a circular silo [6] the first eigenvector is similar to the mean pressure distribution, while the second is similar to the first derivative of the pressure coefficient with respect to the longitudinal angle. With regard to the energy of the fluctuations, the first mode contributes more than the others to the total pressure and in some cases its contribution rises up to about 70%-80%.

Once evaluated the eigenvectors, the time-functions can be determined using the orthogonality condition of the mode shapes and by means of the following relation:

$$a_n(t) = \int_A p(\vartheta, z, t)\, p_n(\vartheta, z)\, dA = \int_A \left[\sum_{k=1}^{m} a_k(t)\, p_k(\vartheta, z) \right] p_n(\vartheta, z)\, dA \tag{2}$$

The advantage of choosing the eigenvectors of the covariance matrix is that the resulting time-functions are uncorrelated. In general it is sufficient to consider the first four or five eigenvectors to take into account about 85% of the total pressure. Therefore only the first four or five eigenvectors are necessary to reproduce with a sufficient approximation any linear combination of the original fluctuating pressures.

RESULTS FROM THE WIND TUNNEL TESTS : ISOLATED TOWER

The first series of tests has been performed on an isolated tower in order to check the technical roughness of the tower as well as to get a "reference" situation for comparison with future data.

The first check has been done by comparing literature values from full-scale and model experiments with the recorded ones, in terms of mean pressure coefficient. As it can be seen from Figure 2, which reports the obtained values at the three highest instrumented levels, the agreement is quite good, being the differences very small everywhere on the surface of the tower, so that the adopted technical roughness can be accepted.

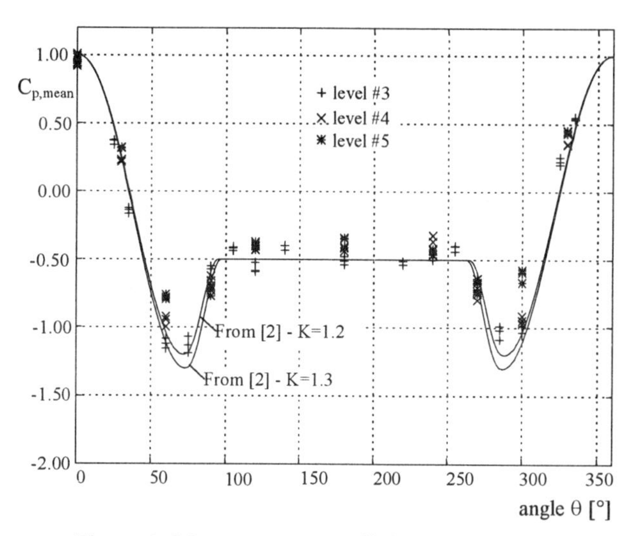

Figure 2. Mean pressure coefficients distribution.

The pressure distribution has been analyzed by means of the orthogonal decomposition. Obtained results show that, as it is well known, first mode exhibits the same distribution as the mean value does [6], while the second most significant mode is related to the vortex shedding induced on the tower. The same behavior is also shown by the corresponding time-functions $a_n(t)$, which are reported (for the first three most significant modes) in Figure 3, in terms of their power spectral density functions. As a matter of fact, it is to be noted that the first time-function exhibits the same spectral characteristics of the incoming wind, then justifying the hypothesis that the first mode corresponds to a quasi-static pressure distribution on the tower. A similar behavior is shown by the second time-function, while the third reports a completely different shape, characteristic of the vortex shedding. Moreover, as it will shown later for the group arrangement, the value of the contribution to the total pressure field offered by the third mode is higher than the second mode one, so that it plays an important role in the description of the whole pressure pattern.

RESULTS FROM THE WIND TUNNEL TESTS : GROUP ARRANGEMENT

In the wind tunnel tests, several wind incoming directions have been considered, in order to evaluate all the possible patterns of the pressure distribution on the two towers. Due to the plant arrangement a specific attention has been devoted to the directions close to 185°, correspondent to the axis between the centers of the towers, being the angle measured from

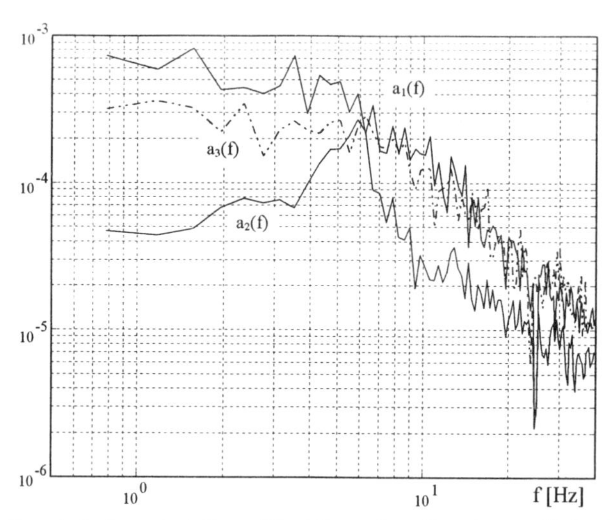

Figure 3. Spectral characteristics of first three time-functions $a_n(t)$ (n=1,2,3).

the North-South direction. The opposite direction (i.e. 5°) has been considered as less significant, due to the presence of the small hill in the North direction. In the following, wind incoming directions will be reported respect to the angle with the North-South direction, i.e. 180° stands for South incoming wind.

For each direction, six tests have been performed, by varying the position of the most instrumented meridian with respect to the wind direction, in order to get a more reliable estimate of the mean pressure distribution on the tower. Moreover, two different wind velocities have been used during the tests, more or less corresponding to wind speeds of 20 m/s and 25 m/s at the reference height (above the center of the model, at 4 model heights over it). Because of the non-simultaneity of the acquisition, all the following analyses refer only to one test for each wind direction, that is that one with a wind reference speed of 25 m/s and the most instrumented meridional strip close to the wind incoming direction. This is due to the fact that estimations have to be performed for the covariance matrix and so simultaneous data logging is requested. In the following, the tower directly exposed to the wind has been denoted by the letter B, while the leeward tower has been indicated as tower A.

As it can be seen from Figure 4, the mean distribution of pressures strongly depends on the wind direction, especially for tower A. The characterization of the pressure distribution has been performed by means of the orthogonal decomposition of the pressure pattern by using the orthogonal shapes represented by the eigenvectors of the covariance matrix. In Table 1, main results are reported, related to the first three modal contributions to the total pressure.

In the same Table, contributions to the total pressure $\lambda_P(j)$ and to the total variance $\lambda_V(j)$ have been evaluated, for the j-th mode, as

$$\lambda_P(j) = \frac{\int a_j^2(t)dt}{\sum_k \int a_k^2(t)dt} \qquad \lambda_V(j) = \frac{\int \left(a_j(t) - E[a_j(t)]\right)^2 dt}{\sum_k \int \left(a_k(t) - E[a_k(t)]\right)^2 dt} \tag{3}$$

where $E[a_j(t)]$ is the average value of the process $a_j(t)$.

Table 1. Contributions due to mode shapes to the total pressure.

		1st contribution				2nd contribution				3rd contribution					
		(1)	(2)	(3)	(4)	(1)	(2)	(3)	(4)	(1)	(2)	(3)	(4)	(5)	(6)
165°	A	**1**	1.540	*80*	*26*	**4**	0.381	*8*	*6*	**2**	0.833	*2*	*14*	***90***	***48***
175°	A	**1**	1.722	*76*	*29*	**5**	0.311	*7*	*5*	**4**	0.362	*6*	*6*	***89***	***40***
185°	A	**1**	1.428	*34*	*25*	**4**	0.371	*22*	*6*	**6**	0.225	*14*	*4*	***70***	***35***
195°	A	**3**	0.532	*23*	*8*	**4**	0.390	*17*	*6*	**5**	0.306	*11*	*5*	***51***	***19***
205°	A	**1**	1.850	*45*	*28*	**6**	0.275	*24*	*4*	**4**	0.380	*6*	*6*	***75***	***38***
165°	B	**1**	1.284	*73*	*29*	**4**	0.332	*7*	*7*	**2**	0.944	*3*	*21*	***83***	***57***
175°	B	**1**	1.391	*70*	*30*	**3**	0.392	*10*	*8*	**2**	0.900	*8*	*19*	***88***	***57***
185°	B	**1**	1.303	*72*	*27*	**4**	0.352	*8*	*6*	**2**	0.947	*4*	*20*	***84***	***53***
195°	B	**1**	1.386	*75*	*28*	**4**	0.388	*6*	*7*	**5**	0.308	*3*	*6*	***84***	***41***
205°	B	**1**	1.193	*73*	*23*	**4**	0.403	*11*	*7*	**2**	0.990	*3*	*19*	***87***	***49***

(1) : number of modal shape
(2) : eigenvalue
(3) : % contribution to the total pressure
(4) : % contribution to the total variance
(5) : cumulative contribution due to first three relevant modes
(6) : cumulative contribution (to the variance) due to first three relevant modes

It can be noted that the eigenvalue corresponding to the j-th mode is directly proportional to $\lambda_V(j)$, which represents the energy component of the j-th modal contribution $a_j(t)$ in its fluctuating part. However, the contribution of the mean value is necessary in order to reconstruct the original pressure pattern around the tower.

Following main aspects can be pointed out from the reported results :

- for tower B, the most significant mode is always the first, and it gives contribution from 70% to 75% to the total pressure pattern on the tower ; the second significant mode is the fourth one (apart the case 175B), giving a contribution varying from 6% to 11% ;
- on the whole, for B tower, the first three considered modes give a total contribution higher than 80%, while the contribution to the variance is about 50% ; moreover, the most significant modal shapes are the same of the isolated tower ;
- for tower A, the most significant mode is always the first, apart the case of 195A, and it gives very variable contribution to the total pressure (from 23% to 80%); values for the second significant mode are variable and no ultimate conclusions can be drawn ;
- nevertheless, for tower A, the first three considered modes give a total contribution between 70% and 90%, with the only exception of case 195A, while the total contribution to the variance is about 40% (19% for case 195A) ;
- if the analysis for 195A is extended up to include the first four significant modes, the contribution to the total pressure rises to 61% while the contribution to the variance reaches 23%.

For all the analyzed A cases, the modal shape related to the first significant mode presents some constant aspects which have to be pointed out. As it can be seen from Figure 5, the most significant mode is always characterized by two zones where pressures are positive : the first is in the same direction of the incoming wind, while the second is shifted of about +90° or -90°

with respect to the incoming wind, where the sign is coherent with the relative angle between the incoming wind direction and the axis between the two towers. In the 195A case, the situation is slightly different, being the two positive pressure zones symmetrically disposed with respect to the incoming wind direction. It is to be noted that this situation would be more realistic if the direction of the incoming wind would be the same as the line between the centers of the two towers, which corresponds to 185°. In the specific analyzed case, this behavior can probably be explained by the presence of the main building of the power plant on the right of the axis between the towers when wind is coming from South. This aspect can contribute to a deviation of the effective axis between the towers, so leading to a change in the flow pattern around them. At the present time, further studies are ongoing where the pressure pattern on the same two towers is investigated under the same flow conditions but without the presence of the other buildings of the power plant.

CONCLUSIONS

The shown results allowed to accurately rebuild the actual structure of dynamic pressure field on the two cooling towers investigated. The data obtained will give to the owner the possibility of carrying out a deep insight into the static and dynamic structural behavior.

Furthermore, it has been shown that the orthogonal decomposition of the correlation structures appears a quite powerful as well as simple method for accurately reproducing even complex aerodynamic pressure fields. Moreover, it seems possible to reproduce these pressure fields utilizing only the first few modes then allowing the generation of an actual pressure field with an extremely low simulation effort.

REFERENCES

[1] Farell, C., Güven, O., Maisch, F., (1976). Mean Wind Loading on Rough-Walled Cooling Towers. *J.Struct.Div., ASCE,* 102, 1059-1081.

[2] Niemann, H.-J., (1980). Wind effects on cooling tower shells. *J.Struct.Div., ASCE,* 106, 643-661.

[3] Niemann, H.-J., Köpper, H.-D., (1996). Influence of adjacent buildings on wind effects on cooling towers. In : *Natural draught cooling towers* (U. Wittek, W. B., Krätzig, Eds.), 83-91.

[4] Armitt, J., (1968). Eigenvector analysis of pressure fluctuations on the West Burton instrumented cooling tower. Internal Report RD/L/N 114/68, Central Electricity Research Laboratories, U.K., unpublished.

[5] Holmes, J.D., (1990). Analysis and synthesis of pressure fluctuations on bluff bodies using eigenvectors. *J.Wind Engrg. And Ind. Aerodyn.*, 33, 219-230.

[6] Macdonald, P.A., (1987). Wind loads on circular storage bins, silos and tanks. III. Fluctuating and peak pressure distributions. *J.Wind Engrg. and Ind. Aerodyn.*, 34, 319-337.

[7] Macdonald, P.A., Holmes, J.D., Kwork, K.C.S., (1990). Wind loads on circular storage bins, silos and tanks. III. Fluctuating and peak pressure distributions. *J.Wind Engrg. and Ind. Aerodyn.*, 34, 319-337.

Paper presented at the "*2nd European and African Conference on Wind Engineering*" June 22-26, 1997, Genova, Italy.

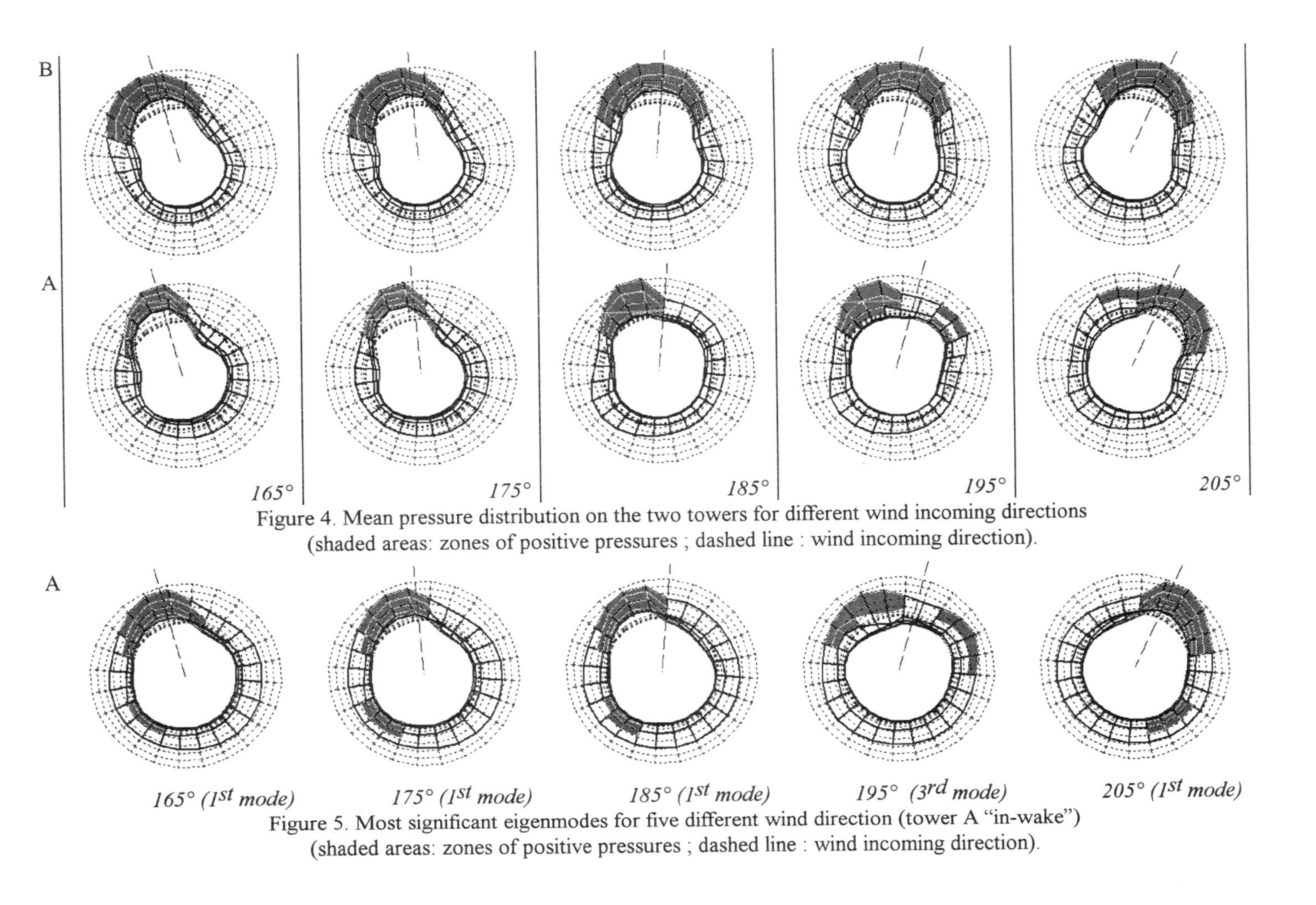

Figure 4. Mean pressure distribution on the two towers for different wind incoming directions (shaded areas: zones of positive pressures ; dashed line : wind incoming direction).

Figure 5. Most significant eigenmodes for five different wind direction (tower A "in-wake") (shaded areas: zones of positive pressures ; dashed line : wind incoming direction).

Interferenzwirkung zwischen Schornstein und Gebäude auf die wirbelerregte Schwingung

Prof. Dr.-Ing. Hans Ruscheweyh
Ruscheweyh Consult GmbH, Teichstr. 8
52074 Aachen

Zusammenfassung:

In einer ersten Versuchsserie im Windkanal der Ruscheweyh Consult GmbH, Aachen, wurde der Interferenzeffekt auf die wirbelerregte Querschwingung eines Schornsteins in Gebäudewandnähe untersucht. Es zeigte sich, daß bei bestimmten Abstandsverhältnissen und nahezu wandparalleler Anströmung die maximalen Amplituden gegenüber dem freistehenden Schornstein etwas größer werden. Der kritische Anströmwinkel ist jedoch eingeschränkt, und bei engen Wandabständen wird die Schwingung reduziert.

Die Einflußparameter "Windrichtung" und "Abstandsverhältnis" wurden für den Fall untersucht, daß der Schornstein das Gebäude um 3,6 x Durchmesser überragt.

1. Einführung

Sehr häufig werden Schornsteine in Gebäudewandnähe errichtet. Damit erhebt sich sofort die Frage nach der Interferenzwirkung auf die Windwirkung am Schornstein. Dies betrifft insbesondere die wirbelerregte Querschwingung:

- Wird die Wirbelresonanzschwingung durch die Richtwirkung der Gebäudewand verstärkt oder wird Sie nachhaltig gestört?

- Welchen Einfluß hat die Windrichtung?

- Welchen Einfluß hat der Wandabstand?

- Wie weit muß der Schornstein das Dach überkragen, damit die Störung durch die Gebäudewand vernachlässigt werden kann?

Weitere Fragen ließen sich anschließen. Obgleich diese Fragen in der Praxis immer wieder gestellt werden, sind bis jetzt keine Untersuchungen bekannt geworden, die das Problem systematisch angehen.

Im neuen bauwerksaerodynamischen Windkanal der Ruscheweyh Consult GmbH, Aachen, sind daher vom Autor erste Versuche durchgeführt worden, um einige Antworten auf die oben beschriebenen Fragen zu geben.

2. Versuchsbeschreibung

Im Bild 1 ist die Versuchsanordnung skizziert. Ein elastisch eingespanntes Schornsteinmodell befindet sich neben einem rechteckigen Gebäude, das auf einem Drehtisch montiert ist. Während das Schornsteinmodell unbeeinflußt von der Windkanaldrehplatte schwingen kann, werden durch Drehen des Tisches die verschiedenen Windrichtungen Θ eingestellt. Die Geometrieparameter a, l und h können verändert werden, desgleichen die relative Position des Hauses zur Mittelachse des Schornsteins. Das Foto im Bild 2 zeigt das Modell im Windkanal.

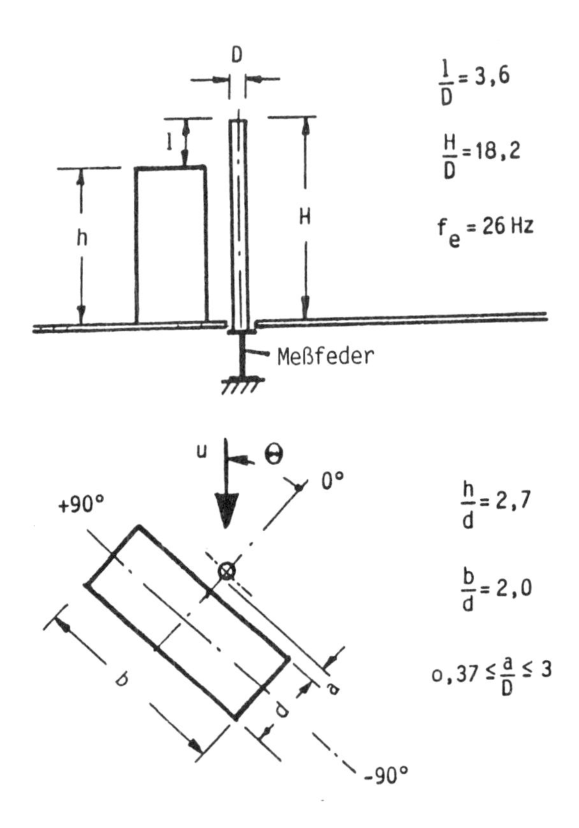

Bild 1: Skizze der Versuchsanordnung.

Die natürliche Windgrenzschicht wird mit Hilfe der Counihan-Methode /1/ erzeugt. Die Grenzschichthöhe beträgt 500 mm, der Grenzschichtexponent ist $\alpha = 0{,}17$. Das Bild 3 zeigt die mit $\alpha = 0{,}17$ approximierte Grenzschicht.

Bild 2: Modell im Windkanal der Ruscheweyh Consult GmbH, Aachen.

Die dynamischen Kenndaten des Schornsteinmodells sind:

Eigenfrequenz	fe = 26 Hz
Zylinderdurchmesser	D = 27,3 mm
Scrutonzahl	$S_c = 2{,}0$

Für die einzelnen untersuchten Fälle wurde jeweils die gesamte Resonanzkurve durchfahren. Die Ergebnisse sind als relative Amplitude der Schornsteinspitze, y/D, über der reduzierten Geschwindigkeit

$$u_r = \frac{u}{D \cdot fe} \tag{1}$$

aufgetragen, wobei u die Windgeschwindigkeit in 5/6 der Schornsteinhöhe H bedeutet.

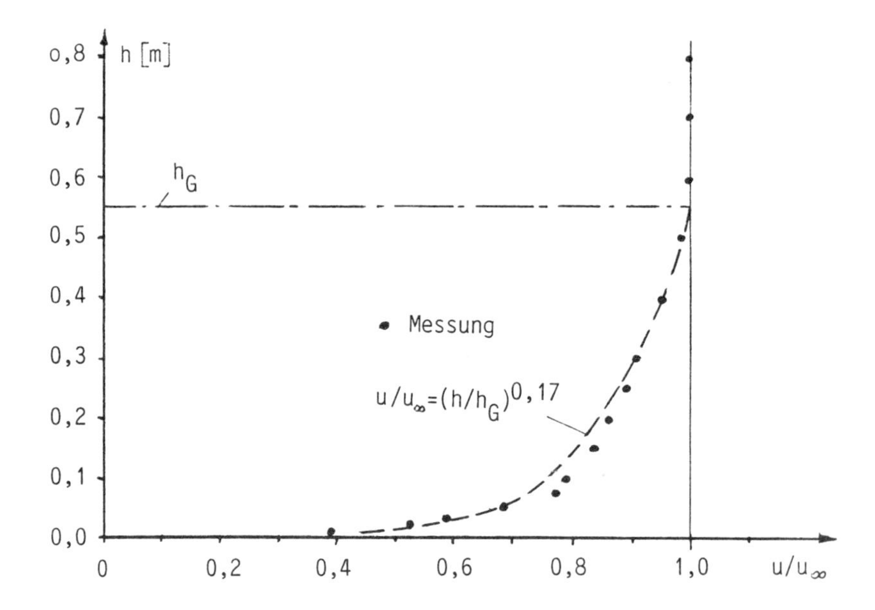

Bild 3: Windgrenzschicht im Windkanal, $\alpha = 0,17$

3. Ergebnisse

3.1 Charakter der Wirbelresonanzschwingung

Die dynamische Reaktion des Schornsteinmodells zeigt die typische Resonanzantwort mit nahezu konstanter Amplitude. Das Bild 4 zeigt ein Schriebbeispiel der aufgezeichneten Resonanz-Schwingung über der Zeit für den Fall a/D = 1; c/b = 0,5; $\Theta = 80°$; $u_r = 6,07$. Man erkennt, daß die maximalen Schwingamplituden nur geringförmig variieren, d.h. die Wirbelresonanz ist eine harmonische Schwingung mit nahezu konstanter Amplitude. Die in der Windanströmung enthaltene Turbulenz von etwa 12 % stört die Schwingung nur wenig.

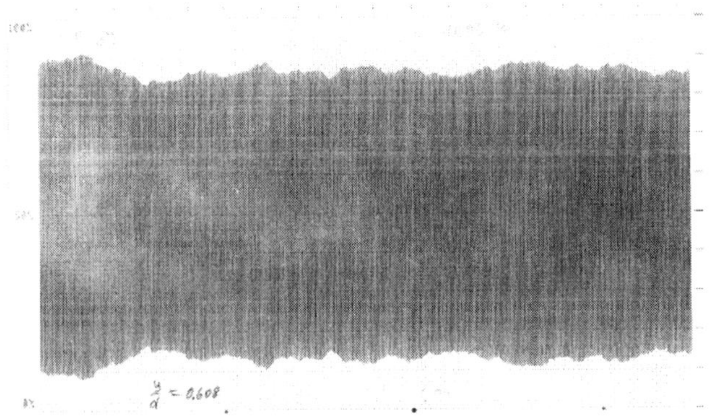

Bild 4: Wirbelresonanzschwingung des Schornsteinmodells bei a/D = 1, $\Theta = 80°$ und $u_r = 6,07$, c/b = 0,5

3.2 Wirbelresonanzantwortkurven

Für den Fall a/D = 1 und l/D = 3,6 sind die Wirbelresonanzantworten y/D in Bild 5 für verschiedene Windrichtungen Θ wiedergegeben.
Zum Vergleich ist jeweils die Resonanzkurve des freistehenden Schornsteins eingetragen. Man erkennt, daß bei ungefähr tangentialer Wandanströmung (Θ = ± 80) die wirbelerregte Schwingung nahezu den Größtwert des freistehenden Schornsteins erreicht. Alle anderen Windrichtungen erzeugen geringere Schwingungsamplituden.

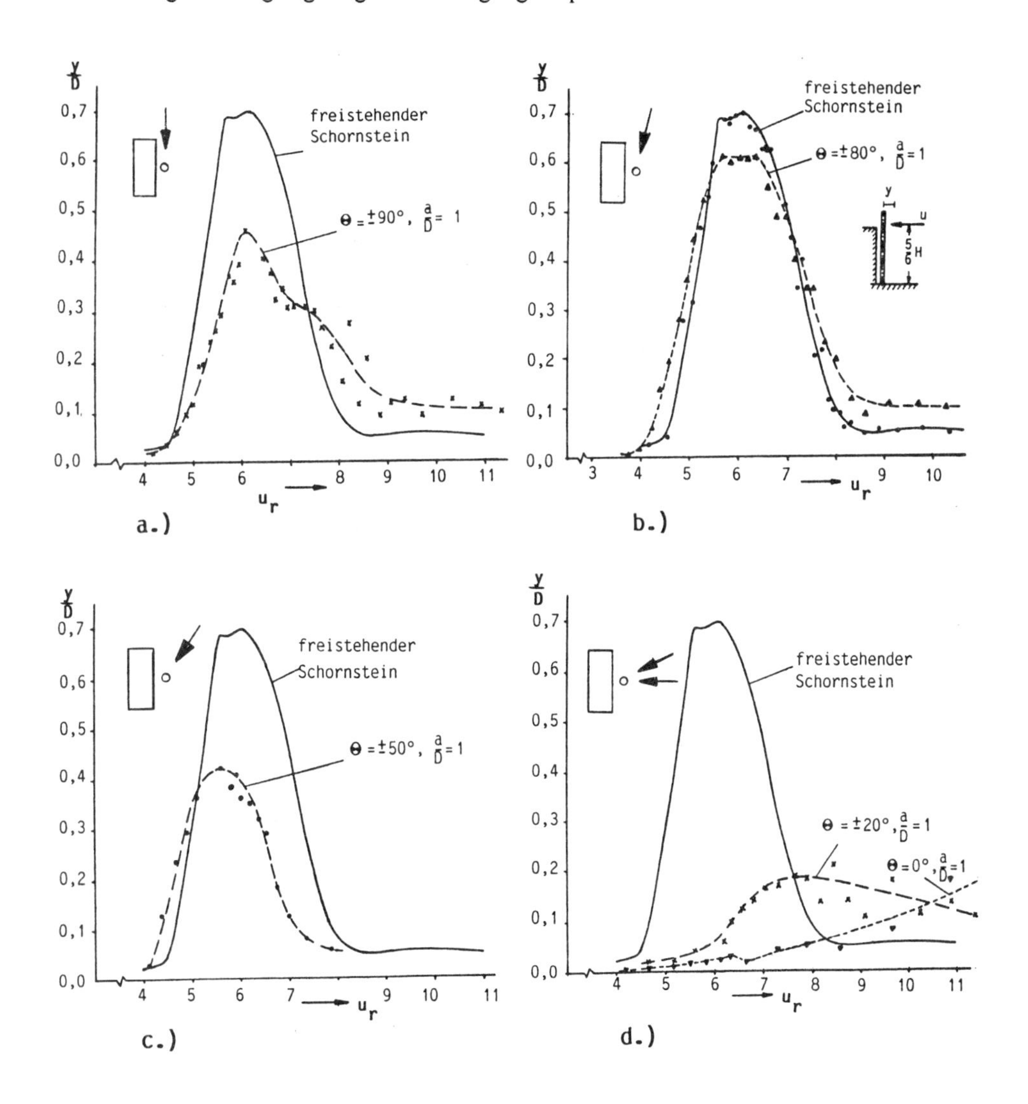

Bild 5: Querschwingungsamplituden y/d eines Schornsteins mit und ohne Interferenzeinfluß durch eine Gebäudewand. Abstandsverhältnis a/D = 1, c/b = 0,5; a) Θ = 90°; b) Θ = 80°; c) Θ = 50°; d) Θ = 20° und 0°.

3.2 Einfluß der Windrichtung Θ

Der Einfluß der Windrichtung Θ ist in Bild 6 zu sehen. Darin ist der jeweils maximale Wert max y/D aus den Wirbelresonanzkurven bezogen auf den Maximalwert des freistehenden Schornsteinmodells als "relative Resonanzamplitude"

$$\kappa^* = \frac{\max\ (y/D)\ \textit{mit Interferenz}}{\max\ (y/D)\ \textit{Solist}} \tag{2}$$

über Θ aufgetragen. Man erkennt, daß im Windrichtungsbereich $75° \leq \Theta \leq 85°$ ein Maximum auftritt und daß unterhalb von $\Theta = 20°$ und oberhalb von $\Theta = 100°$ die Schwingung praktisch verschwindet. Letztere Aussage gilt natürlich nur für den untersuchten Fall l/D = 3,6. Für größere Überkragungen des Schornsteins über das Dach hinaus können auch durch rückwärtige Anströmung wirbelerregte Schwingungen auftreten. Kurze Testversuche haben dies bereits bestätigt.

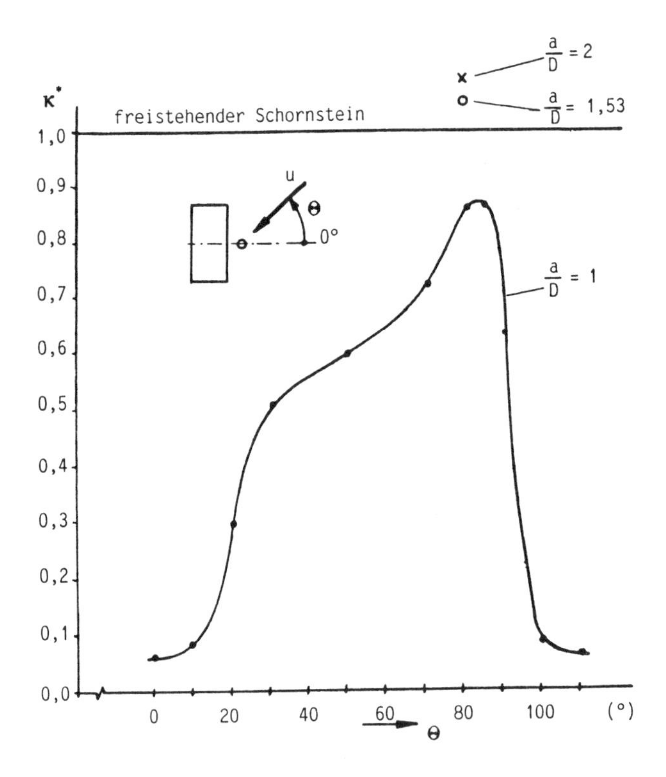

Bild 6: Relative Resonanzamplitude κ^* der wirbelerregten Querschwingung mit Interferenzeffekt in Abhängigkeit von der Windrichtung Θ; l/D = 3,6; c/b = 0,5

3.3 Einfluß des Abstandsverhältnisses a/D

Der Einfluß des Wandabstandes "a" ist in Bild 7 dargestellt. Unter dem Interferenzeinfluß der Gebäudewand übersteigt bei $1{,}3 \leq a/D \leq 2{,}8$ der Maximalwert den Wert des freistehenden Schornsteins um bis zu 10 %. Für sehr enge Abstände nimmt der Wert ab.

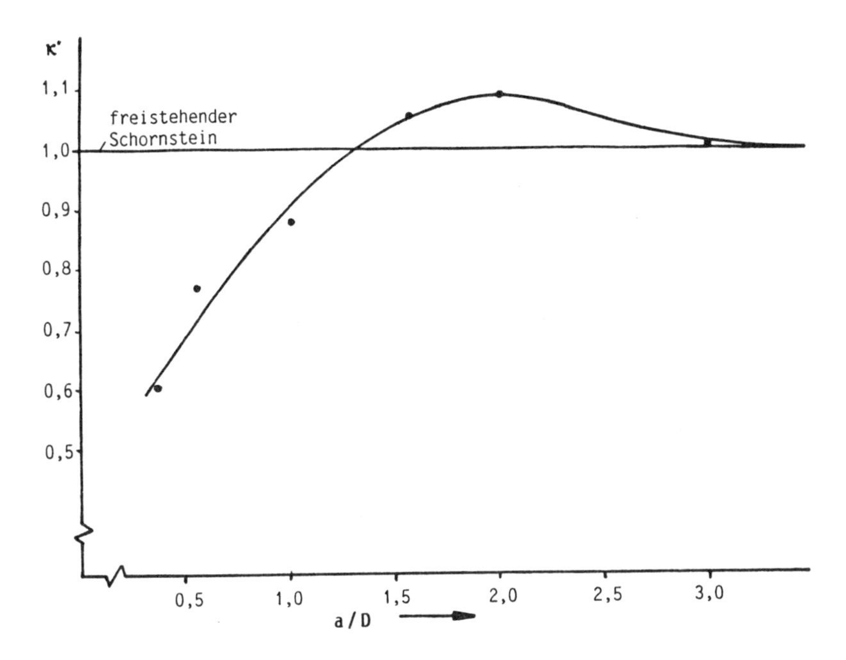

Bild 7: Relative Resonanzamplitude κ^* der wirbelerregten Querschwingung mit Interferenzeffekt in Abhängigkeit vom Abstandsverhältnis a/D; l/D = 3,6; c/b = 0,5

Die Wirbelresonanzkurve für den Fall a/D = 1,56 ist in Bild 8 dargestellt. Man erkennt, daß neben der Erhöhung des Maximalwertes auch die Resonanzbreite Δu zunimmt. Das bedeutet, daß Schwankungen der Windgeschwindigkeit den Schwingungsvorgang weniger stören als beim freistehenden Schornstein.

Das Bild 9 zeigt diesen Fall aus der Vogelperspektive: Man erkennt in dem Foto die große Schwingbewegung des Schornsteinmodells.

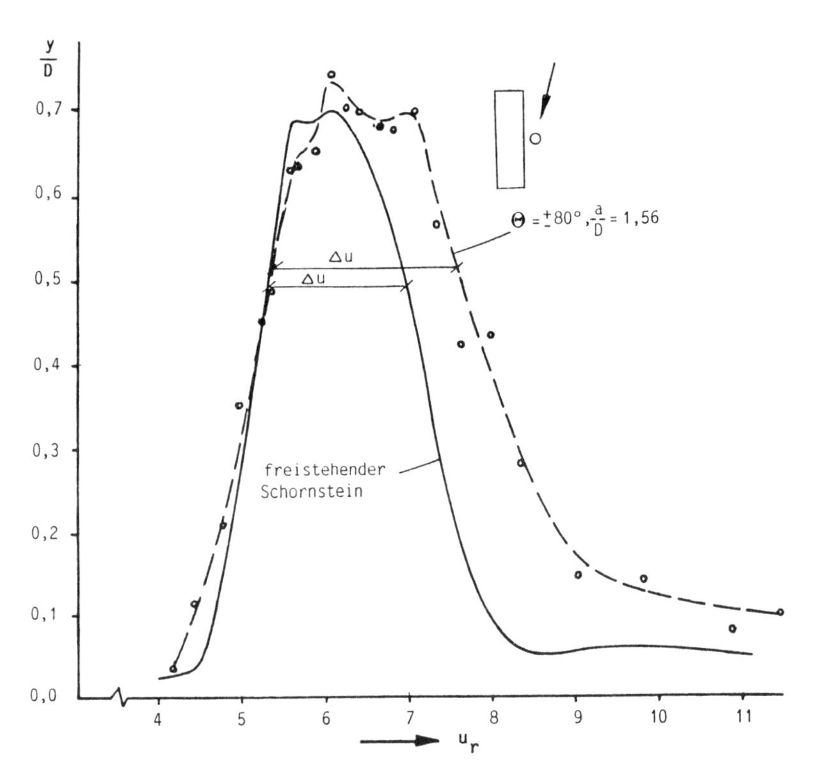

Bild 8: Wirbelresonanzschwingung eines Schornsteins mit Interferenzeffekt einer Gebäudewand. Abstandsverhältnis a/D = 1,56; Windrichtung Θ = 80°; l/D = 3,6; c/b = 0,5

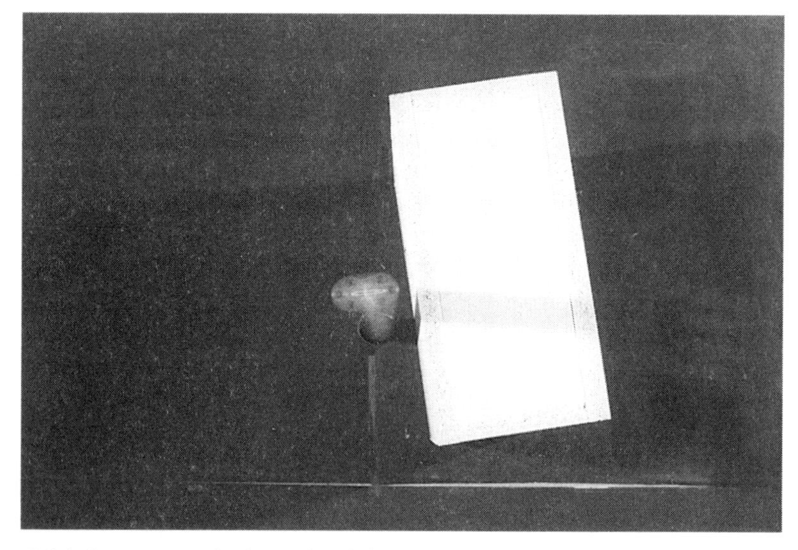

Bild 9: In Wirbelresonanz schwingendes Schornsteinmodell in Wandnähe eines Gebäudes, a/D = 1,56

3.4 Die relative Resonanzbreite ϵ

Aus dem Bild 8 läßt sich eine relative Resonanzbreite ϵ ableiten:

$$\epsilon^{*} = \frac{(\Delta u)\ mit\ Interferenz}{(\Delta u)\ freistehender\ Schornstein} \tag{3}$$

worin Δu als die Halbwertsbreite einer Resonanzkurve zu verstehen ist /2/. Das Bild 10 zeigt die ermittelten Werte ϵ in Abhängigkeit von der Windrichtung Θ. Im Bereich $50° \leq \Theta \leq 88°$ steigt die Resonanzbreite bis zu 30 % an. Das bedeutet, daß in diesem Windrichtungsbereich die Schwingung durch Windgeschwindigkeitsschwankungen weniger gestört wird und damit stabiler erhalten bleibt.

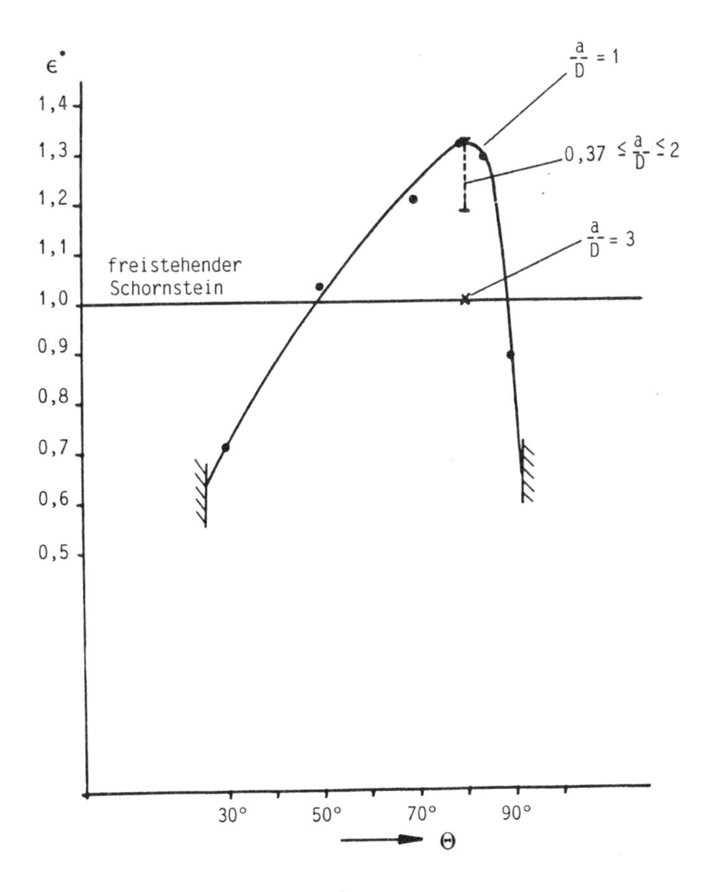

Bild 10: Relative Resonanzbreite ϵ^{*} der wirbelerregten Querschwingung eines Schornsteins unter Interferenzeinfluß mit einer Gebäudewand, l/D = 3,6; c/b = 0,5

3.5 Schornstein in der Nähe der Gebäudeecke

Es wurde der Frage nachgegangen, wie sich das Schwingverhalten des Schornsteins ändert, wenn er in der Nähe der Gebäudeecke angeordnet wird. Im Modellversuch wurde die Position (s. Bild 11)

$$a/D = 1$$
$$c/D = 1{,}3$$

mit l/D = 3,6. untersucht. Es wurde festgestellt, daß im kritischen Windrichtungsbereich

$$70° \leq \Theta \leq 90°$$

die Maximalamplituden erheblich ansteigen (vergleiche Bild 11 mit Bild 6 für a/D = 1). Bei Anströmwinkeln

$$100° \leq \Theta \leq 120°$$

wird neben einer schwächeren Wirbelresonanzschwingung eine stärkere unregelmäßige Schwingung oberhalb der kritischen Geschwindigkeit beobachtet. Diese Schwingung wird offensichtlich durch die hohe Turbulenz der Strömungsablösung an der Gebäudeecke angeregt.

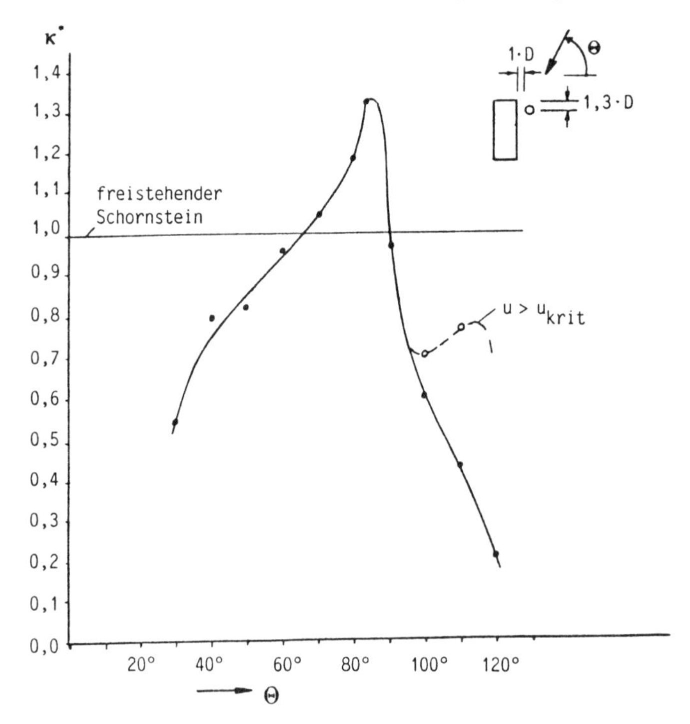

Bild 11: Relative Resonanzamplitude κ^* der wirbelerregten Querschwingung mit Interferenzeffekt in Abhängigkeit von der Windrichtung Θ, l/D = 3,6; a/D = 1; c/D = 1,3

4. Schlußfolgerung

Aus den bisherigen Modellversuchen läßt sich folgendes sagen:

- Bei engen Abstandsverhältnissen zur Wand wird eine Reduzierung der Querschwingung erreicht.

- Die Interferenzwirkung durch eine nahestehende Wand kann bei ungünstigen Abstandsverhältnissen die maximale wirbelerregte Querschwingung erhöhen.

- Der Winkelbereich des Auftretens der Querschwingung ist auf etwa 2 x 60° = 120° eingeschränkt.

- Für Schornsteine mit mittlerer oder niedriger kritischer Windgeschwindigkeit hat die Reduzierung des kritischen Windrichtungsbereichs keinen signifikanten Einfluß auf die Dauerfestigkeitsberechnung, wenn die Lastspielzahlen über 10^7 liegen.

5. Literatur

/1/ Counihan, J.: An improved method of simulation an atmospheric boundary layer in a wind tunnel. - In: Atmos. Environ., 3 (1969), S. 197 - 214

/2/ Ruscheweyh, H.: Dynamische Windwirkung an Bauwerken, Band 1 + 2, Bauverlag, 1982

Erregermechanismen von Regen-Wind-induzierten Schwingungen

Dr.-Ing. Constantin Verwiebe
früher: Lehrstuhl für Stahlbau, RWTH Aachen, D-52056 Aachen
jetzt: Ing.-Büro Prof. Domke, Röttgen und Partner, Mannesmannstr. 161, D-47259 Duisburg

KURZFASSUNG: Bei sehr schwach gedämpften Bauteilen mit kreisförmigem Querschnitt, wie zum Beispiel Seilen von Schrägseilbrücken oder abgespannten Masten und Hängern von größeren Stabbogenbrücken, können gefährliche Regen-Wind-induzierte Schwingungen auftreten. Eine Einschränkung der Gebrauchstauglichkeit und der Standsicherheit kann die Folge sein. Die wesentlichen Abläufe der Erregermechanismen dieser Schwingungen wurden in Windkanalversuchen mit Regenbeaufschlagung identifiziert und werden im folgenden beschrieben. Weiterhin wird ein Näherungsverfahren für die Abschätzung der Regen-Wind-induzierten Schwingamplitude vorgestellt, das auf den Versuchsergebnissen basiert und anhand von Originalmessungen kalibriert wurde. Es folgt ein kurzer Überblick über die bisher bekannten Maßnahmen zur Reduzierung derartiger Schwingungen.

1 EINLEITUNG

Seit einigen Jahren werden in Japan, Frankreich, Dänemark und Deutschland Untersuchungen angestellt, um das Phänomen der Regen-Wind-induzierten Schwingungen zu erforschen. Zunächst glaubte man, daß das Auftreten dieses Schwingungstyps auf schwach geneigte (30° ... 45°) Seile von Schrägseilbrücken beschränkt ist (Hikami; Shiraishi 1988). Ende 1993 und Anfang 1994 traten jedoch Schäden an den fast vertikal (79°) angeordneten Hängern der 178 m langen, gerade erst dem Verkehr übergebenen Stabbogenbrücke über die Elbe bei Dömitz auf. Dieser Schadensfall war der Anlaß für eine erste Serie von Windkanalversuchen, bei denen herausgefunden wurde, daß das gleichzeitige Auftreten von Regen und Wind sowohl zu Schwingungen in Windrichtung als auch quer zur Windrichtung führen kann (Ruscheweyh; Verwiebe 1995).

Der jüngste ermüdungsbedingte Schadensfall wurde Ende Mai 1997 an den vertikal angeordneten Hängern einer 89 m langen Stabbogenbrücke entdeckt, etwa ein dreiviertel Jahr nach ihrer Fertigstellung aber noch bevor sie dem Verkehr übergeben worden war. Man kann davon ausgehen, daß Regen-Wind-induzierte Schwingungen die Ursache für die aufgetretenen Ermüdungsrisse waren. An einem der längsten Hänger (l = 12,33 m) mit kreisförmigem Querschnitt (d = 100 mm) und einer Eigenfrequenz von 5,9 Hz waren ein 100 mm und ein 50 mm langer Riß mit Hilfe von zerstörungsfreier Prüfung entdeckt worden. Die Orientierung der Risse bewies, daß Schwingungen quer zur Bogenrichtung die Ursache gewesen sein müssen. Bevor die Beschichtung entfernt worden war, waren die Risse nicht sichtbar. Das gemessene logarithmische Dämpfungsdekrement eines anderen der längsten Hänger dieser Brücke lag für Schwingungen in Bogenrichtung bei $\delta = 0{,}0012$ und für Schwingungen quer zur Bogenrichtung bei $\delta = 0{,}0004$. Die Messungen dieser Dämpfungswerte waren etwa 6 Monate vor der Entdeckung der Risse durchgeführt worden.

In der einschlägigen Literatur gibt es verschiedene Erklärungsversuche für die Erregermechanismen von Regen-Wind-induzierten Schwingungen. Außerdem werden unterschiedliche Gegenmaßnahmen vorgeschlagen (Matsumoto et al. 1995; Honda et al. 1995). Eine zuverlässige Gegenmaßnahme gegen große Schwingamplituden ist die Dämpfungserhöhung mit Hilfe von Seilverspannungen (Yamaguchi 1995), Öldämpfern (Yoshimura et al. 1995) oder dynamischen Schwingungsdämpfern (Ruscheweyh; Verwiebe 1995; Lüesse et al. 1996). Andere Untersuchungen konzentrieren sich auf eine Formänderung der glatten Oberfläche in der Weise, daß die herablaufenden Wasserrinnsale oder eine als ursächlich vermutete axiale Luftströmung und somit auch der Erregermechanismus gestört werden (Matsumoto 1995). Ein vorhersehbarer Erfolg von Oberflächenmodifikationen ist jedoch nur möglich, wenn die Erregermechanismen bekannt sind.

2 WINDKANALVERSUCHE

Der Autor hat Regen-Wind-induzierte Schwingungen in Windkanalversuchen für eine Vielzahl von unterschiedlichen Einstellungen der Parameter Neigungswinkel, Anströmrichtung und Eigenfrequenz des Modells durchgeführt. Bei den Modellversuchen wurde ein Teilmodell in Form eines am Kopf eingespannten Kragzylinders verwendet. Der Querschnitt des Windkanals mißt 2,70 m x 1,80 m, die maximal mögliche Windgeschwindigkeit beträgt 30 m/s. Der Durchmesser des Modells entspricht etwa dem der Originalhänger oder Seile, bei denen Schwingungen festgestellt wurden, um Maßstabseffekte im Hinblick auf die Größe der Wasserrinnsale zu vermeiden. Die Modelle sind aus Plexiglas, um trotz der höheren Dämpfung des Modells im Windkanal denselben Massendämpfungsparameter wie bei den Originalbauteilen zu realisieren. Die Plexiglasmodelle weisen eine relativ glatte Oberfläche auf. Die Bezeichnung des Neigungswinkels (α) und der Anströmrichtung (β) sowie das lokale Koordinatensystem des Modells sind in Bild 1 dargestellt.

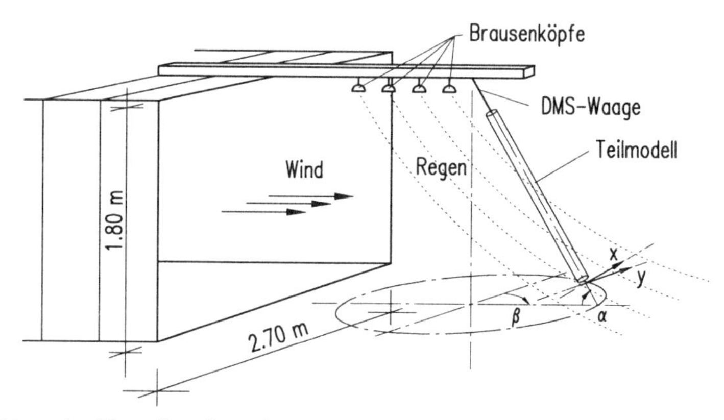

Bild 1: Skizze des Versuchsaufbaus im Windkanal und Definition des Neigungswinkels α, des Anströmwinkels β und des auf das Modell bezogenen lokalen Koordinatensystems x und y. Beide Richtungen verlaufen orthogonal zur Längsachse des Seils, wobei x so orientiert ist, daß es bei einer Schrägseilbrücke immer in der Seil-Pylon-Ebene läge.

Das Wasser wird mit Hilfe von 3 bis 5 Brausenköpfen eingesprüht, die in Luv des Modells angeordnet sind. Die Anordnung der Brausenköpfe muß der jeweiligen Position des Modells und der Windgeschwindigkeit angepaßt werden. Dieser Versuchsaufbau ermöglicht eine realitätsnahe Simulation der Wasserrinnsale. Dies ist extrem wichtig, da die Bewegung der Wasserrinnsale auf der Oberfläche des zylindrischen Körpers das entscheidende Merkmal der unterschiedlichen Erregermechanismen ist.

Die Wassermenge wird jeweils so eingestellt, daß die maximalen Amplituden auftreten. Aufgrund der nur geringen Adhäsionskräfte und der Windkräfte ist die am Seil herablaufende Wassermenge ohnehin beschränkt. Wird das Wasser an der Oberfläche jedoch nicht vom Wind mitgerissen, dann können sich an langen Schrägseilen oder Brückenhängern aufgrund der großen "Sammelstrecke" erhebliche Wassermengen zu Rinnsalen ansammeln.

Bild 2 zeigt ein Foto des Versuchsaufbaus im Windkanal.

Bild 2: Versuchsaufbau im Windkanal

3 GRUNDPRINZIPIEN DER ERREGERMECHANISMEN

Die genaue Beobachtung der Interaktion zwischen der Bewegung des Plexiglasmodells während der Windkanalversuche und der Bewegung des einen oder zweier Rinnsale auf der Oberfläche des Modells in Umfangsrichtung hat neue Erkenntnisse im Hinblick auf die Erregermechanismen gebracht (Verwiebe 1996). Die identifizierten Mechanismen liefern eine plausible Erklärung für die aufgezeichneten und sehr gut beschriebenen starken Schwingungen der Seile der Farø-Brücken in Dänemark (Langsoe; Larsen 1987) und der Rheinbrücke Rees-Kalkar in Deutschland (Emde 1989; Emde et al. 1993), sowie für etliche andere starke Schrägseilschwingungen, deren Ursache man sich lange Zeit nicht oder nur schwer erklären konnte.

3.1 Ständig veränderlicher wirksamer Querschnitt

Die wirksame Form des gemeinsamen Querschnitts vom Zylinder und dem oder den Rinnsalen hängt von dem momentanen Ort der Rinnsale auf dem Zylinder ab und verändert sich daher ständig.

Die Rinnsale schwingen auf der Oberfläche des Zylinders in Umfangsrichtung bedingt durch

- die Momentanbeschleunigung des Querschnitts

  und zusätzlich beeinflußt durch
- Adhäsionskräfte und
- Windkräfte, die auf das oder die Rinnsale wirken.

Aufgrund dieser Zusammenhänge erfolgt die Veränderung der wirksamen Querschnittsform mit derselben Frequenz wie die Schwingung des Querschnitts.

Die Veränderung der wirksamen Querschnittsform führt zu

- einer Veränderung des Kraftbeiwertes in Windrichtung
- einer Veränderung des Kraftbeiwertes quer zur Windrichtung
- einer Veränderung der projizierten Querschnittsfläche.

3.2 Energieeintrag

Wenn die resultierende Windkraft, die auf den gesamten Querschnitt wirkt, mit derselben Frequenz und dem gleichen Vorzeichen (oder mit einer nur geringen Phasenverschiebung) schwingt wie die Schwinggeschwindigkeit, wird positive Arbeit geleistet, und es findet ein Energieeintrag statt. Für ein generalisiertes System und eine harmonische Erregerkraft kann dann geschrieben werden (hier als Beispiel für Schwingungen in x-Richtung):

$$
\begin{aligned}
W &= F \cdot s \\
&= \int_t F_x(t) \cdot \dot{x}(t)\, dt \qquad (1)\\
&= \int_t \overline{F_x} \sin(\omega t + \vartheta) \cdot \overline{\dot{x}} \sin(\omega t)\, dt
\end{aligned}
$$

mit

W [J]	Arbeit bzw. Energieeintrag
$F_x(t)$ [N]	momentan angreifende Kraft bzw. deren Komponente in Richtung der momentanen Schwinggeschwindigkeit
$\overline{F}_x$ [N]	Amplitude der -„-
$\dot{x}(t)$[m/s]	momentane Schwinggeschwindigkeit
$\overline{\dot{x}}$ [m/s]	Amplitude der -„-
ω [rad/s]	Eigenkreisfrequenz des Bauteils
ϑ [rad]	Phasenwinkel zwischen $F_x(t)$ und $\dot{x}(t)$

In den Bildern 9, 10 und 11 ist der Energieeintrag als grau angelegte Fläche unter dem Zeitverlauf des Produktes aus $F_x(t)\cdot\dot{x}(t)$ bzw. $F_y(t)\cdot\dot{y}(t)$ dargestellt.

Es kann zu großen Amplituden kommen; die Größe der Amplituden hängt von der Dämpfung und von den elastischen Rückstellkräften aufgrund Theorie-II.-Ordnung-Effekte ab.

3.3 Selbsterregte Schwingung, (nahezu) unabhängig von der Eigenfrequenz des Bauteils

Die Erregerfrequenz wird von der Bewegung des Zylinders gesteuert und ist daher gleich der Eigenfrequenz des zylindrischen Querschnitts.

Die Bewegung des Zylinders ist eine Voraussetzung für das Einsetzen des Erregermechanismus. Daher sind Regen-Wind-induzierte Schwingungen eine selbsterregte Schwingung und können innerhalb eines weiten Frequenzbereichs auftreten. (Der Autor beobachtete bei Windkanalversuchen Regen-Wind-induzierte Schwingungen bis zu einer Frequenz von 8.9 Hz.)

Die bei Galloping-Phänomenen gebräuchliche Bezeichnung "aeroelastische Instabilität" beschreibt das Phänomen aus folgenden Gründen nicht umfassend:

- Zusätzlich zur Windwirkung ist die Bewegung von Wasserrinnsalen auf dem Querschnitt ein Bestandteil des Erregermechanismus, somit ist "aero-" unzureichend.

nicht notwendig, siehe Köhlbrandbrücke

- Es liegt kein klassisches Verzweigungsproblem vor, und bei zunehmender Windgeschwindigkeit kann z. B. die Bewegungsrichtung umschlagen oder das Phänomen wieder verschwinden.
- Eine Vergrößerung der Strukturdämpfung bewirkt keine Verschiebung der Einsetzgeschwindigkeit, sondern nur eine Reduzierung der Schwingamplitude, und zwar in der Regel überproportional.

4 ERREGERMECHANISMEN

Die herausgefundenen Zusammenhänge zwischen der Schwingrichtung des Querschnitts und der Rinnsalbewegung auf dem Querschnitt lassen sich in drei verschiedene Erregermechanismen einteilen, die im folgenden beschrieben werden. (Es wird von Seilen gesprochen, die Überlegungen gelten aber für alle zylindrischen Bauteile.)

In den Bildern 9, 10 und 11 sind die Zeitverläufe der folgenden fünf physikalischen Größen während zweier Schwingperioden rein qualitativ dargestellt:

- Auslenkung x (y) des Querschnitts und Ort der Rinnsale bzw. des Rinnsals auf der Zylinderoberfläche
- Schwingbeschleunigung $\ddot{x}$ ($\ddot{y}$) des Querschnitts, durch die im wesentlichen die Lage der Rinnsale auf dem Querschnitt gesteuert wird
- Der durch die Rinnsalbewegung verursachte veränderliche Anteil der Windkraft in Windrichtung (ΔF_x in Bild 9) bzw. veränderliche Windkraft quer zur Windrichtung (F_y in Bild 10 und F_x in Bild 11). Dieser Teil der Kraft ist die Differenz zwischen der Windkraft, die ohnehin auf den Zylinder wirkt, und der Windkraft, die auf den gemeinsamen Querschnitt aus Zylinder und Rinnsal(en) aufgrund der durch die Rinnsale veränderten Druckverteilung und möglicherweise auch veränderten projizierten Angriffsfläche wirkt. Turbulenzeinflüsse und Kármán-Wirbel haben hier höchstens eine vernachlässigbare Bedeutung.
- Schwinggeschwindigkeit $\dot{x}$ ($\dot{y}$) des Querschnitts
- Leistung $F(t)\cdot\dot{x}(t)$ bzw. $F(t)\cdot\dot{y}(t)$ des veränderlichen Windkraftanteils und eingebrachte Energie W als Integral der Leistung über die Zeit

Typ 1: Schwingung in Windrichtung (Bilder 3, 4 und 9) mit symmetrischer Schwingung zweier Rinnsale auf dem Querschnitt (Rinnsale hinter dem 90°-Meridian)

Eine Schwingung in Windrichtung ist nur möglich, wenn sich die *in Windrichtung* wirkende Windkraft im Rhythmus der Eigenfrequenz ändert. Diese Änderung der Windkraft erfolgt durch eine rhythmische Verschiebung der Rinnsale (symmetrisch zur Windrichtung) auf der Seiloberfläche, wodurch die Ablösepunkte der Strömung im Querschnitt ebenfalls rhythmisch verschoben werden. Eine symmetrische Verschiebung der Ablösepunkte wiederum hat eine entsprechende Änderung der Druckverteilung um den Querschnitt und damit auch eine Änderung des Widerstandsbeiwertes zur Folge, was letztendlich einen im Takt der Schwingung veränderlichen Windkraftanteil ΔF_x in Windrichtung bzw. einen veränderlichen Kraftbeiwert c_f erzeugt. Auch die rhythmische Veränderung der in Windrichtung projizierten Angriffsfläche des gemeinsamen Querschnitts aus Zylinder und Rinnsalen bewirkt eine Veränderung der angreifenden Windkraft.

Es ist - insbesondere bei gegen die Windrichtung geneigten Seilen - eine Mindestwindgeschwindigkeit erforderlich, damit die Rinnsale in den seitlichen Bereichen ablaufen und der Mechanismus einsetzen kann.

Bild 4 zeigt die seitliche Ansicht eines in diesem Typ schwingenden Modells im Windkanal. Deutlich ist eines der beiden seitlichen Rinnsale im Bereich hinter dem 90°-Meridian zu erkennen.

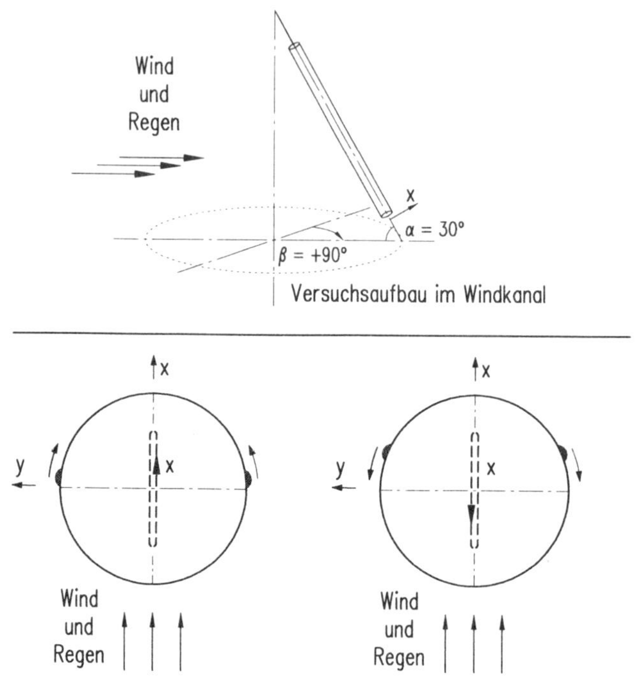

Bild 3: Prinzip des Erregermechanismus vom Typ 1: Schwingung in Windrichtung, symmetrische Bewegung zweier Rinnsale auf dem Querschnitt (vgl. Bilder 4, 9 und 12); (z. B. für $\alpha = 30°$; $\beta = +90°$; $v = 25$ m/s). Die Auslenkung des Querschnitts in x-Richtung aufgrund der mittleren Windkraft ist im Bild nicht dargestellt.

Bild 4: Seitliches Rinnsal auf dem Plexiglasmodell im Windkanalversuch während Schwingungen vom Typ 1 ($d = 100$ mm, $\alpha = 30°$; $\beta = +90°$; $v = 25$ m/s). Wind und Regen kommen auf dem Foto von rechts; der 90°-Meridian (bezogen auf die Anströmrichtung) ist durch eine schwarze Linie auf dem Modell gekennzeichnet.

Typ 2: Überwiegend Querschwingungen

Eine Schwingung quer zur Windrichtung entsteht, wenn sich der seitliche Kraftbeiwert im Rhythmus der Eigenfrequenz ändert. Diese Änderung des seitlichen Kraftbeiwertes wird durch den veränderlichen Querschnitt des kreisförmigen Seils mit einem oder zwei in Windrichtung gesehen seitlichen Rinnsalen hervorgerufen, das heißt durch die rhythmische (antisymmetrische) Verschiebung der Ablöselinie (bzw. der Ablöselinien) und die dadurch bedingte Änderung der Druckverteilung.

Typ 2.1: Querschwingung (Bild 5 und 10) mit antisymmetrischer Schwingung zweier Rinnsale auf dem Querschnitt (Rinnsale vor den 90°-Meridianen)

Dieser Typ Regen-Wind-induzierter Schwingungen kann z. B. bei geneigten Seilen mit Rinnsalen an beiden Seiten des Querschnitts auftreten (z. B. Anströmwinkel $\beta = +90°$, Neigungswinkel $\alpha = 30°$)

Bei ausreichender Windgeschwindigkeit teilt der Wind das aufgrund der Erdschwere zunächst an der Seilunterseite herablaufende Wasser in zwei Rinnsale und drückt diese bis kurz vor die seitlichen 90°-Meridiane. Es wird eine Initialbewegung benötigt, damit eines der beiden Rinnsale aufgrund seiner Massenträgheit in die 90°-Position bewegt wird. Das andere Rinnsal wird abgeflacht und bewegt sich in Richtung Staupunkt. Dadurch wird die Druckverteilung unsymmetrisch, und es entsteht eine Seitenkraft F_y, die ihr Vorzeichen im Takt der Schwingung ändert und gemäß der Beschreibung unter Punkt 3.2 anfachend wirkt. Dieser Effekt wird noch verstärkt, wenn die Schwingbeschleunigung groß genug ist, um das Rinnsal am Schwingungsumkehrpunkt abspritzen zu lassen.

Schwingungen vom Typ 1 und 2.1 können auch bei vertikalen Hängern auftreten.

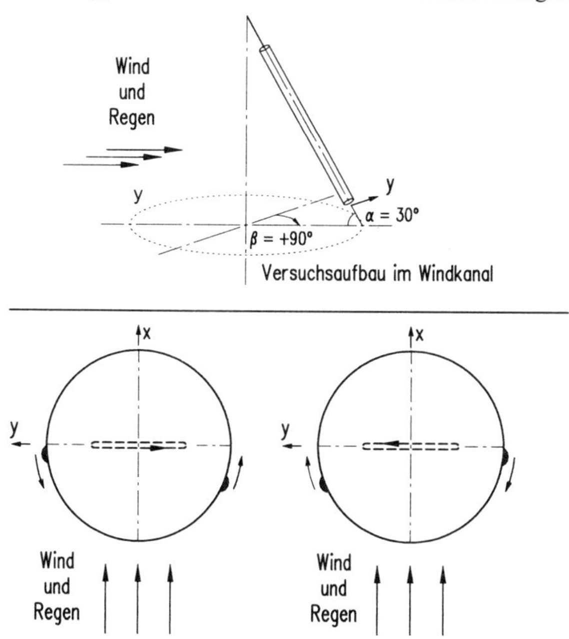

Bild 5: Prinzip des Erregermechanismus vom Typ 2.1: Querschwingungen, antisymmetrische Bewegung zweier Rinnsale auf dem Querschnitt (vgl. Bilder 10 und 12); (z. B. bei $\alpha = 30°$; $\beta = +90°$; v = 18 m/s). Die Auslenkung des Querschnitts aufgrund der Windkraft in Windrichtung ist im Bild nicht dargestellt.

Typ 2.2: Überwiegend Querschwingung (Bilder 7 und 11) mit einem Rinnsal an der Unterseite des Querschnitts (Rinnsal(e) hinter dem 90°-Meridian)

Dieser Typ von Regen-Wind-induzierten Schwingungen kann bei quer zur Windrichtung geneigten Seilen auftreten (d. h. bei Anströmwinkeln von etwa $\beta \approx -45°$ bis $+45°$) mit einem Rinnsal an der Unterseite. Bei höheren Windgeschwindigkeiten kann ein zweites Rinnsal an der Oberseite auftreten (z. B. bei Anströmwinkel $\beta = \pm 0°$, Neigungswinkel $\alpha = 30°$, $v = 20$ m/s).

Das an der Unterseite des Seils herablaufende Rinnsal bewirkt bei Anströmung durch den Wind einen Auftrieb, da es den Ablösepunkt der Strömung luvwärts verschiebt. Dieser Effekt ist im Bild 6 (vgl. auch Schewe 1983) veranschaulicht:

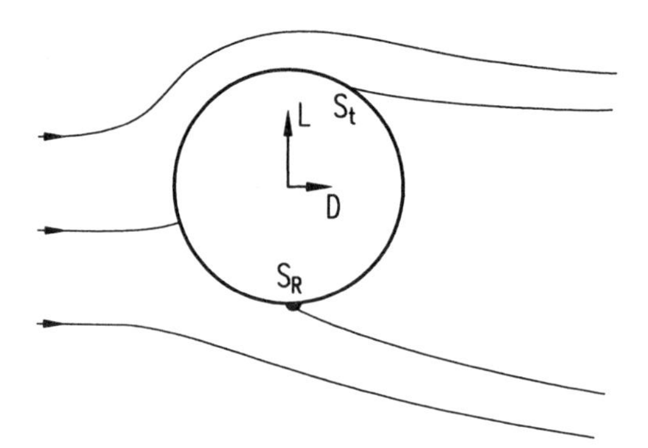

Bild 6: Vereinfachte Darstellung des nicht symmetrischen Strömungsverlaufs an einem kreisförmigen Querschnitt mit unterschiedlicher Lage der Ablösepunkte (vgl. auch Schewe 1983).
S_t = Lage des Ablösepunktes in der durch die Wassertropfen bedingt turbulenten Luftströmung
S_R = Lage des durch das Wasserrinnsal luvwärts verschobenen Ablösepunktes
D = drag, durch die luvwärtige Verschiebung des Ablösepuntes S_R bedingter Anteil der Windkraft in Windrichtung
L = lift, Auftriebskraft

Im Windkanal läßt sich der quasi statische Effekt gut an einem mit Schwingungsdämpfer versehenen Modell zeigen, das nicht schwingt, aber seine Position stark nach oben verändert, wenn an seiner Unterseite ein Wasserrinnsal herabläuft. Der Auftrieb ist umso stärker, je ausgeprägter das Rinnsal ist. Wenn sich das Seil nach oben bewegt, verflacht sich aufgrund der negativen Beschleunigung bei Annäherung an den oberen Umkehrpunkt der Schwingung das Rinnsal, und es bewegt sich auf der windabgewandten Seite des Querschnitts entgegen der Schwingbewegung auf der Zylinderoberfläche nach oben. Dadurch werden der effektive Querschnitt und damit auch die Druckverteilung annähernd symmetrisch, die Auftriebskraft geht gegen 0, und das Seil bewegt sich aufgrund der elastischen Rückstellkräfte abwärts. Ab dem Durchgang des Seils durch die Mittellage bewegt sich auch das Rinnsal wieder nach unten, und der Vorgang wiederholt sich im Takt der Schwingung. Dieser Vorgang ist qualitativ im Bild 7 dargestellt.

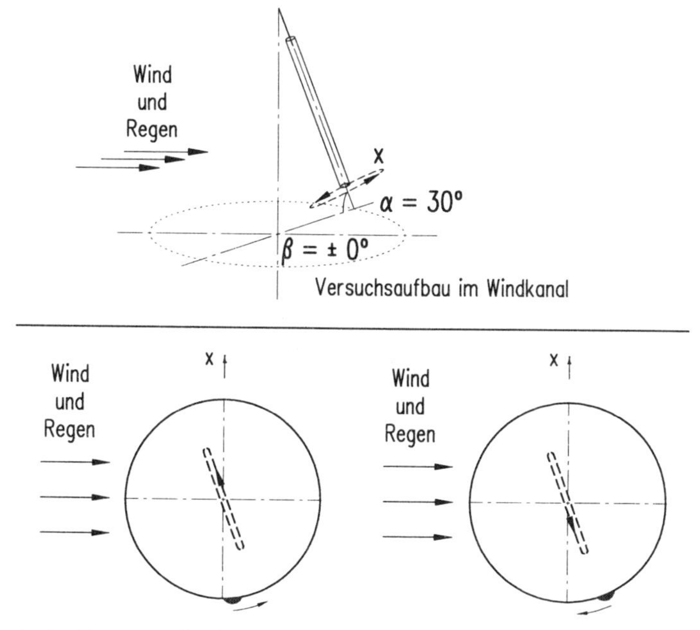

Bild 7: Prinzip des Erregermechanismus vom Typ 2.2: Schwingung überwiegend in Querrichtung, hauptsächlich verursacht durch die Druckverteilungsänderung aufgrund der Bewegung eines Rinnsals an der Unterseite des Seils (vgl. Bilder 8, 11, 13, 14); (z. B. für $\alpha = 30°$; $\beta = \pm 0°$; $v = 19$ m/s). Die Auslenkung des Modells in negativer y-Richtung infolge der Windkraft in Windrichtung und der leicht nach oben verschobene Schwerpunkt der Bewegungsbahn aufgrund des Auftriebs ist im Bild nicht dargestellt. Bei höheren Windgeschwindigkeiten kann sich ein zweites Rinnsal auf der Oberseite des Seils bilden.

Da sich bei diesem Erregermechanismus neben der ständigen Änderung der Seitenkraft auch eine rhythmische Änderung der Windkraft in Anströmrichtung ergibt, weist die Schwingbewegung auch eine Komponente in Windrichtung auf; diese ist jedoch deutlich kleiner als die Bewegung quer zur Windrichtung.

Im unteren Teil der Bewegungsbahn ergibt sich aufgrund des Rinnsals an der Unterseite des Querschnitts eine erhöhte Kraft in Windrichtung, die der Grund dafür ist, daß der untere Teil der Bewegungsbahn leewärts verschoben ist. Im oberen Teil der Bewegungsbahn, wenn sich das Rinnsal auf der Rückseite des Querschnitts in einer höheren Position befindet, ist der Windwiderstand geringer, so daß der obere Teil der Bewegungsbahn luvwärts verschoben ist. Bedingt durch die Bewegungskomponente in Windrichtung ist die Orientierung der Schwingbewegungsbahn etwa 10° bis 40° gegen die vertikale Seil-Pylon-Ebene geneigt.

Der Schwerpunkt der Bewegungsbahn ist aufgrund der Windkraft parallel zur Windrichtung leewärts und aufgrund des mittleren Auftriebs bei nur einem Rinnsal an der Unterseite etwas nach oben verschoben. Dies ist im Bild 8 zu erkennen (vgl. Langsoe; Larsen 1987).

Bei höheren Windgeschwindigkeiten bildet sich auch auf der Oberseite des Seils ein Rinnsal, und es kann zu Mechanismus 1 oder 2.1 oder einer rotierenden Schwingung bzw. einem ständigen Wechsel der Schwingrichtungen kommen.

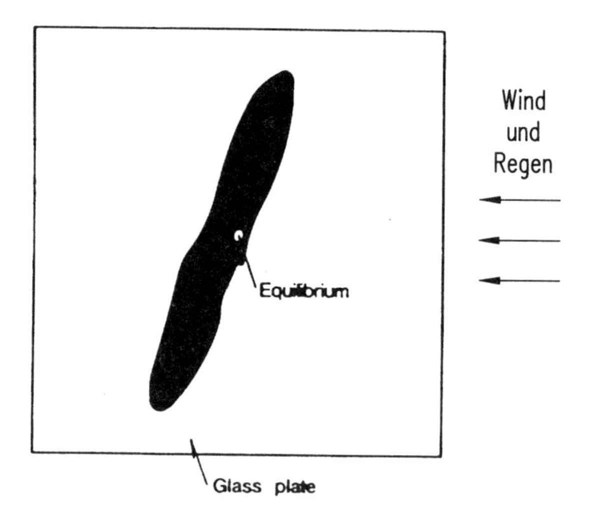

Bild 8: Aufzeichnungsbeispiel eines Seilschwingungsdetektors an einem Seil der Farø-Brücken (Langsoe; Larsen 1987).

5 ALLGEMEINE ERKENNTNISSE

Regen-Wind-induzierte Schwingungen können ab Windgeschwindigkeiten von 5 m/s bis weit über 20 m/s auftreten. Die Erläuterung der Erregermechanismen liefert eine Erklärung für die weitgehende Frequenzunabhängigkeit des Phänomens. Bisher wurden im Aachener Windkanal maximal Frequenzen von 8,9 Hz untersucht; bei diesen traten jedoch nur noch Amplituden in der Größenordnung der wirbelerregten Querschwingungsamplituden auf. Bei höheren Frequenzen und größeren Amplituden ergeben sich auch größere Beschleunigungen, und es wird vermutet, daß das Wasser aufgrund seiner Massenträgheit den oben beschriebenen Mechanismen nicht mehr folgen kann. Somit sind die erzeugten Amplituden nur noch klein.

Die größten Amplituden bei geneigten Seilen treten bei Anströmwinkeln zwischen $\beta = -45°$ und $\beta = +45°$ auf.

6 BEISPIELE FÜR DIE SCHWINGAMPLITUDE IN ABHÄNGIGKEIT VON DER WINDGESCHWINDIGKEIT

In Bild 12 ist zu erkennen, daß bei einem Seil, das quasi genau aus der Pylonrichtung angeströmt wird ($\alpha = 30°$; $\beta = +90°$), bei Windgeschwindigkeiten zwischen 15 und 21 m/s starke Querschwingungen infolge des Erregermechanismus vom Typ 2.1 auftreten. Bei einer Steigerung der Windgeschwindigkeit auf 24 m/s und mehr befindet sich die mittlere Lage der Rinnsale weiter leewärts, und das Seil schwingt in Windrichtung aufgrund des Mechanismus vom Typ 1. Bei weniger stark geneigten Seilen findet der Wechsel der Schwingrichtung bei einer niedrigeren Windgeschwindigkeit statt.

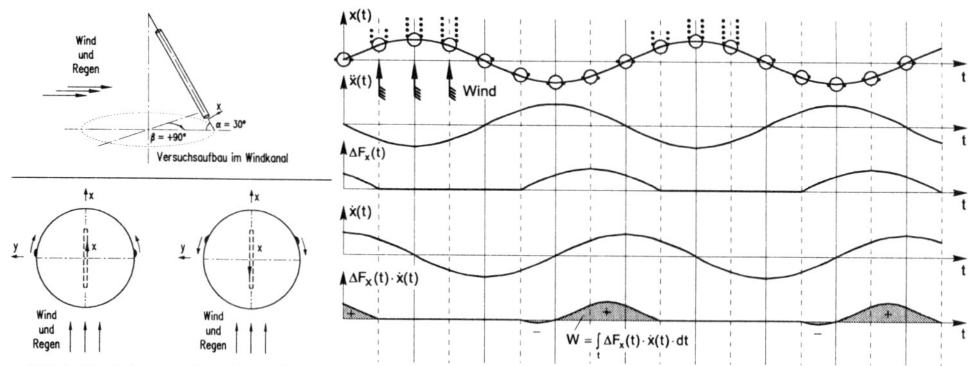

Bild 9: Prinzip des Energieeintrags für den Erregermechanismus vom Typ 1: Schwingung in Windrichtung, symmetrische Rinnsalbewegung auf dem Querschnitt (z. B. für $\alpha = 30°$; $\beta = +90°$; v = 25 m/s; vgl. Bilder 5 und 12).

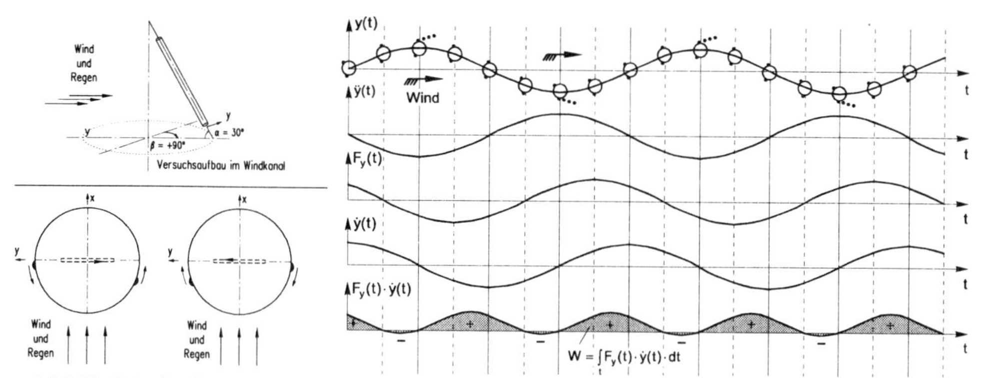

Bild 10: Prinzip des Energieeintrags für den Erregermechanismus vom Typ 2.1: Querschwingung, antisymmetrische Rinnsalbewegung auf dem Querschnitt (z. B. für $\alpha = 30°$; $\beta = +90°$; v = 18 m/s; vgl. Bild 12).

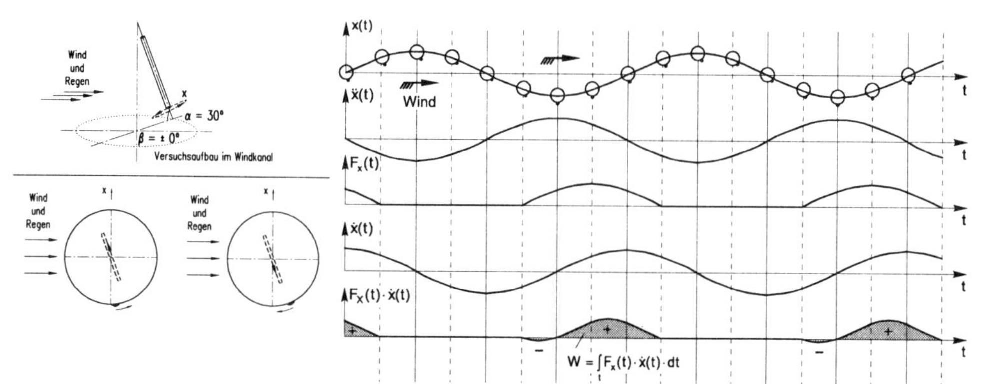

Bild 11: Prinzip des Energieeintrags für den Erregermechanismus vom Typ 2.2: überwiegend Querschwingung, hauptsächlich verursacht durch die Änderung der Druckverteilung aufgrund der Bewegung des Rinnsals an der Unterseite des Querschnitts (z. B. für $\alpha = 30°$; $\beta = \pm 0°$; v = 19 m/s; vgl. Bilder 8, 13, 14). Bei höheren Windgeschwindigkeiten kann zusätzlich ein Rinnsal an der Oberseite des Querschnitts auftreten.

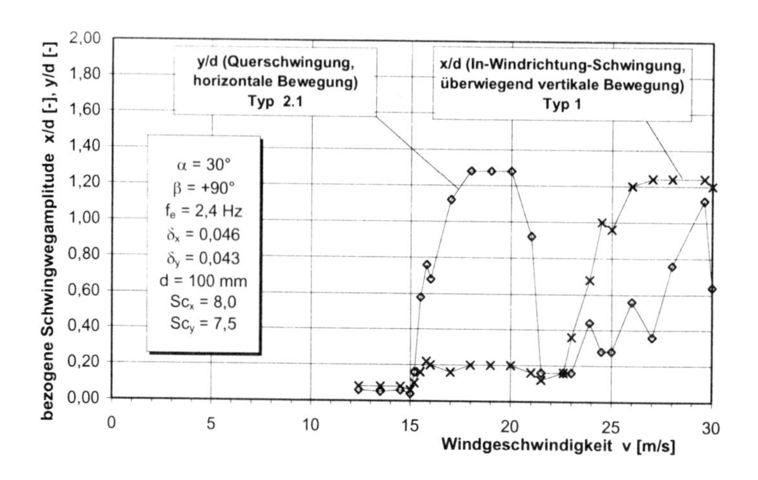

Bild 12: Bezogene Schwingwegamplitude eines Modells in Abhängigkeit von der Windgeschwindigkeit.

In Bild 13 ist die Regen-Wind-induzierte Schwingamplitude eines geneigten (Neigungswinkel $\alpha = 30°$), seitlich angeströmten Seils (Anströmwinkel $\beta = \pm 0°$) in Abhängigkeit von der Windgeschwindigkeit dargestellt; dieser Schwingungstyp wird häufiger bei den Seilen von Schrägseilbrücken beobachtet.

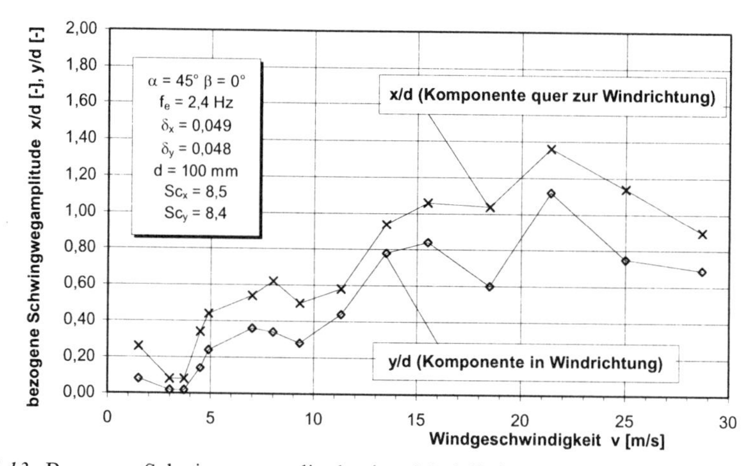

Bild 13: Bezogene Schwingwegamplitude eines Modells in Abhängigkeit von der Windgeschwindigkeit. (Es sind für beide Schwingrichtungen nur die maximalen Schwingamplituden dargestellt, die nicht gleichzeitig aufgetreten sein müssen; es ist sowohl eine Phasendifferenz zwischen x_{max} und y_{max} möglich als auch ein ständiger Wechsel der Hauptschwingrichtung nach einigen Perioden.)

Bei etwa 1,5 m/s treten wirbelerregte Querschwingungen auf. Die Regen-Wind-induzierten Schwingungen setzen etwa bei 5 m/s ein und nehmen mit steigender Windgeschwindigkeit zu.

Bei Windgeschwindigkeiten bis etwa 20 m/s tritt die typische elliptische, gegen die Vertikale geneigte Schwingbewegung auf, bei der ein Rinnsal an der Unterseite des Querschnitts auf der Oberfläche oszilliert. Der Winkel zwischen der langen Achse der Ellipse und der Seil-Pylon-Ebene beträgt etwa 10° bis 40°. Je nach Seilneigung bildet sich oberhalb einer bestimmten Windgeschwindigkeit ein zweites Rinnsal an der Oberseite des Querschnitts, und der Winkel zwischen der längeren Achse der elliptischen Schwingbewegung und der Seil-Pylon-Ebene wechselt ständig zwischen ungefähr 20° und 70°. Die für das Auftreten des zweiten Rinnsals erforderliche Windgeschwindigkeit nimmt mit abnehmender Seilneigung zu. Bei einem Neigungswinkel von 30° beträgt sie etwa 20 m/s.

Typische Originalschriebe von Schrägseilschwingungen, bei denen mit allergrößter Wahrscheinlichkeit dieser Erregermechanismus die Schwingungsursache war, sind in Bild 8 (Langsoe; Larsen 1987) und in Bild 14 (Emde et al. 1993) gezeigt. Auch bei den Seilschwingungen der 1996 dem Verkehr übergebenen Erasmusbrücke über die Maas in Rotterdam am 4. November 1996 war dieser Mechanismus die Ursache (Geurts et al. 1998).

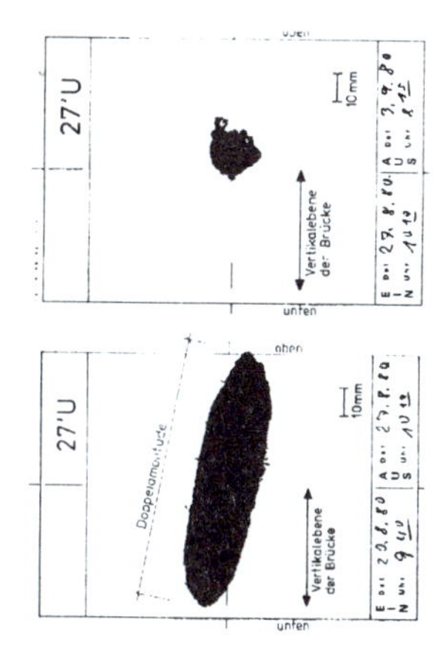

Bild 14: Bewegungsbahnen eines Schrägseils der Rheinbrücke Rees-Kalkar jeweils für eine Meßdauer von einer Woche (Emde et al. 1993); d = 90 mm, L = 109,5 m, f_e = 0,881 Hz. Für die Woche vom 20.08. bis zum 27.08.1980 läßt sich den Wetterdaten der nahegelegenen Wetterstation Bocholt entnehmen, daß an vier Tagen Niederschläge in Verbindung mit Windgeschwindigkeiten von bis zu 17,5 m/s aus Anströmrichtungen zwischen -45° und +45° (bezogen auf das beobachtete Seil) aufgetreten sind, während in der Woche vom 27.08. bis zum 03.09.1980 kein Niederschlag in Verbindung mit dem für Regen-Wind-induzierte Schwingungen erforderlichen Wind zu verzeichnen war.

Im folgenden wird eine Beschreibung der starken Seilschwingungen der Köhlbrandbrücke in Hamburg, die bereits in den 70er Jahren beobachtet wurden, zitiert (Boué; Höft 1990). Diese nennt die charakteristischen Merkmale von Regen-Wind-induzierten Schwingungen. Die Details lassen erkennen, daß es sich dort ebenfalls um Regen-Wind-induzierte Schwingungen des Typs 2.2 mit einem Rinnsal an der Unterseite der Schrägseile und mit relativen Anströmrichtungen, die laut Beschreibung bei +40° bis +60° lagen, gehandelt hat: "*Die Brücke liegt etwa in Ost-West-Richtung. Unter den häufig auftretenden westlichen Winden wurden die Seile bei Windgeschwindigkeiten zwischen 10 und 15 m/s und Anströmwinkeln von 30 bis 50 Grad zur Brückenachse zu Schwingungen angeregt, und zwar mit Frequenzen bis zu 6 Hz bei 4 bis 6 ausgeprägten Knoten. In Höhe des Geländerhandlaufes, 1,5 bis 2,5 m vom unteren Ver-*

ankerungspunkt der Seile entfernt, wurden Amplituden bis zu 14 mm gemessen. Eine Meßeinrichtung, die die Seilbewegungen über längere Zeit (ab einer bestimmten Amplitude) aufzeichnete, lieferte die Erkenntnis, daß einige bei westlichen Windrichtungen in Lee der Pylonen gelegene Seile besonders schwingungswillig waren, aber bemerkenswerterweise vornehmlich außerhalb der Hauptverkehrszeiten. Daneben wurden auch undifferenzierte Wechselwirkungen im gekoppelten System: Seile/Versteifungsträger/Pylon beobachtet. Im Verlauf eines Anregeturnus, der meist mehrere Minuten anhielt, wechselte das Schwingen mehrfach zwischen nicht unbedingt benachbarten Seilen der betreffenden Seilwände bzw. Fächer. Eine Gesetzmäßigkeit ließ sich weder aus den Aufzeichnungen noch den sonstigen Beobachtungen ableiten oder erkennen."

7 ALLGEMEINE ANMERKUNGEN ZUR VERSUCHSTECHNIK

Versuche mit einem an einer festen Position auf der Zylinderoberfläche fixierten künstlichen Rinnsal können im Hinblick auf die komplexen Schwingungszusammenhänge keine realistischen Ergebnisse liefern. Derartige Versuche berücksichtigen die Bewegung des Rinnsals oder der Rinnsale aufgrund der Massenträgheit des Wassers und aufgrund der Windwirkung auf die Rinnsale nicht. Die Rinnsalbewegung ist jedoch von entscheidender Bedeutung für die Interaktion zwischen der Seilbewegung, der Rinnsalbewegung und der ständigen Änderung der Druckverteilung, die durch den veränderlichen effektiven Querschnitt aus Zylinder und Rinnsal(en) bedingt ist. Bei einem Versuchsaufbau mit fixierten künstlichen Rinnsalen kann nur eine Momentaufnahme des Querschnitts hinsichtlich des momentanen Windkraftvektors untersucht werden. Bei aeroelastischen Versuchen mit einem derartigen Modell werden jedoch lediglich Gallopinginstabilitäten auftreten, die nicht das eigentliche Phänomen darstellen.

8 NÄHERUNGSVERFAHREN FÜR DIE ABSCHÄTZUNG DER REGEN-WIND-INDUZIERTEN SCHWINGAMPLITUDE EINES SEILS ODER EINES HÄNGERS

Auf der Grundlage der durchgeführten Windkanalversuche und von Originalmessungen an der Elbebrücke Dömitz wurde vom Autor ein vereinfachtes Näherungsverfahren für die Abschätzung der Regen-Wind-induzierten Schwingamplitude entwickelt. Das Modell basiert auf einem generalisierten Masse-Feder-Dämpfer-System (Einmassenschwinger), auf dessen Masse eine harmonische Erregerkraft in Resonanz einwirkt. Diese Annahmen treffen möglicherweise nicht für alle Typen der Erregermechanismen genau zu. Jedoch ist der gemachte Fehler für die Übertragung auf das Original nicht sehr groß, wenn die Modellversuche mit echten Wasserrinnsalen durchgeführt werden, da dann die Schwingungsvorgänge (einschließlich der Phasenverschiebung zwischen Kraft und Bewegung) im Versuch und im Original identisch sind.

Das Näherungsverfahren läuft in folgenden Schritten ab:

1 Schritte am Modell (Windkanalversuch)

1.1 Bestimmung der generalisierten Federsteifigkeit $c_{gen,mod}$ des Modells und des logarithmischen Dämpfungsdekrements δ_{mod} des Modells

1.2 Messung der maximalen Regen-Wind-induzierten Schwingamplitude $A_{dyn,mod}$ im Windkanalversuch

1.3 Bestimmung einer äquivalenten statischen Verformung $A_{stat,mod}$ des Modells mit Hilfe der dynamischen Vergrößerungsfunktion

$$A_{stat,mod} = A_{dyn,mod}/(\pi/\delta_{mod}) \quad (2)$$

1.4 Bestimmung der äquivalenten generalisierten statischen Ersatzkraft mit Hilfe der Federsteifigkeit (1.1)

$$F_{gen,stat,mod} = c_{gen,mod} \cdot A_{stat,mod} \quad (3)$$

2 Übertragung auf das Originalseil oder den Originalhänger:

2.1 Hochrechnung der äquivalenten generalisierten statischen Ersatzkraft des Modells auf die des Originals (unter Berücksichtigung der unterschiedlichen Schwingungsformen und der unterschiedlichen Wirk- bzw. Rinnsallängen)

$$F_{gen,orig} = F_{gen,mod} \cdot \frac{L_{orig}}{L_{mod}} \cdot \xi \quad (4)$$

ξ = Faktor, der die unterschiedlichen Schwingungsformen berücksichtigt

2.2 Bestimmung einer äquivalenten statischen Verformung infolge der angreifenden äquivalenten generalisierten statischen Ersatzkraft

$$A_{stat,orig} = F_{gen,stat,orig} / c_{gen,orig} \quad (5)$$

2.3 Messung oder Abschätzung des logarithmischen Dämpfungsdekrements δ_{orig} des Originalseils oder -hängers

2.4 Bestimmung der dynamischen Schwingamplitude unter Berücksichtigung der dynamischen Vergrößerungsfunktion des Seils oder Hängers

$$A_{dyn,orig} = A_{stat,orig} \cdot (\pi/\delta_{orig}) \quad (6)$$

Aufgrund der Ergebnisse der durchgeführten Windkanalversuche kann eine äquivalente harmonische Erregerkraft f [N/m] je Längeneinheit vorläufig in Abhängigkeit vom Neigungswinkel α für einen kreisförmigen Querschnitt mit einem Durchmesser von d = 100 mm und einer Eigenfrequenz von f_e = 2,4 Hz näherungsweise wie folgt angesetzt werden:

$\alpha = 20°$ → $f \approx 0,75$ N/m
$\alpha = 30°$ → $f \approx 1,4$ N/m
$\alpha = 45°$ → $f \approx 2,5$ N/m

Möglicherweise werden diese Werte nach weiteren zukünftigen Windkanalversuchen noch präzisiert, da die beobachtete Wirk- bzw. Rinnsallänge am Modell von erheblicher Bedeutung für die Größe der rückgerechneten Erregerkraftamplitude pro Längeneinheit ist.

Die Korrelations- bzw. Rinnsallänge am Originalbauteil muß vom entwerfenden Ingenieur geschätzt werden. Sie kann etwa das 0,3-fache oder mehr der Seil- oder Hängerlänge betragen. Der physikalische Vorgang des Erregermechanismus ermöglicht große Wirklängen. Der Vorschlag von $L \approx 0,3$ basiert auf den gemessenen maximalen Spannungsschwingbreiten der Hänger der Elbebrücke bei Dömitz während eines drei Monate langen Zeitraums im Winter 1993/94 (Schütz 1994) und der gemessenen generalisierten Erregerkraft sowie der in Windkanalversuchen beobachteten Rinnsallänge. Diese Ansätze bedürfen jedoch noch weiterer Untersuchungen, das heißt weiterer Windkanalversuche und insbesondere auch gezielter Messungen an Originalbauwerken.

Die Abschätzung der Lastspielzahl hängt von dem Standort des Bauwerks und der für gefährliche Regen-Wind-induzierte Schwingungen erforderlichen Wettersituation ab.

Nachdem die zulässige Amplitude mit Hilfe einer dynamischen Berechnung ermittelt wurde, läßt sich die erforderliche Dämpfung angeben.

9 GEGENMASSNAHMEN

Es gibt zwei unterschiedliche Wirkungsweisen von Maßnahmen gegen gefährliche Regen-Wind-induzierte Schwingungen:

1. Maßnahmen zur Dämpfungserhöhung:
1.1 Dämpfende Verspannung zwischen den Seilen oder Hängern (Yamaguchi 1995)
1.2 Dynamische Schwingungsdämpfer (Ruscheweyh; Verwiebe 1995; Verwiebe 1998)
1.3 Direkte Dämpfung mit Hilfe von Dämpfern nahe dem Seilfußpukt (Yoshimura et al. 1995; Emde 1989; Emde et al. 1993; Boué; Höft 1990)

2. Unterdrückung des Erregermechanismus durch Modifikation der Seil- oder Hängeroberfläche:
2.1 Ableitung des Wassers von der Zylinderoberfläche
2.2 Verhindern des Schwingens des Rinnsals oder der Rinnsale auf der Querschnittsoberfläche in Umfangsrichtung

Zu 1.1: Eine dämpfende Verspannung wirkt zunächst nur in der Richtung, in der die Verspannungsseile angeordnet sind. Aufgrund der Umlagerung der Schwingrichtung bei Bauteilen, die in beiden orthogonalen Richtungen etwa die gleiche Eigenfrequenz aufweisen, tritt auch für die Bewegungsrichtung orthogonal zum Dämpfungsseil eine Dämpfungserhöhung ein. Bei der provisorischen Verspannung, die als Sofortmaßnahme an den Hängern der Elbebrücke Dömitz angeordnet worden war, betrug die Dämpfungserhöhung orhogonal zu den in der Bogenebene gespannten Seilen etwa 10 % der Wirkung in der Bogenebene. Wenn die Eigenfrequenzen von Brückenhängern in beiden Richtungen stark unterschiedlich sind, wie dies zum Beispiel bei Brückenhängern mit Rechteckquerschnitt oder mit stark unterschiedlichen Einspannbedingungen an den Hängerenden der Fall ist, so daß quasi keine Umlagerung der Schwingrichtung stattfinden kann, ist die dämpfungserhöhende Wirkung der Seilverspannung orthogonal zu den Seilen annähernd gleich null. Dies konnte an den Hängern mit Rechteckquerschnitt einer Stabbogenbrücke bei Papenburg gezeigt werden, die in Längsrichtung verspannt sind, jedoch in Querrichtung ein extrem niedriges Dämpfungsdekrement aufweisen.

Ein Ausführungsbeispiel für eine kreuzweise Verspannung, die in alle Richtungen dämpfungserhöhend wirkt, wird in Bild 15 gezeigt.

Zu 1.2: Ein Ausführungsbeispiel für dynamische Schwingungsdämpfer wird in Bild 16 gezeigt.

Zu 2.1: Die Idee, das Wasser von der Zylinderoberfläche abzuleiten, konnte bisher nicht mit befriedigendem Erfolg realisiert werden. Auf diesem Gebiet sollte weiter geforscht werden.

Zu 2.2: Für schwächer geneigte Seile von Schrägseilbrücken können im wesentlichen drei Rinnsalorte auf der Oberfläche gefährlich werden: Die seitlichen Bereiche des Querschnitts und die Unterseite. (An der Oberseite des Seils bildet sich nur bei hohen Windgeschwindigkeiten ein zweites Rinnsal.) Daher können Regen-Wind-induzierte Schwingungen mit Hilfe dreier in Längsrichtung des Seils verlaufender Störstreifen mit einer Dicke von 5 % des Zylinderdurchmessers verhindert werden. Dies hat der Autor bereits in Windkanalversuchen verifiziert. Jedoch traten dann für einige Anströmrichtungen starke Gallopingschwingungen auf. Die Gallopingschwingungen waren sogar ohne Regen stärker als mit Regen, da das kanalisiert herablaufende Wasser eine dämpfende Wirkung hat.

Für vertikal oder annähernd vertikal angeordnete Hänger wird die Position des Rinnsals auf dem Querschnitt nicht maßgeblich durch die Geometrie des Bauwerks, sondern durch die Windrichtung bestimmt. Für derartige Hänger sind daher Gegenmaßnahmen erforderlich, die für alle Anströmrichtungen wirksam sind. Eine spiralförmige Wendel ist nicht wirksam, da sie lediglich das Wasser von der einen Seite auf die andere Seite ableitet, so daß die Schwingung dennoch auftritt und sogar stärker sein kann als ohne Wendel. Auch dies wurde bereits in Windkanalversuchen des Autors gezeigt.

Bild 15: Nordbrücke der B1 über die Elbe bei Magdeburg

Bild 16 a: Westlicher Stabbogen der neuen 89 m langen Brücke im Zuge der B 64 über die Weser bei Holzminden mit dynamischen Schwingungsdämpfern an den 6 längsten Hängern
Bild 16 b: Detail dynamischer Schwingungsdämpfer auf Flüssigkeitsbasis der Weserbrücke bei Holzminden

10 ZUSAMMENFASSUNG

In diesem Beitrag wurde über die drei grundsätzlichen Erregermechanismen Regen-Wind-induzierter Schwingungen berichtet, die im wesentlichen von der Neigung und von der Anströmrichtung eines zylindrischen Bauteils sowie von der Windgeschwindigkeit abhängen. Die Interaktion zwischen der Rinnsalbewegung in Umfangsrichtung und der Schwingung des zylindrischen Bauteils wurde untersucht. Diese Grundlagenforschung im Hinblick auf die Bewegung der zusammenwirkenden Elemente Wind, Wasser und Bauteilschwingung ist erforderlich, um ein Berechnungsverfahren zu entwickeln, das diese physikalischen Zusammenhänge berücksichtigt. Ein erstes Näherungsverfahren für die Abschätzung der maximalen Regen-Wind-induzierten Schwingamplitude wurde vorgeschlagen.

Darüber hinaus wurden Möglichkeiten für eine Oberflächenmodifikation des Querschnitts aufgezeigt, die zu einer Unterdrückung der Erregermechanismen führen können. Auf diesem Gebiet sind weitere Untersuchungen erforderlich.

LITERATUR

Boué, P.; Höft, H.-D. (1990): "Austausch der Tragseile der Köhlbrandbrücke in Hamburg", *Bauingenieur* 65, pp. 59-71.

Emde, P. (1989): *Winderregte Seilschwingungen bei Schrägseilbrücken und Maßnahmen zu deren Verhinderung*, Dissertation, Gesamthochschule Kassel.

Emde, P.; Tawakoli, M. R.; Thiele, F. (1993): "Dämpferbemessung zur Verhinderung von Seilschwingungen", *Stahlbau* 62, pp. 11-16.

Hikami, Y; Shiraishi, N. (1988): "Rain-Wind Induced Vibrations of Cables in Cable Stayed Bridges", *Journal of Wind Engineering and Industrial Aerodynamics*, 29, pp. 409-418.

Honda, A.; Yamanaka, T.; Fujiwara, T.; Saito, T. (1995): "Wind Tunnel Tests on Rain-Induced Vibration on the Stay-Cable", *Proceedings of the International Symposium on Cable Dynamics, Liège (Belgium), 19-21 October 1995*, pp. 255-262.

Langsoe, H. E.; Larsen, O. D. (1987): "Generating Mechanisms for Cable Stay Oscillations at the Farø Bridges", *Proceedings of the International Conference on Cable-Stayed Bridges, Bangkok, 18-20 November 1987*, pp. 1023-1033.

Lüesse, G.; Ruscheweyh, H.; Verwiebe, C.; Günther, G. H. (1996): "Regen-Wind-induzierte Schwingungserscheinungen an der Elbebrücke Dömitz", *Stahlbau* 65, pp. 105-114.

Matsumoto, M. et al. (1995): "Cable Aerodynamics and its Stabilization", *Proceedings of the International Symposium on Cable Dynamics, Liège (Belgium), 19-21 October 1995*. pp. 289-296.

Matsumoto, M.; Yamagishi, M.; Aoki, J.; Shiraishi, N. (1995): "Various Mechanism[s] of Inclined Cable Aerodynamics", *Proceedings of the 9th International Conference on Wind Engineering, New Delhi, India, 1995*, pp. 759-770.

Ruscheweyh, H.; Verwiebe, C. (1995): "Rain-Wind-Induced Vibrations of Steel Bars", *Proceedings of the International Symposium on Cable Dynamics, Liège, Belgium, 19-21 October 1995*, pp. 469-472.

Schewe, G. (1983): "On the Force Fluctuations Acting on a Circular Cylinder in Crossflow from Subcritical up to Transcritical Reynolds Numbers", *Journal of Fluid Mechanics* 133, pp. 265-285.

Schütz, K. G. (1994): *Bericht über die 5. Langzeitmessung an den Hängern der Elbebrücke Dömitz vom 11.11.1993 bis zum 14.02.1994*. Brief Dr.K.G.Sch/ko vom 01.03.1994 an Straßenbauamt Lüneburg.

Verwiebe, C. (1996): "Neue Erkenntnisse über die Erregermechanismen Regen-Wind-induzierter Schwingungen", *Stahlbau* 65, pp. 547-550.

Verwiebe, C. (1998): *Grundlagen für den baupraktischen Einsatz von Schwingungsdämpfern auf Flüssigkeitsbasis*, Dissertation, Schriftenreihe Stahlbau - RWTH Aachen.

Yamaguchi, H. (1995): "Control of Cable Vibrations with Secondary Cables", *Proceedings of the International Symposium on Cable Dynamics, Liège (Belgium), 19-21 October 1995*, pp. 445-452.

Yoshimura, T.; Savage, M. G.; Tanaka, H. (1995): "Wind-Induced Vibrations of Bridge Stay-Cables", *Proceedings of the International Symposium on Cable Dynamics, Liège (Belgium), 19-21 October 1995*, pp. 437-444.

Numerische Berechnung von Windlasten am Beispiel des querschwingenden Kreisprofils

Prof. Dr.-Ing. G. Rosemeier
Institut für Strömungsmechanik und EDV
Universität Hannover
Appelstr. 9A
D-30167 Hannover

ZUSAMMENFASSUNG. Bei Bauwerken mit Kreisquerschnitt treten oft starke, wirbelerregte Schwingungen quer zur Strömungsrichtung auf. Biegesysteme z. B. Stahlschornsteine unter Windlast müssen die Schwingungsamplituden aufgrund von Dauerfestigkeitseffekten klein im Verhältnis zum Profildurchmesser halten, so daß diese Schwingungen trotz eventueller Selbsterregungseffekte der Wirbelsteuerung durch die Profilbewegung resonanzartig bleiben (vgl. z. B. DIN 4131). Bei seilartigen Strukturen z. B. Riserkonstruktionen der Offshoretechnologie können die Schwingungsamplituden ein Vielfaches des jeweiligen Profildurchmessers betragen, so daß hier oft eine erhebliche Erhöhung der Anfachungsbeiwerte der Strömungslasten gegenüber dem Resonanzfall auftritt. Die vorliegenden strömungsphysikalischen Mechanismen sollen hier in einer einfachen Näherungstheorie abgeschätzt werden.

1. Einleitung

Schwingungsempfindliche Linienträger zeigen bei stationärer Windlast oft starke Schwingungen quer zur Strömungsrichtung. Hier sollen nur Kreisprofile betrachtet werden, wie sie z. B. bei Stahlschornsteinen unter Windlast und seilartigen Riserkonstruktionen im Meer auftreten. Die instationären Strömungslasten lassen sich dabei meist auf systematische Wirbelbildungen nach Karman zurückführen, wobei das Zeitgesetz der Anfachung aus der meßtechnischen Festsetzung einer profileigenen Strouhal-Zahl ebenso die Anfachungsbeiwerte ermittelt werden können. Dies ist so auch in Stahlbaunormen z. B. DIN 4131, 4133 durchgeführt worden.

Nicht oder nur ungenügend ist dabei berücksichtigt, daß sich sowohl das Zeitgesetz als auch die Anfachungsbeiwerte bei starken Schwingungsamplituden merklich ändern können. Bei Biegesystemen (z. B. Stahlschornsteinen, freigespülten Pipelines im Meer / 7 /) müssen die Amplituden in der Regel aufgrund des Dauerfestigkeitseffektes klein im Verhältnis zum Profildurchmesser bleiben, so daß die instationären Lastannahmen z. B. nach DIN 4131, 4133 plausibel erscheinen. Bei der Untersuchung seilartige Systeme, deren Schwingungsamplituden ohne weiteres ein Vielfaches des jeweiligen Profildurchmessers betragen können, wird offenkundig, daß eine genauere Untersuchung der strömungsphysikalischen Gesetzmäßigkeiten erfolgen muß /1-4/. Streng genommen sollten hier die Navier-Stokes-Gleichungen turbulenter Strömungen numerisch aufintegriert werden, was vor allem bei wirbelbehafteten Strömungen bisher nur ungenügend gelungen ist und nur durch numerisch aufwendige, spezielle Methoden, z. B. „Large Eddy", zu bewerkstelligen sein wird.

Es ist deshalb wichtig, in der Ingenieurpraxis einfache Überschlagsformeln zu entwickeln, die die geschilderten Effekte in guter Näherung erfassen, um den Konstrukteuren eine hinreichende Sicherheit beim Auftreten derartiger Effekte zu geben. Diese Veröffentlichung ist eine Kurzfassung von / 15 /.

2. Stationärer Strömungswiderstand (starres Profil)

Bei stationärer Strömung aus Wind bildet sich beim starren Kreisprofil zunächst eine stabile Doppelwirbelanordnung aus (Phase 1), die bei größeren Strömungsgeschwindigkeiten dann in eine fast periodisch geordnete Nachlaufwirbelstraße (Phase 2 – Karman) oder auch in eine aufgeplatzte Totwasserzone umschlägt. Hier soll nun zunächst nur die Strömungsphase I interessieren.

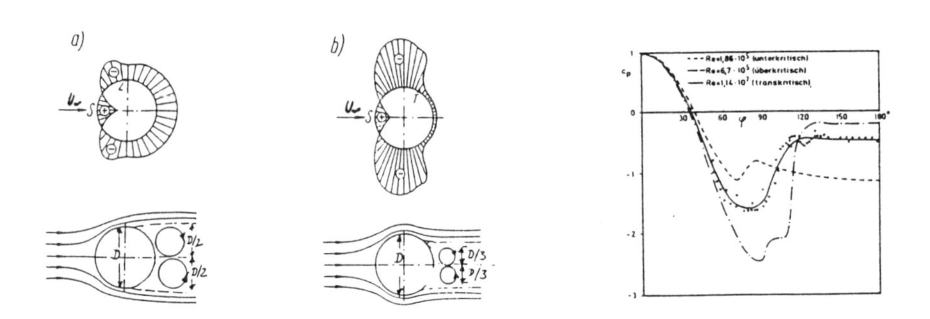

Bild 1: Doppelwirbel und Druckverteilung beim Kreisprofil
a) laminare Grenzschicht b) turbulente Grenzschicht

Dabei wird bekanntlich das Strömungsfeld bei laminarer und teilweise turbulenter Grenzschicht unterschiedlich ausgebildet, was sowohl die Grenzschichtablösung als auch den zugehörigen Druckverlauf am Kreisprofil betrifft. Es soll zunächst der Fall der laminaren Grenzschicht untersucht werden. Nach Bild 1 a) folgt aus dem Bernoulli-Gesetz der Strömungsmechanik

$$P_\infty + \rho \cdot \frac{U_\infty^{\ 2}}{2} = p + \rho \cdot \frac{u^2}{2} = const \qquad (1)$$

und daraus für die Außengeschwindigkeit der kreisförmigen Wirbel näherungsweise

$$u = \sqrt{2} \cdot U_\infty \qquad (2)$$

Hieraus erklärt sich auch, daß der Unterdruck der Strömung im Nachlauf des Profils fast den konstanten Wert

$$c_p = -1; \qquad \Delta p = c_p \cdot \rho \cdot \frac{U_\infty^{\ 2}}{2} = p - p_\infty \qquad (3)$$

besitzt (Bild 1). Ein Wirbeldurchmesser ist näherungsweise nach Bild 1 zu D/2 anzunehmen, woraus sich eine Zirkulation

$$\Gamma_{eam} = \sqrt{2} \cdot U_{\infty} \cdot \pi \cdot \frac{D}{2} = \frac{\pi}{\sqrt{2}} \cdot D \cdot U_{\infty} \tag{4}$$

errechnet. Ist die Voraussetzung (4) streng erfüllt, „klebt" das Wirbelpaar am Profil, daß die Fortbewegungsgeschwindigkeit u_w beider Wirbel nach Bild 1 exakt verschwindet

$$u_w = \sqrt{2} \cdot U_{\infty} - \frac{\pi}{\sqrt{2}} \cdot D \cdot \frac{U_{\infty}}{\pi \cdot D/2} = 0 \tag{5}$$

Geringe Störungen bewirken jedoch eine Unsymmetrie des Strömungsfeldes und daraus die fast periodisch ausgebildete Karmansche Wirbelstraße im Strömungsnachlauf. Für spätere Schwingungsuntersuchungen ist noch die Aufrollzeit der Wirbel beim Anlaufen der Strömung interessant, die sich nach (4) zu

$$T_w = \frac{\pi}{2 \cdot \sqrt{2}} \cdot \frac{D}{U_{\infty}} \approx 1{,}1 \cdot \frac{D}{U_{\infty}} \tag{6}$$

ergibt, eine im allgemeinen kleine Zeitgröße gegenüber der Eigenschwingzeit der Struktur und der Periode der Karman-Wirbel nach (10). Ähnliche Werte gelten für den Fall der (teilweise) turbulenten Grenzschicht oberhalb von Reynoldszahlen $\mathrm{Re} > 10^5$. So ergibt sich näherungsweise nach Bild 1

$$u = \frac{2}{3} \cdot \sqrt{3} \cdot U_{\infty} \tag{7}$$

$$\Gamma_{tur} = \frac{2}{3} \cdot \sqrt{3} \cdot U_{\infty} \cdot \pi \cdot \frac{D}{3} \approx 1{,}23\, U_{\infty} \cdot D \tag{7.1}$$

Diese Annahme führt nach Bild 1 mit (1) zu einem fast konstanten Unterdruck im Strömungsnachlauf von etwa $Cp = -0{,}3$ (8),
was ebenfalls gut mit Meßergebnissen übereinstimmt.

Zusammenfassend kann festgestellt werden, daß es möglich ist, aus gemessenen Druckverläufen des Kreisprofils relativ sicher die Wirbelkinematik des Strömungsnachlaufes sowohl im laminaren als auch im turbulenten Grenzschichtzustand zu bestimmen.

3. Instationäre Querauftriebskräfte (starres Profil)

3.1 Laminare Grenzschicht

Es wird angenommen, daß der Strömungsnachlauf bei stationärer zunächst laminarer Strömung aus Wind in einer periodischen Nachlaufwirbelstraße geordnet ist.

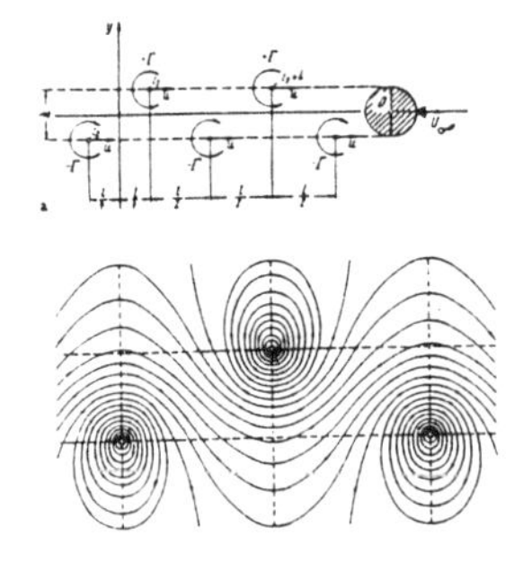

Bild 2: Nachlaufwirbelstraße beim Kreisprofil

Das Oszillieren der Grenzschichtablösepunkte infolge der instationären Strömung kann bei starren Profilen in Näherung vernachlässigt werden /2,6/. Alle Nachlaufwirbel schwimmen mit der Geschwindigkeit

$$u_w \approx 0{,}7 \cdot U_\infty \tag{9}$$

vom Kreisprofil weg, woraus sich nach Bild 2 eine Strouhal-Zahl von etwa

$$S = f_K \cdot \frac{D}{U_\infty} = 0{,}7 \cdot 0{,}28 \approx 0{,}20 \tag{10}$$

in Übereinstimmung mit Messungen errechnet, wobei f_K die Frequenz der wegschwimmenden Wirbel bedeutet. Die Zirkulation eines Nachlaufwirbels bestimmt sich nun mit (4) zu („Wagenradmodell" nach Bild 2)

$$\Gamma_K = \left(\sqrt{2} \cdot U_\infty - \frac{\Gamma_K}{\pi \cdot D} \right) \cdot \frac{\pi \cdot D}{2} \tag{11}$$

$$\Gamma_K = 1{,}48 \cdot U_\infty \cdot D \tag{11.1}$$

und daraus nach (5) und (11)

$$u_w = 1{,}4 \cdot U_\infty - \frac{\Gamma_K}{\pi \cdot D} \approx 0{,}7 \cdot U_\infty \tag{12}$$

Es ist dabei angenommen worden, daß sich die Zirkulationsstärke der wegschwimmenden Wirbel gegenüber dem Ruhezustand etwas abmindert und die Wirbel nach Bild 2 nunmehr etwa den Abstand des Profildurchmessers D quer zur Strömung aufweisen. Es ist nun noch näherungsweise der Einfluß der gesamten Wirbelstraße nach Bild 2 zu berücksichtigen. Nach einer grundlegenden Integralgleichung der Tragflügeltheorie /10/ ermäßigt sich (11) durch den Einfluß der gegenseitig drehenden Nachlaufwirbel hier etwa umgekehrt proportional zum Abstand der Wirbel vom Mittelpunkt des Kreisprofils , so daß sich die gesamte Zirkulation nach Bild 2 um das Kreisprofil in Näherung zu

$$\Gamma_{K,eff} = 0{,}63 \cdot 1{,}48 \cdot U_{\infty} \cdot D = 0{,}93 \cdot U_{\infty} \cdot D \tag{13}$$

errechnet. Mit (2) und (13) ergibt sich hieraus der resultierende Geschwindigkeitsverlauf um das Kreisprofil bis zu den Grenzschichtablösepunkten zu

$$u = U_{\infty} \cdot \sqrt{2} \cdot \sin\alpha \pm 0{,}93 \cdot U_{\infty} \cdot \frac{D}{\pi \cdot D} \tag{14}$$

$$u = U_{\infty} \cdot \sqrt{2} \cdot \sin\alpha \pm 0{,}30 \cdot U_{\infty} \tag{14.1}$$

Hieraus kann mittels des Bernoulli-Gesetzes (1) der resultierende Über- bzw. Unterdruck gegenüber dem statischen Luftdruck errechnet werden (im Potentialbereich zwischen den Grenzschichtablösepunkten).

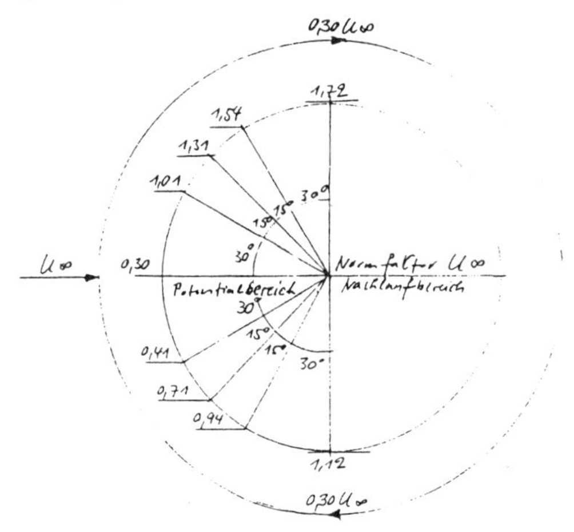

Bild 3: Geschwindigkeits- und Druckverlauf beim Kreisprofil infolge der Karman schen Nachlaufwirbel. a) Geschwindigkeitsverlauf bei laminarer Grenzschicht

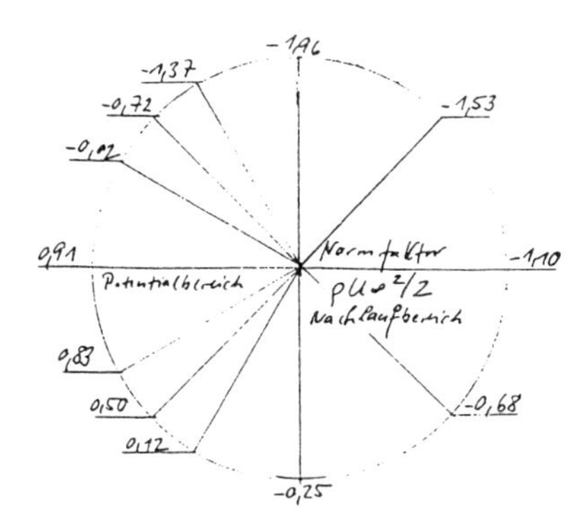

Bild 3: b) Druckverteilung bei laminarer Grenzschicht

Die Grenzschichtablösepunkte werden nach Bild 3 vereinfacht bei $\pi/2, 3\pi/2$ angenommen. Der Totwasserunterdruck des Strömungsnachlaufs kann dabei nach Bild 3 entweder linear zwischen den Grenzschichtablösepunkten interpoliert oder durch örtlichen Druckausgleich durch kleine lokale Wirbel an der Totwassergrenze mit dem arithmetischen Mittelwert näherungsweise als konstant angenommen werden. Hier liegt eine gewisse Ungenauigkeit begründet, die sich auch in Meßergebnissen äußert /9,11/.

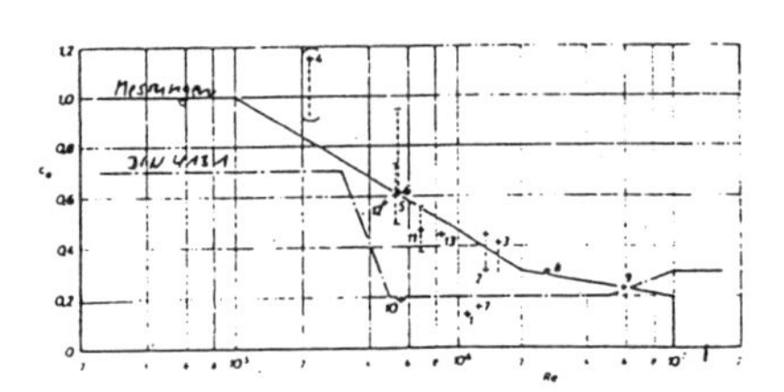

Bild 4: Auftriebsbeiwerte C_a, $C_{L,k}$, und Widerstandsbeiwerte $C_{D,K}$ des Kreisprofils bei Karman-Wirbeln. a) nach Messungen /9/

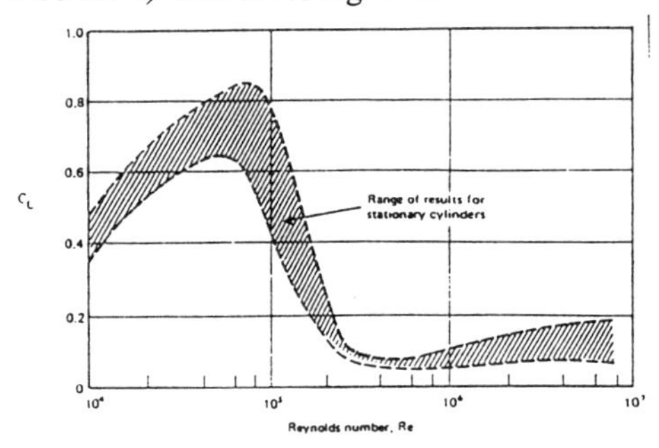

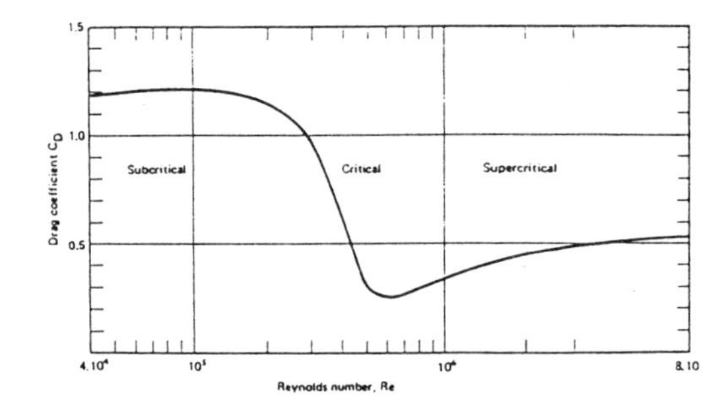

Bild 4: b) nach Messungen /11/

Dabei ist die instationäre Auftriebs- und näherungsweise stationäre Widerstandslast des Windes mit

$$A = C_{a,K} \cdot \rho \cdot \frac{U_\infty^{\;2}}{2} \cdot D \cdot \sin 2\pi \cdot f_K \cdot t \,;\; C_{a,K} = C_L \tag{15}$$

$$W = C_w \cdot \rho \cdot \frac{U_\infty^{\ 2}}{2} \cdot D; \qquad C_w = C_D \tag{15.1}$$

eingeführt worden. Die Aufintegration des Druckverlaufs nach Bild 3 würde

$$C_w = 1{,}25 \quad , \quad 0{,}63 \leq C_{a,K} \leq 1{,}05 \tag{16}$$

ergeben, was mit Meßergebnissen nach Bild 4 gut übereinstimmt.

3.2 Turbulente Grenzschicht

Die theoretischen Überlegungen von Abschnitt 3.2 sind auch für turbulente Grenzschichten anwendbar. Aus (7), (4) folgt im stationären Fall

$$\frac{\Gamma_{tur}}{\Gamma_{eam}} = 0{,}56 \tag{17}$$

Die Berechnung der effektiven Zirkulationsstärke bei Turbulenz erfolgt entsprechend (11), (12), (13)

$$\Gamma_K = \left(\frac{2 \cdot \sqrt{3}}{3} \cdot U_\infty - \frac{\Gamma_K}{\pi \cdot D} \right) \cdot \frac{\pi \cdot D}{3} \tag{18}$$

$$\Gamma_K = 0{,}91 \cdot U_\infty \cdot D \tag{18.1}$$

$$\Gamma_{K,eff} = 0{,}63 \cdot 0{,}91 \cdot U_\infty \cdot D = 0{,}58 \cdot U_\infty \cdot D \tag{18.2}$$

$$u_w = U_\infty \cdot \left(1 - \frac{0{,}58 \cdot D}{\pi \cdot D} \right) = 0{,}82 \cdot U_\infty \tag{18.3}$$

$$S = 0{,}82 \cdot 0{,}28 = 0{,}23 \tag{18.4}$$

Daraus ergibt sich mit (14) für die Strömungsgeschwindigkeit am Profilrand

$$u = U_\infty \cdot \sqrt{3} \cdot \sin\alpha - 0{,}58 \cdot U_\infty \cdot \frac{D}{\pi \cdot D} \tag{19}$$

$$u = U_\infty \cdot \left(\sqrt{3} \cdot \sin\alpha \pm 0{,}18 \right)$$

bis zu den Grenzschichtablösepunkten bei etwa $\pm 108°$. Hieraus kann mit dem Bernoulli-Gesetz wieder der Winddruck auf das Kreisprofil entsprechend Bild 3 errechnet werden.

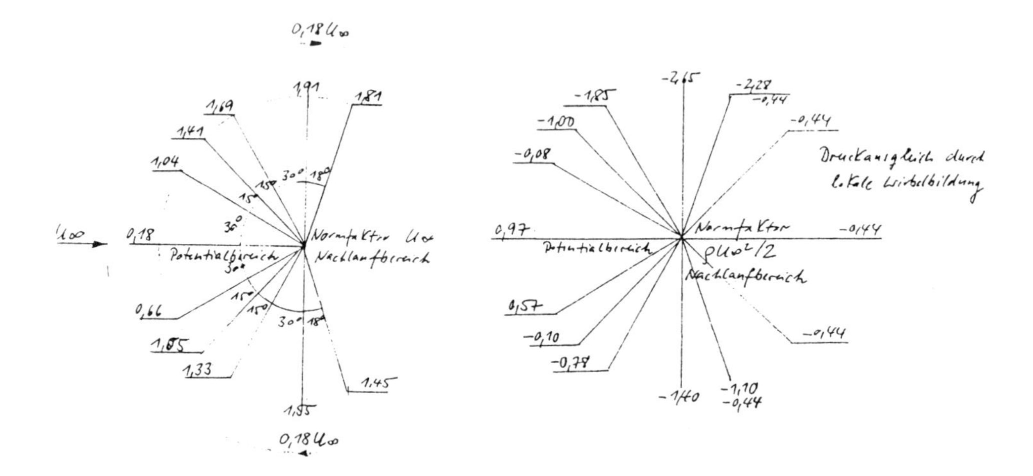

Bild 5: Geschwindigkeits- und Druckverlauf beim Kreisprofil infolge der Karman schen Nachlaufwirbel

a) Geschwindigkeitsverlauf bei turbulenter Grenzschicht
b) Druckverlauf bei turbulenter Grenzschicht

Aus (15), (16) ergibt sich nun im Fall der turbulenten Grenzschicht

$$C_w = 0{,}33 \quad , \quad 0{,}39 \leq C_{a,k} \leq 0{,}68 \tag{20}$$

ebenfalls in guter Übereinstimmung mit Meßwerten nach Bild 4.

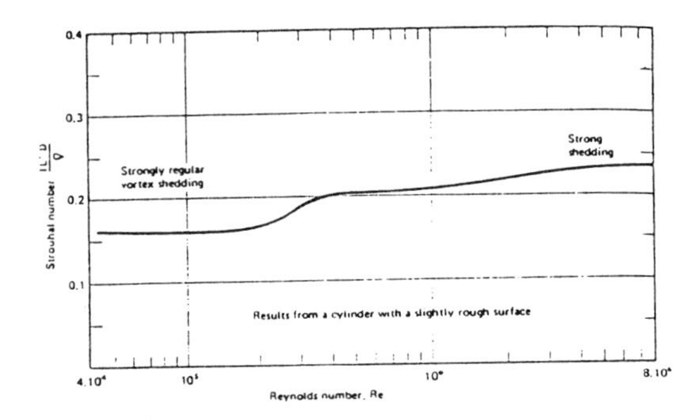

Bild 6: Strouhal-Zahl als Funktion der Reynolds-Zahl nach /11/

4. Instationäre Querauftriebskräfte bei starken Querschwingungen des Kreisprofils

4.1 Laminare und turbulente Grenzschicht, Einzelrohr

Die in Abschnitt 3.1 entwickelte theoretische Näherungslösung gestattet eine Weiterentwicklung der Anfachungsbeiwerte gemäß (16), (20) zu stark schwingenden Kreisprofilen, wie sie weniger bei biegebeanspruchten Konstruktionen (z. B. Stahlschornsteine aufgrund des Dauersteifigkeitseffektes) als vielmehr bei seilartigen Rohrleitungen z. B. in der Meerestechnik (Risers) auftreten. Letztere können durchaus Schwingungsamplituden vorweisen, die ein Vielfaches der jeweiligen Profildurchmesser betragen, wodurch extrem hohe Anfachungsbeiwerte bis zu

$$C_{a,K} = C_L \leq 4{,}0 \quad \text{Einzelrohr} \tag{21}$$

$$C_{a,K} = C_L \leq 8{,}0 \quad \text{Rohrsysteme} \tag{22}$$

auftreten, was auch durch Messungen in mehreren Offshorekonferenzen belegt wird z. B. /1,3,4,11/. Insofern mag dieser Beitrag auch etwas zur Lösung der Meinungsverschiedenheiten in /8,9/ beitragen.

In /6/ ist eine Näherungstheorie zur Erfassung der strömungsphysikalischen Anfachungsmechanismen vorgelegt worden, die auch durch genauere Untersuchungen in /27/ im Prinzip bestätigt wird. Dabei sollte hier allerdings weniger die Umwandlung von einer ursprünglich fremderregten in eine selbsterregte Schwingung bei großen Schwingungsamplituden im Vordergrund stehen, als vielmehr die Abhängigkeit der Anfachungsbeiwerte C_L von der Schwingungsamplitude im Verhältnis zum Rohrdurchmesser. Insofern ist eine Schwingungsberechnung bei schwingungsempfindlichen Strukturen stets iterativ durchzuführen.

Die Oszillation der Grenzschichtablösepunkte läßt sich nach /6/ in leicht korrigierter Form zu

$$\frac{\tan \Delta x_{o,j}}{R} = \frac{2\omega \cdot \Phi_j(x) \cdot \frac{\pi}{10} \cdot \left[\cos\left(\omega t + \frac{\pi}{4}\right)\right] \cdot \sqrt{\frac{\omega}{2}}}{\sqrt{8 \cdot \frac{U_\infty^{\,3}}{R} \cdot 0{,}89 - 2 \cdot \omega \cdot \Phi_j(x) \cdot \cos\left(\omega t + \frac{\pi}{4}\right) \cdot \sqrt{\frac{\omega}{2}}}} \tag{23}$$

abschätzen und ist bei windbeanspruchten Konstruktionen meist vernachlässigbar. Deshalb ist bei Profilschwingungen hier auch die entsprechende Komponente der Widerstandskraft i. a. ohne Bedeutung. Bei Wasserströmungen tritt die Karman-Resonanz bei relativ kleinen Strömungsgeschwindigkeiten auf. Hier kann (23) aufgrund der Phasenverschiebung eine Begrenzung der Schwingungsamplituden z. B. bei den Risers bewirken (siehe Rechenbeispiele). Die in /6/ vorgeschlagene Formulierung der instationären Strömungslasten in der Form eines linearisierten Bernoulli-Ansatzes

$$A = C_L \cdot \rho \cdot \frac{U_\infty^{\,2}}{2} \cdot D \cdot \cos \omega_E t \tag{24}$$

$$C_L = \frac{D}{S \cdot U_\infty} \cdot \frac{\omega_E}{2\pi} \cdot 2 \cdot \frac{v_0}{D} \cdot C_{a,K}\,; \qquad 0 \leq \frac{v_0}{D} \leq 1{,}0 \tag{24.1}$$

$$lam\ 0{,}63 \leq C_{a,K} \leq 1{,}06 \quad ,\ tur\ 0{,}33 \leq C_{a,K} \leq 0{,}66 \tag{24.2}$$

mit der Eigenkreisfrequenz ω_E und der maximalen Schwingungsamplitude V_0, A der Konstruktion entspricht den Ergebnissen /2/.

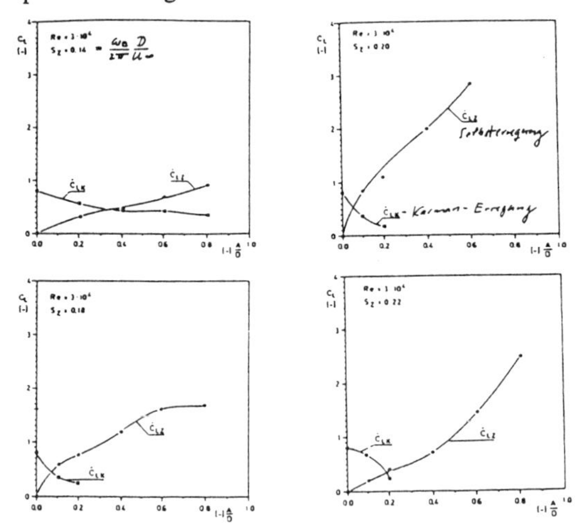

Bild 7: Auftriebswerte der Karmanerregung als Funktion des Amplitudenverhältnisses nach /2/.

Seilartige Strukturen (z. B. Riser) können Schwingungen aufweisen, deren maximale Amplitude ein vielfaches des Rohrdurchmessers beträgt. Hier ist (24.1) durch

$$C_L \leq \frac{D}{S \cdot U_\infty} \cdot \frac{\omega_E}{2\pi} \cdot \frac{4 \cdot v_0}{D} \cdot C_{a,K}; \qquad 3{,}0 \leq C_L \leq 4{,}0 \qquad (24.3)$$

zu ersetzen, da nun zum Entstehen der Nachlaufzirkulation der volle Profildurchmesser als „Bremsweg" des Profils und nicht wie bei (24.1) nur der halbe Profildurchmesser zur Verfügung steht, so daß sich die Werte für C_L bis zum Grenzwert verdoppeln, da außerdem die Abminderungen nach Abschnitt 3.1, 3.2 weitgehend entfallen. Es soll noch darauf hingewiesen werden, daß bei dynamischen Untersuchungen die Strömungsgeschwindigkeit U_∞ bei sehr großen Schwingungsamplituden durch die Relativgeschwindigkeit

$$U_{rel} = \sqrt{U_\infty^{\,2} + \dot{V}^2}$$

zu ersetzen ist, wobei $\dot{V}$ die momentane Bewegungsgeschwindigkeit des Kreisprofils bedeutet. Dadurch nimmt die Schwingungsdifferentialgleichung den Charakter einer „Van der Polschen" Differentialgleichung an /1,12/.

4.2 Rohrsysteme

Hier sollen weniger Rohrleitungssysteme in engen Abständen interessieren, wie sie bei manchen Schornsteingruppen oder auch Wärmeaustauschern oft auftreten /1,5,14/. Dort erscheinen auch Selbsterregungseffekte durch den unsymmetrischen Strömungsverlauf, die oft quasistatisch zu erfassen sind, wobei unbedingt eine Phasenverschiebung der Lastanregung zur Profilbewegung zu berücksichtigen ist, die für die Anfachung in erster

Linie verantwortlich ist. /5,13,14/. Risersysteme in der Meerestechnik weisen i. a. einen hinreichend großen Abstand auf, so daß hier nur eine gegenseitige Beeinflussung (Interferenz) der wirbelbehafteten Strömungsfelder interessiert /1,3,4,5,7/. Dabei kann im ungünstigsten Fall ein System auftreten, daß ein Wirbel des Vorlaufs gerade ein Profil trifft, bei dem sich ein Wirbel momentan ablöst, so daß sich die Anfachungsbeiwerte gegenüber den Werten (24.3) praktisch verdoppeln können.

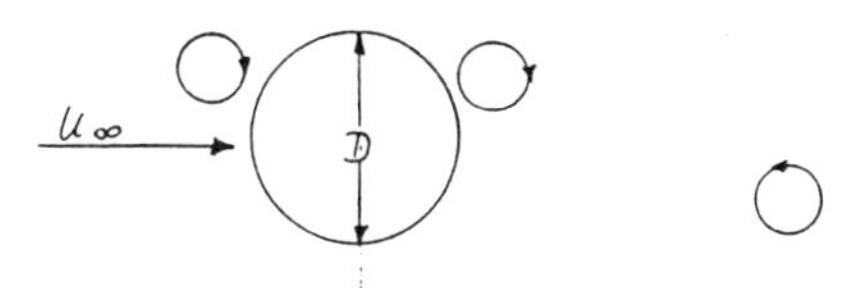

Bild 8: Strömungsfeld von Rohrleitungssystemen bei Interferenz im Grenzfall

Es wird deshalb vorgeschlagen, bei Rohrleitungssystemen und sehr großen Schwingungsamplituden im Grenzfall von

$$C_L \leq \frac{D}{S \cdot U_\infty} \cdot \frac{\omega_{E,j}}{2\pi} \cdot \frac{8 \cdot v_0}{D} \cdot C_{a,K}\,; \qquad 7{,}0 \leq C_{a,K} \leq 8{,}0$$

auszugehen. Auch diese extrem hohen Beiwerte sind in Messungen festgestellt worden und in mehreren Forschungsberichten von Offshore-Konferenzen dokumentiert.

5. Rechenbeispiele

Beispiel 1:
Bei einem 140m hohen Stahlkamin /8/ sind infolge winderregter Querschwingungen folgende Daten festgestellt worden

$$\omega_E = 0{,}507 \cdot 2\pi = 3.19 \cdot s^{-1}$$
$$D = 6m \quad , \quad U_\infty = 13 - 16 \ \tfrac{m}{s}$$
$$v_0 = 1{,}2\ m\,, \ \frac{v_0}{D} = 0{,}20$$

Daraus errechnet sich nach (23)

$$\tan \frac{\Delta x_{o,j}}{R} \approx \frac{\Delta x_{o,j}}{R} = 2{,}46°$$

Die Oszillation der Grenzschichtablösepunkte ist demnach vernachlässigbar. Weiterhin ergibt (24.3)

$$C_L = 0{,}43 \text{ (laminar)} \qquad C_L = 0{,}25 \text{ (turbulent)}$$
$$U_{Kr} = 15\ \tfrac{m}{s}\,, \qquad \mathrm{Re} = 6{,}0 \cdot 10^6$$

Die Festsetzung der Lastbeiwerte nach DIN 4131 werden als ausreichend angesehen.

Beispiel 2:
Bei der Riserkonstruktion /7/ in der Meerestechnik werden folgende Daten vermerkt. Die Karman-Resonanz tritt z. B. in der 8. Eigenform bei

$$U_{kr} = \frac{\omega_E}{2\pi} \cdot \frac{D}{S} = 0{,}45 \tfrac{m}{s}$$

$$\mathrm{Re} = 1{,}0 \cdot 10^5$$

auf.
Hierbei sind starke Querschwingungen bei Meereswellen möglich, die sich aus der hier nicht aufgeführten baudynamischen Berechnung ergeben. Aus (23) folgt

$$\max A = 0{,}90\,m = 3 \cdot D$$

da dann eine Phasenverschiebung von $\pi/2$ zur ursprünglichen Kraftanregung und damit eine Beruhigung der Konstruktion eintreten wird. Aus (24.3) folgt

$$\max C_L = \frac{0{,}3}{0{,}2} \cdot 0{,}45 \cdot \frac{1{,}685}{2\pi} \cdot 4 \cdot \frac{0{,}9}{0{,}3} \cdot 1{,}06$$

Maßgebend wird hier $\max C_L \leq 3{,}0 \div 4{,}0$

also eine erhebliche Erhöhung der Anfachungsbeiwerte gegenüber dem starren Profil nach Abschnitt 3.

Literatur

/1/ Sarpkaya, T., Isaacson, M. : Mechanics of wave forces on offshore structures. New York: Reinhold: Company 1981.

/2/ Gottschlich, M. : Das Strömungsfeld in der Nähe eines quer zur Anströmrichtung oszillierenden Kreiszylinders. Dissertation Universität Hannover, 1990.

/3/ Wang, E. et al : Vortex-Shedding Response of long cylindrical structures in shear flow. Transactions ASME 110 (1988), S. 24-31.

/4/ Lyons, G. J., Patel, M.H. : Application of a general technique for prediction of riser vortex-induced response in waves and current. Transactions ASME 111 (1989), S. 82-91.

/5/ Ruscheweyh, H. : Dynamische Windwirkung an Bauwerken. Wiesbaden, Berlin: Bauverlag 1982.

/6/ Rosemeier, G. : Zur aerodynamischen Stabilität kreisförmiger Querschnittskörper. Der Bauingenieur 47 (1972), S. 439.

/7/ Rosemeier, G. : Zur statischen und dynamischen Berechnung von Pipelines und Risern im Meer. Der Stahlbau 64 (1995), S. 148.

/8/ Simon, G. : Zuschrift zu Ruscheweyh, H. et al : Schadensfall an einem 140 m hohen Stahlkamin. Der Stahlbau 44 (1975) S. 381.

/9/ Langer, W., Strienz, G. : Zur Berechnung winderregter Querschwingungen hoher schlanker Bauwerke – Rechnungsannahme und beobachtete Fälle im Vergleich. Mitt. Institut f. Leichtbau, Dresden 10 (1991), S. 41.

/10/ Försching, H. W. : Grundlagen der Aeroelastik. Berlin, Heidelberg, N. Y. : Springer-Verlag 1974.

/11/ Dynamics of marine structures. London: Ciria under water engineering group 1978.

/12/ Hapel, K. H. : Festigkeitsanalyse dynamisch beanspruchter Offshore-Konstruktionen. Braunschweig: F. Vieweg-Verlag 1990.

/13/ Rosemeier, G. : Zur aerodynamischen Stabilität von H-Querschnitten. Der Bauingenieur 48 (1973), S. 401.

/14/ Anjelic, M. : Stabilitätsverhalten querangeströmter Rohrbündel mit versetzter Dreieckteilung. Dissertation Hannover 1988.2

/15/ Rosemeier, G. : Über die wirbelerregten Bauwerksschwingungen mit Kreisprofil unter Wind- und Wellenlasten. Der Stahlbau 66/1997), S. 703

Windlastfunktionen für die Berechnung aeroelastisch schwingender Brückenüberbauten

Dr.-Ing. Rüdiger Höffer
Ingenieurgemeinschaft Dr.-Ing. Rolewicz & Ing. Schönnenbeck, Geibelstraße 31, D-40235 Düsseldorf
vormals: Ruhr-Universität Bochum, Aerodynamik im Bauwesen, Geb. IC 03/46, D-44801 Bochum

ZUSAMMENFASSUNG: Es werden kontinuierliche, instationäre Funktionen für die aeroelastischen Windkräfte auf ein schwingendes Brückendeck hergeleitet und der physikalische Hintergrund erläutert. Die Windlastfunktionen sind für die Tragwerksberechnung und für Instabilitätsbetrachtungen verwendbar. Ausgehend von den Flatterderivativen nach Scanlan wird eine mathematisch äquivalent Schreibweise im Zeit- und Frequenzbereich weiterentwickelt. Die instationären, aeroelastischen Beiwerte werden in Versuchen in mehreren Turbulenzwindkanälen kalibriert. Der Einfluß der Turbulenz sowie der Kompressibilität der Luft wird berücksichtigt. Die Verwendung der Funktionen in der Tragwerksberechnung wird kommentiert.

1. Einführung

Vereinfachte Windkraftmodelle im Zeit- und Frequenzbereich basieren im allgemeinen auf der Annahme quasistationärer Aerodynamik, mit welcher der Strömungsdruck mitsamt seiner Schwankungen proportional und nicht frequenzabhängig auf die Windkraftgrößen übertragen werden. Diese Gesetzmäßigkeit wird für die mittlere Windwirkung, die Böwirkung und die aeroelastische Wechselwirkung zwischen dem schwingenden Bauwerk und der Strömung angenommen. Zu letzterer Kategorie sind die aerodynamische Dämpfung, Steifigkeit und Masse und die aeroelastischen Instabilitätstypen, wie statische Torsionsdivergenz und Biegetorsions- oder Torsionsflattern des Überbaus, oder Seilgalloping zu zählen.
Es ist bereits aus der Tragflügelaerodynamik bekannt, daß der quasistationäre Ansatz auf niedrige Frequenzen beschränkt ist und oberhalb einer normalisierten Frequenz von $K = 2\pi \cdot f_0 \cdot B / u = 0{,}1$ sehr ungenau wird, f_0 ist die modale, oder bei nichtlinearen Schwingungen, vorherrschende Schwingungsfrequenz, B ist eine aerodynamisch-charakteristische Abmessung des Tragflügels, nämlich seine Tiefe, und u ist die (mittlere) Relativgeschwindigkeit zwischen Tragflügel und Strömung. Außerdem werden instationäre Vorgänge, wie die Wirbelablösungen vom bewegten Profil, vom Kraftmodell nicht erfaßt. Insbesondere bei aeroelastischen Phänomenen ist eine realitätsnahe, oder zumindest konservative Abbildung der Strömungswirkung dann nicht mehr gewährleistet.
Die Überbauten weitgespannter Hängebrücken sind in den letzten Jahren im europäischen Brückenbau als strömungsoptimiert geformte Hohlkästen ausgelegt worden. Als Beispiele können die Hängebrücke über den Großen Belt, die Osteroy-Brücke in Norwegen, die Höga-Kusten-Brücke und die Pont-du-Normandie bei Le Havre genannt werden. Die Gründe sind in der bei langen Spannweiten notwendigen Verringerung des Windwiderstandes zu suchen. Außerdem zeigt eine solche Querschnittsform nur eine geringe Neigung zur Ausbildung von wirbelerregten Schwingungen oder Torsionsgalloping, nötigenfalls sind diese in der Regel durch eine aerodynamische Veränderung der Deckanbauten zu vermeiden. Dagegen sind die Instabilitätsfälle Torsionsdivergenz und Flattern zu untersuchen.
Die Biege- und Torsionseigenfrequenzen der Überbauten weitgespannter Hängebrücken liegen oftmals im wichtigen Bereich bis zu 3 Hz. Zum einen besitzt die natürliche Windströmung in diesem Frequenzbereich deutliche Energieanteile, zum anderen wird K je nach Eigenform höhere Werte als 0,1 annehmen. Ein realistisches Windkraftmodell sollte überdies im Bereich

der spektralen Bandbreite des Windes gültig sein. Dazu wird die quasistationäre Theorie im folgenden verlassen und eine durch eine instationäre Übertragung der Strömungsenergie ersetzt. Konzepte für eine ingenieurmäßige Formulierung instationärer Phänomene werden z.B. in den Arbeiten von Scanlan (Scanlan et al. 1971, Scanlan 1993) und Lin (Lin & Li, 1993, Bucher & Lin, 1989) erstellt. Die Eigenschaft der quasistationären Modelle, im Zeit- und Frequenzbereich zu gelten, bleibt in vollem Umfang erhalten.

2. Nichtstationäre Wechselwirkungskräfte

2.1 "KRAFTGEDÄCHTNIS"

Transiente, bewegungsinduzierte Kräfte entstehen aus der Wirbelstraße, welche ein harmonisch schwingender Querschnitt in seinem Nachlauf generiert. Dabei lösen sich an den Umkehrpunkten der Schwingung einzelne Wirbel vom schwingenden Querschnitt und bewegen sich in mittlerer Strömungrichtung in den Nachlauf. Der Wirbelkörper trägt mit seiner Wellenlänge $\lambda=u/f$ und seiner Ausdehnung Informationen über die Anströmgeschwindigkeit u, der Geometrie des Körpers und seinen Bewegungszustand, wie dessen aerodynamische Abmessung, Schwingfrequenz f und Amplitude. Die Wirbelstraße wirkt über die Zeitspanne auf die Strömungskräfte zurück, welche einzelne Wirbel benötigen, um eine gewisse Distanz von der Hinterkante des Querschnitts in den Nachlauf abzufließen und dann zu dissipieren. Die Dissipation geschieht in einem Abstand von mehreren λ stromab des Querschnitts. Dies kann als begrenztes Gedächtnis der Kräfte bezüglich der vorangegangenen Körperbewegung verstanden werden. In der idealisierten Situation der Potentialströmung, in der sich aufgrund der Reibungsfreiheit die Wirbelstraße nicht aufweitet und dissipiert, ist das Gedächtnis unendlich lang. Die Auftriebskraftskomponente F_Z, welche von der Vertikalschwingung V_Z eines umströmten Stromlinienkörpers erzeugt wird (s. Bild 1), kann für den Fall der Potentialströmung wie folgt geschrieben werden.

$$\frac{F_Z(t)}{qB} = -\frac{\pi}{2} \cdot \frac{\ddot{V}_Z(t) \cdot B}{u^2} + 2\pi \cdot C(k) \cdot \frac{-\dot{V}_Z(t)}{u} \quad , \quad C(k) = \frac{H_1^{(2)}(k)}{H_1^{(2)}(k) + i \cdot H_0^{(2)}(k)} \qquad (1,2)$$

In den Gleichungen ist q der dynamische Druck, die Hochpunkte ($\dot{}$) und ($\ddot{}$) bezeichnen Ableitungen nach der Zeit, also die Schwinggeschwindigkeit und –beschleunigung, k ist die normalisierte Frequenz $\pi \cdot f \cdot B / u$, C(k) ist die komplexe Theodorsen-Funktion, $H_n^{(2)}$ sind Bessel-Funktionen des dritten Typs und der n-ten Ordnung, auch Hankel-Fuktionen genannt. Bild 2a zeigt Real- und Imaginärteile der komplexen Theodorsen-Funktion in seiner Abhängigkeit von k. Gleichung 1 besteht aus einem inphasigen und einem außerphasigen Anteil. Weil die vertikale Position des Querschnitts in gleichförmiger Strömung die Strömungskräfte nicht beeinflussen kann, hängen die inphasige Komponente nur von den Beschleunigungstermen ab. Der Faktor von $\ddot{V}_Z(t)$ wird aerodynamische Masse genannt. Die außerphasigen Anteile bestehen aus der normalisierten Vertikalgeschwindigkeit $\dot{V}_Z(t)/u$ und einem frequenzabhängigen Term, worin 2π der theoretische Anstieg des Auftriebskoeffizienten eines Stromlinienkörpers ist. Ein Stromlinienkörper ist eine sehr dünne Platte oder ein theoretischer Tragflügel, welcher bei exakt horizontaler Ausrichtung widerstands- und ablösungsfrei umströmt wird. Die Theodorsen-Funktion C(k) (Gl. 2) bestimmt die aeroelastische Vergrößerungsfunktion für die Körpergeschwindigkeit. Man kann das mitbewegte Strömungsfeld als Subsystem betrachten, welches unter dem Einfluß der Körperbewegung zusätzliche, antreibender oder dämpfender Windkräfte erzeugt. Diese Kräfte hängen über $k = \pi \cdot B / \lambda$ von der Wellenlänge der Wirbelstraße ab.

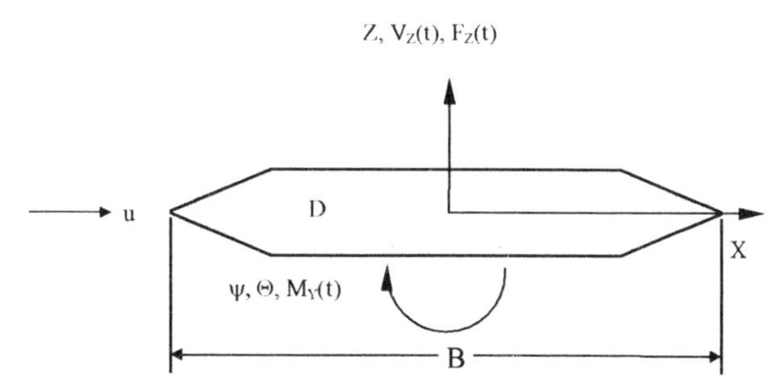

Bild 1: Querschnitt eines Brückenüberbaus, Koordinatensystem und Vereinbarungen

2.2 WIRKUNG DER TURBULENZ

Eine grundlegende Anforderung an die Windkraftfunktionen ist die Berücksichtigung von Turbulenzeffekten als Abbildung der Wirkung des natürlichen Windes. Nach den Mittelwerten der vorzufindenden Bökörpergrößen werden kleinskalige und großskalige Turbulenzeffekte unterschieden.
Kleinskalige Turbulenzeffekte werden von Turbulenzballen verursacht, welche in ihrer charakteristischen Ausdehnung unterhalb der Brückendecktiefe liegen. Der physikalische Hintergrund ist eine Energieauffütterung in die beim Umströmen des Querschnitts ablösenden Stromlinien infolge der Querkomponente der Turbulenz. Die Stromlinien krümmen sich dann stärker und haben die Tendenz, früher an die Flanke des umströmten Querschnitts wiederanzuheften, als es ohne die turbulente Auffütterung der Fall wäre (Bearman, 1971, Laneville et al., 1975, Nakamura & Ohya, 1984). Damit können die Ablöseblasen an den Flanken der umströmten Querschnitte und die Nachlaufbreite kleiner werden. Dieses wirkt sich vornehmlich auf die Absolutgröße von gemessenen Beiwerten aus. Für die hier betrachtete Familie von Querschnitten werden die Mittelwerte kleiner.

Strömung	Streckung	$\frac{dc_L}{d\psi}$ bzw. $\frac{d\bar{c}_L}{d\psi}$	$\frac{dc_M}{d\psi}$ bzw. $\frac{d\bar{c}_M}{d\psi}$
Potentialströmung dünne Platte, theoretisch	B/D→∞	2 π	=0,5 π
Glatte Strömung (Herlach, 1974)	B/D=6,25	1,68 π	0,41 π
Isotrop turbulenzarme Strömung $I_u=I_w=2,7\%$	B/D=6,25	1,66 π	0.40 π
Turbulente Grenzschicht $I_u=9,3\%$, $I_w=8,6\%$	B/D=6,25	1,40 π	0,34 π

Tabelle 1: Auftriebs- und Momentenanstieg in Potentialströmung, glatter, isotrop turbulenter und anisotrop turbulenter Strömung

Die Tabelle 1 zeigt hierzu die Ergebnisse von Versuchen im Bochumer Grenzschichtwindkanal und von Herlach (1974) am Profil nach Bild 1. Die Turbulenzwirkung zeigt sich an mit wachsendem Turbulenzgrad abnehmenden Stabilitätsparametern $dc_L/d\psi$ und $dc_M/d\psi$, c_L und

c_M sind quasistationären Kraftbeiwerte für den Auftrieb und das aerodynamische Torsionsmoment, die für die Verwendung in der quasistationären Aeroelastik nach dem Anstellwinkel ψ abgeleitet werden, der Hochstrich ($\bar{}$) kennzeichnet einen Mittelwert. Die Abnahme der Stabilitätsbeiwerte mit wachsendem Turbulenzgrad würde eine wachsende kritische Geschwindigkeit bedeuten, und damit die Turbulenz grundsätzlich als günstig bezüglich der aeroelastischen Stabilität des Querschnitts werten. Hierzu wird auf die Aussagen in Kapitel 5 verwiesen. In der vorliegenden Arbeit wird davon ausgegangen, daß eine Messung von mittleren, aeroelastischen Beiwerten in turbulenter Strömung die kleinskaligen Effekte im wesentlichen enthält. Die Versuchsrandbedingungen sind in Kapitel 3 beschrieben.

Großskalige Turbulenzwirkungen betreffen die Verteilung der Energie im Frequenzraum. Im Wind werden im Gegensatz zu einer gleichförmigen, turbulenzlosen Strömung Breitbandprozesse der Drücke und Kräfte erzeugt. Entsprechend liegen auch die Strukturantworten und die bewegungsinduzierten Kräfte als Breitbandprozesse vor. Die idealisierende Annahme der monofrequenten Schwingung in Gl. 1 muß daher für die Erstellung eines realistischen Windkonzepts verlassen werden. Die Kräfte können als stochastischer Prozeß im Frequenzbereich beschrieben werden. Das Modell in Gl. 3 drückt den Vektor der aerodynamischen Auftriebskraft und des aerodynamischen Torsionsmomentes als lineare Funktion der Vertikal- und Torsionsschwingung, $V_Z(t)$ und $\Theta(t)$, aus; das Gleichungssystem ist gekoppelt und frequenzabhängig. Die genannten Bewegungsgrößen sind die Strukturantworten infolge turbulenten Windes und aeroelastischer Rückkopplung.

$$\underbrace{\begin{bmatrix} X_{F_Z}(iK) \\ X_{M_Y}(iK) \end{bmatrix}}_{\mathbf{X}_F(iK)} = \underbrace{\begin{bmatrix} G_{F_Z,V_Z}(iK) & G_{F_Z,\Theta}(iK) \\ G_{M_Y,V_Z}(iK) & G_{M_Y,\Theta}(iK) \end{bmatrix}}_{\mathbf{G}_{F,V}(iK)} \cdot \underbrace{\begin{bmatrix} \frac{X_{V_Z}(iK)}{B} \\ X_\Theta(iK) \end{bmatrix}}_{\mathbf{X}_V(iK)} \tag{3}$$

X sind die Fourier-Transformierten der Indexgrößen, M_Y ist das aerodynamische Torsionsmoment, Θ ist die Torsionsverdrehung, die Abkürzung $\mathbf{X}_F(iK)$ steht für den Vektor der Fourier-Transformierten der Kraftgrößen F_Z (in kN/m) und M_Y (in kNm/m), $\mathbf{X}_V(iK)$ steht für den Vektor der Fourier-Transformierten der dimensionslosen Verformungen V_Z/B und Θ (in rad), und $\mathbf{G}_{F,V}(iK)$ steht für die Matrix der Frequenzgänge oder dynamischen Übertragungsfunktionen im Frequenzbereich.
Die Übertragungsmatrix $\mathbf{G}_{F,V}(iK)$ wird in der Schreibweise nach Scanlan (e.g. Scanlan, 1993) in Gl. 4 ausgeschrieben.

$$\mathbf{G}_{F,V}(iK) = \begin{bmatrix} qK^2\left[H_4^*(2\pi/K) + i \cdot H_1^*(2\pi/K)\right] & qBK^2\left[H_3^*(2\pi/K) + i \cdot H_2^*(2\pi/K)\right] \\ qBK^2\left[A_4^*(2\pi/K) + i \cdot A_1^*(2\pi/K)\right] & qB^2K^2\left[A_3^*(2\pi/K) + i \cdot A_2^*(2\pi/K)\right] \end{bmatrix} \tag{4}$$

Die aeroelastischen Koeffizienten $H_1^*(\lambda/B)$, $A_1^*(\lambda/B)$, $H_2^*(\lambda/B)$ und $A_2^*(\lambda/B)$ sind Beiwerte der aerodynamischen Dämpfung, $H_3^*(\lambda/B)$, $A_3^*(\lambda/B)$, $H_4^*(\lambda/B)$ und $A_4^*(\lambda/B)$ sind Beiwerte der aerodynamischen Steifigkeit oder Masse, $2\pi/K=\lambda/B$.

Für den theoretische Fall eines schwingenden Stromlinienprofils in einer Potentialströmung können die aeroelastischen Koeffizienten hergeleitet werden. Als Beispiel sind in Gl. 5 die Koeffizienten für die Querschwingung angegeben.

$$H_1^*(\lambda / B) = -\frac{2\pi}{K} \cdot C_R(K/2) \ , \ H_4^*(\lambda / B) = \frac{\pi}{2} \cdot \left(1 + \frac{4\,C_I(K/2)}{K}\right) \tag{5a,b}$$

$$A_1^*(\lambda / B) = -\frac{\pi}{2K} \cdot C_R(K/2) \ , \ A_4^*(\lambda / B) = -\pi \cdot \frac{C_I(K/2)}{2K} \tag{5c,d}$$

Im Falle eines realistischen Brückendecks in der Windströmung können die aeroelastischen Beiwerte nicht vorhergesagt werden und müssen in aller Regel in Versuchen im Turbulenzwindkanal ermittelt werden (s. Kapitel 3).

2.3 ZEITBEREICHSMODELL FÜR BEWEGUNGSINDUZIERTE KRÄFTE

Im Zeitbereich können die bewegungsinduzierten Kräfte mathematisch äquivalent als Faltungsintegrale ausgedrückt werden. In Gl. 6 werden die Übertragungsfunktionen der Gleichung 4 unter Verwendung der Normalisierungen nach Lin & Li (1993) als Parametermodell geschrieben.

$$G_{F,V}(iK, a_k) = qB \frac{dc_F}{d\psi} \left[a_1 + iKa_2 + \sum_{n=3}^{N} A^{(1)}(a_n, K) \right] \tag{6}$$

$A^{(1)}$ ist ein linearer Filter erster Ordnung mit den Parametern a_n. Außerphasige, also Dämpfungsterme, sind als komplexe Anteile enthalten. Mithilfe einer Laplace-Integraltransformation und partiellen Integrationen (s. Höffer 1997) kann eine Darstellung im Zeitbereich wie folgt angegeben werden.

$$\frac{F_{F,V}(s)}{qB} = \frac{dc_F}{d\psi} \left[a_1 V(s) + a_2 \frac{dV(s)}{ds} + \int_{-\infty}^{s} \frac{dV(\sigma)}{d\sigma} \cdot \left\{ \Phi_{F,V}(s-\sigma) - 1 \right\} d\sigma \right] \tag{7}$$

In Gl. 7 sind s and σ normalisierte Zeitvariablen ut/B.

Das Modell in Gl. 7 trennt einen quasistationären Teil von einer gefalteten, transienten Inpulsantwort. Das "Kraftgedächtnis", dargestellt durch die Summenfunktion in Gl. 6 bzw. durch das Faltungsintegral in Gl. 7, wird mittels einer Serie von N linearen Filtern erster Ordnung modelliert. Aus den Empfehlungen von Beddoes (1982) für moderne Flugzeugflügel läßt sich folgende parametrische Rechenvorschrift für die Gewichtsfunktion des Faltungsintegrals gewinnen. Geschrieben als Sprungantwortfunktion, auch Indizialfunktion genannt, lautet sie

$$\Phi(M,s) = a_1 - \sum_{i=3}^{N} a_i \cdot e^{-a_{i+2} \cdot \beta^2 \cdot s} \ , \ \beta = \sqrt{1 - M^2} \ , \ \Phi(s) = a_1 - \sum_{i=3}^{4} a_i \cdot e^{-a_{i+2} \cdot s} \tag{8, 9, 10}$$

In Gl. 8 ist β die Prandtl-Glauert-Transformation nach Gl. 9, welche für die im Brückenbau zu betrachtenden Randbedingungen nahezu eins ergibt; für z.B. u=33 m/s wird die Machzahl M=0,1 und β=0,995. Vernachlässigt man den Einfluß der Machzahl für die Gewichtsfunktion und wird die Filterordnung N auf 4 begrenzt, erhält man die mathematische Struktur einer Exponentialreihe, bestehend aus zwei Gliedern und einem Gleichwertanteil. Letztere Konstante repräsentiert den stationären Grenzwert des transienten Kraftzuwachses. Die erhaltenen Gleichung 10 ist zuerst von Jones (1940) verwendet worden, um die Wagner-Gleichung über den Kraftzuwachs auf eine dünne Platte in Potentialströmung anzunähern. Wagner (1925) löste theoretisch das transiente Verhalten der zirkulatorischen, d.h. durch die

Gleichgewichtsbedingungen der Zirkulation im Strömungsfeld herleitbaren Auftriebskraft auf eine dünne Platte in Potentialströmung. Ein nichtzirkulatorischer Kraftanteil ist zum Beispiel die Kraftwirkung der beschleunigten, angeschlossenen Luftmasse. Die Auftriebskraft wird beim Wagner-Problem ausgelöst durch einen Sprung der Plattenposition aus Anströmung in Plattenebene in eine Position mit konstantem Anstellwinkel Θ. Die Näherungsparameter nach Jones sind a_1=1, a_3=0,165, a_4=0,335, a_5=0,041, a_6=0,52. Bild 2b zeigt die damit erhaltene Approximationsfunktion für die theoretische Lösung nach Wagner. In einem idealen, inkompressiblen Medium startet die theoretische Lösung unmittelbar nach dem auslösenden Sprung von 0,5 und nähert sich asymptotisch dem Wert 1 für s=∞.
Theoretisch sind der Auftrieb und das aerodynamische Torsionsmoment linear gekoppelt, weil a) das Moment durch die Auftriebskraft entsteht, welche in einem festen Abstand von der Plattenhinterkante bzw. dem Schubmittelpunkt des Querschnitts angreift, und b) der Windwiderstand nicht berücksichtigt wird. Dies würde bedeuten, daß die Wagner-Funktion das transiente Verhalten jeder aeroelastischen Kraftkomponente beschreibt. In Versuchen wird aber ersichtlich, daß verschiedenen Parameterkombinationen benötigt werden, um unterschiedliche Kraftgrößen zu beschreiben. Die Struktur des Modells in Gl. 8 eignet sich in vielen Fällen zur Abbildung der Kräfte auf strömungsgünstige Querschnitte.

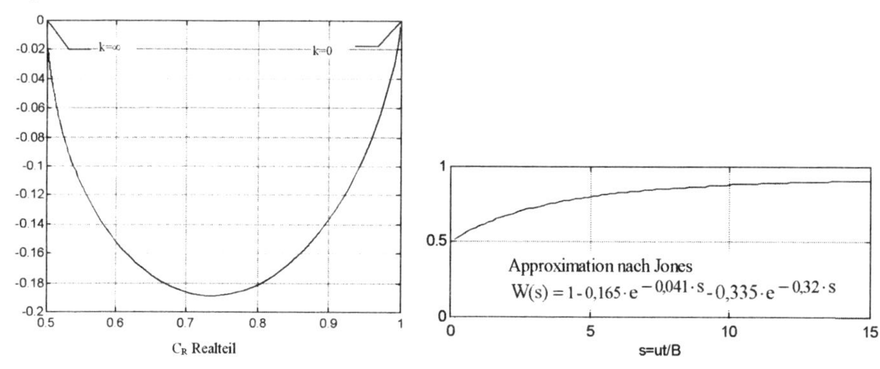

a) Theodorsen-Zirkulationsfunktion

$C(k)=C_R(k)+i\, C_I(k)$

b) Wagner-Funktion;

$$W(s) = \frac{1}{i2\pi} \int_{-\infty}^{\infty} \frac{C(k)}{k} e^{iks} dk, \quad k = \frac{\pi f B}{u}$$

Bild 2: Klassische Darstellungsweisen der zirkulatorische Auftriebskraft in Zeit- und Frequenzbereich

Auf der Grundlage der gefundenen Ergebnisse lassen sich die transienten Wechselwirkungskräfte F_Z und M_Y eines aeroelastischen Mehrfreiheitsgradschwingers mit den Freiheitsgraden V_Z und Θ wie folgt schreiben.

$$\frac{F_{Z,V_Z}(t)}{qB} = \left.\frac{dc_L}{d\psi}\right|_{\psi} \left[c_2 \frac{\dot{V}_Z(t)}{u} + \frac{1}{B} \int_{-\infty}^{t} \Phi_{F_{Z,V_Z}}(t-\tau) \frac{dV_Z(\tau)}{d\tau} d\tau \right] \tag{11a}$$

$$\frac{F_{Z,\Theta}(t)}{qB} = \left.\frac{dc_L}{d\psi}\right|_{\psi} \left[e_2 \frac{B \cdot \dot{\Theta}(t)}{u} + e_1 \cdot \Theta(t) + \int_{-\infty}^{t} \left\{ \Phi_{F_{Z,\Theta}}(t-\tau) - 1 \right\} \frac{d\Theta(\tau)}{d\tau} d\tau \right] \tag{11b}$$

$$\frac{M_{Y,\Theta}(t)}{qB^2} = \frac{dc_M}{d\psi}\bigg|_{\psi}\left[g_2 \frac{B \cdot \dot{\Theta}(t)}{u} + g_1 \cdot \Theta(t) + \int_{-\infty}^{t} \left\{\Phi_{M_{Y,\Theta}}(t-\tau) - 1\right\} \frac{d\Theta(\tau)}{d\tau} d\tau\right] \tag{11c}$$

$$\frac{M_{Y,V_Z}(t)}{qB^2} = \frac{dc_M}{d\psi}\bigg|_{\psi}\left[r_2 \frac{\dot{V}(t)}{u} + \frac{1}{B} \int_{-\infty}^{t} \Phi_{M_{Y,V_Z}}(t-\tau) \frac{dV_Z(\tau)}{d\tau} d\tau\right] \tag{11d}$$

In den Gln. 11a und d sind keine Gleichwerte (gekennzeichnet als Parameter c_1 oder r_1) eingetragen, weil die stationäre, vertikale Position eines Brückendecks keinen Enfluß auf die aeroelastische Kräfte in gleichförmiger Strömung haben kann. Im Wind kann dies als Näherung angesetzt werden, weil in der Regel die vertikale Unsymmetrie der Geschwindigkeiten infolge des Geschwindigkeitsprofils gegenüber den Vertikalabmessungen des Brückendecks in Brückenhöhe verhältnismäßig gering bleibt.

3. Modellkalibration mittels Experimenten in turbulenter Strömung

3.1 WINDKANALVERSUCHE

Die experimentellen Untersuchungen werden an einem in Bild 2 gezeigten Abschnittsmodell mit dem schematisierten Querschnitt eines strömungsgünstigen Brückenüberbaus durchgeführt. Dieses Profil ist in ähnlicher Geometrie bereits Gegenstand eingehender Untersuchungen gewesen (z.B. Scanlan & Tomko 1971, Herlach 1974, Li, 1995), und eignet sich auch aufgrund seiner strömungsgünstigen Form zum Studium transienter Strömungskräfte. Die Versuche sind im Grenzschichtwindkanal des Instituts für Konstruktiven Ingenieurbau an der Ruhr-Universität Bochum in Deutschland und im Windkanal Nr. 2 des Danish Maritime Institute in Lyngby, Dänemark, durchgeführt worden. Beides sind Kanäle vom Eiffel-Typ, d.h., mit geschlossener Meßstrecke und offener Luftrückführung. Die Meßstrecken haben die Abmessungen 1,6 x 1,8 m und 2,6 x 1,8 m. Die Strömungen im dänischen Kanal sind gleichförmig, isotrop mit niedrigem Turbulenzgrad von 0,1% und von annähernd isotroper Turbulenz mit 11,3% Longitudinal- (I_u) und 9,4% Lateralintensität (I_w). Im letzteren Fall ist das integrale Längenmaß L_{ux}=B/6. Die verwendete Grenzschichtströmung im Bochumer Windkanal besitzt anisotrope Turbulenz der Intensitäten Iu=14,6% und Iw=9,8%, das integrale Längenmaß beträgt ca. 4B. Die Versuche sind in der Arbeit von Höffer (1997) detailliert beschrieben.
Das Verhältnis B/D kennzeichnet die Schlankheit des Querschnitts. Das Modell in Lyngby besitzt den Verhältniswert 6,00, die Bochumer Versuche verwenden ein geringfügig schlankeres Modell von B/D=6,25. In statischen Tests unter Verwendung einer Kraftwaage (Lyngby) und Messungen der Umfangsdruckverteilungen (Bochum) werden die stationären Auftriebs- und Torsionsmomentenbeiwerte in niedrigturbulenter und anisotrop turbulenter Strömung gemessen.
Die Experimentserie in Bochum verwendet einen elastisch zwischen Endplatten aufgehängten Einfreiheitsgradschwinger, welcher zur Untersuchung der Torsionsschwingungen des Überbaus dient (s. Bild 3). Für die Versuchen am Institut in Dänemark wird die Methode der geführten Bewegung verwendet. Mit einer ursprünglich zum Studium von Schiffsmanövern entwickelten Modellverfahreinrichtung kann ein Modell in der Windkanalströmung in einer sinusförmigen Translations- und Torsionsbewegung bewegt werden. Bild 3b zeigt eine Skizze des Modells, welches aufrecht in der isotropen Turbulenz zwischen Windkanalboden und einer sehr langen Endplatte montiert ist. In der Versuchsskizze fließt die Strömung von links nach rechts, das Modell bewegt sich aus der Zeichenebene hinaus.

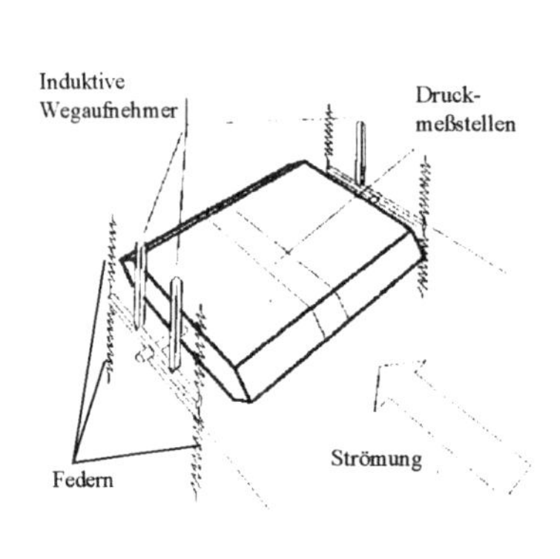

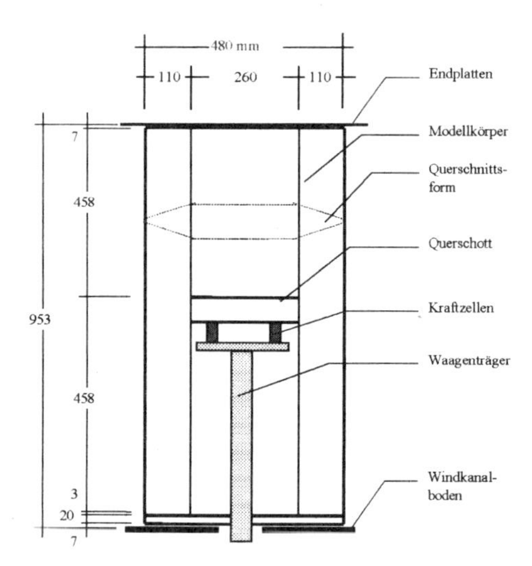

a) Elastische aufgehängtes Abschnittsmodell in Grenzschichtströmung) (Vergleichstests in Bochum)

b) Abschnittsmodell mit geführter Bewegung in niedriger, isotroper Turbulenz (Tests in Lyngby)

Bild 3: Schematische Darstellung der Versuchsaufbauten

3.2 BEISPIEL: FREQUENZABHÄNGIGE BEIWERTE INFOLGE BIEGESCHWINGUNG

Die gemessenen und ausgewerteten aeroelastischen Beiwerte ("Derivative") H_1^*, H_4^*, A_1^*, A_4^* sind in den Bildern 4a,b gezeigt. Die Symbole geben die Realisationen für Einzelversuche an. Es ist festzustellen, daß deren Schwankungen sehr niedrig sind.

Die Derivative H_4^* und A_4^* stimmen gut mit den Ergebnissen anderer Autoren an elastische aufgehängten Abschnittsmodellen überein, vgl. Li (1995), Untersuchung in einem Wasserkanal, Scanlan and Tomko (1971), Untersuchung in glatter Strömung, Larsen (1995), Vergleichsmessungen zu vorliegender Arbeit im dänischen Windkanal. Die Ergebnisse von Scanlan und Tomko müssen wegen abweichender Normierung mit dem Faktor 2 multipliziert werden.

Die Messung der aerodynamischen Masse (i.e. H_4^*, A_4^*) in Luftströmung wird für höherer λ/B wegen des niedrigen Nutzsignals aufgrund der Dichten von Luft- und Bauwerksvolumen schwieriger. Für den Beiwert H_4^* sind im Bild 4a im Bereich von $\lambda/B>15$ unterschiedliche Kurvenverläufe für die Amplituden $\hat{v}_Z=20$ mm und 50 mm zu erkennen. Es ist Gegenstand weitergehender Untersuchungen, ob dieser Versatz einen strömungsphysikalischen Effekt anzeigt oder Meßungenauigkeiten wegen der hohen Beschleunigungskräfte zuzuordnen ist. Der Versatz findet sich nicht in den Kurven für den Beiwert A_4^*, welcher ebenso wie die außerphasigen (Dämpfungs-) Beiwerte H_1^* und A_1^* bis zu bezogenen Wellenlängen von 43 wohldefiniert sind. Dieser weite Untersuchungsbereich kommt der Anpassungsgenauigkeit des in Kap. 2.2 eingeführten Parametermodells zugute. Die Einbußen der Meßgenauigkeit aufgrund störender turbulenter Geschwindigkeitsschwankungen bleiben bei Verwendung des FMM-Aufbaus moderat. Die aeroelastischen Beiwerte des Torsionsmomentes aufgrund einer

Vertikalschwingung (A_1^*, A_4^*) stimmen mit den Egebnissen aus der turbulenzarmen Strömung gut überein, die Beiwerte der Auftriebskraft aufgrund einer Vertikalschwingung (H_1^*, H_4^*) zeigen niedrigere Absolutwerte in turbulenter Strömung.

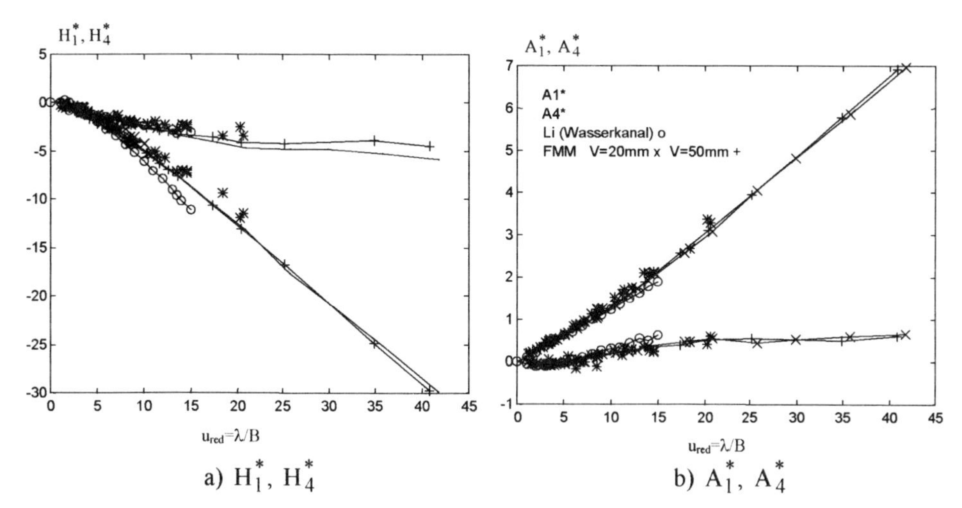

a) H_1^*, H_4^* b) A_1^*, A_4^*

sehr niedrig-turbulente Strömung $I_u=I_w<1\%$: Li 1995, Wasserkanal (o), Scanlan & Tomko 1971 (x), Höffer 1995, FMM $\hat{V}_Z$=20 mm (· —), $\hat{V}_Z$=50 mm (+ —).

turbulent: Iu=11,3%, Iw=9,3%: Höffer 1995, FMM $\hat{V}_Z$=50 mm (∗)

Bild 4: Gemessene aerodynamische Derivative H_1^*, H_4^*, A_1^*, A_4^*

Wie in Kapitel 2.2 erläutert wären Turbulenzeffekte auf das in turbulenter Strömung resultierende frühere Wiederanheften der abgelösten Stromlinie an den Querschnitt zu begründen. Dieser Einfluß bleibt bei Verwendung der beschriebenen Gitterturbulenz gering, weil die abgelöste Stromlinie wegen der Ausdehnung des Brückenprofils in den eigenen Nachlauf (B/D≥6.0) auch in glatter Strömung wiederanlegen muß, und sich so keine wesentliche Veränderung der Profilumströmung einstellt.

4. Aeroelastische Streifenkräfte in turbulenter Strömung

4.1 KONTINUIERLICHE SPRUNGANTWORTFUNKTIONEN

Die benötigte Beziehung zwischen den Gleichungen 7 im Zeitbereich und 6 im Frequenzbereich ist über LAPLACE- und Integraltransformationen herleitbar. Damit können die aerodynamischen Derivative mittels der Parameter c_i, e_i, g_i, und r_i, i=1,2,...,6 der Sprungantwortfunktion in Gl. 8 ausgedrückt werden. Die mathematischen Zusammenhänge und weiter Beispiele können der Arbeit von Höffer (1997) entnommen werden.
In den Bildern 5 a und b werden die Sprungantwortfunktionen bei turbulenten Bedingungen gezeigt. Die Funktionen sind über den gesamten Bereich von s=0 bis zum Übergang in stationäres Verhalten bei sehr hohen Geschwindigkeiten wohldefiniert. Letzterer Übergang wird durch die tangentiale Annäherung der transienten Kurve an eine Horizontale angezeigt. Dieser Zustand bedeutet, daß die Faltung in Gl. 8 nicht mehr zum "Kraftgedächtnis" beiträgt und verschwindet ($(d\Phi/ds)\rightarrow 0$), weil die erzeugten Wirbel zu weit vom Profil entfernt oder bereits dissipiert sind. Stationarität wird in praktisch allen Fällen $s=s_{qs}<10$ erreicht, der Index

($_{qs}$) steht für quasi-stationär. Die Gleichwerte für die aus einer vertikalen Biegeschwingung erzeugten Kraftkomponenten verschwinden ebenfalls. Die Sprungantwortfunktionen des Torsionsmomentes aufgrund der Biegeschwingung $\Phi_{M_Y V_Z}$ zeigen in turbulenzarmer und turbulenter Strömung ein überschießendes Verhalten. Dies ist das typische Verhalten eines zur Instabilität neigenden Tiefpaßfilters.

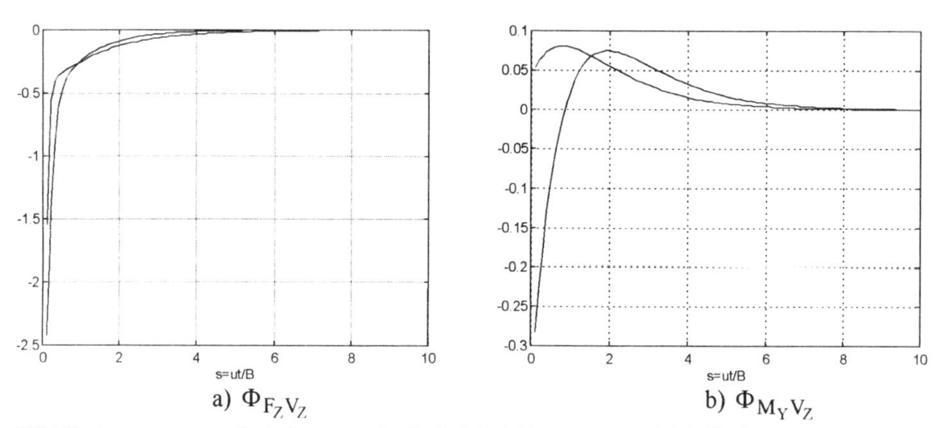

a) $\Phi_{F_Z V_Z}$ b) $\Phi_{M_Y V_Z}$

Bild 5: Sprungantwortfunktionen nach Gl. 8, Modellparameter s. Tabelle 2

$\Phi_{FZ,VZ}$	c_1	c_2	C_3	d_3	c_4	d_4	$\Delta c_L/\Delta\psi$
Niedrigturb. 1%	0	0,116	-8,060	19,938	-0,471	0,663	4,68
Isotrop turbulent	0	0,321	-3,918	7,394	-0,616	0,979	4,17
$\Phi_{MY,VZ}$	r_1	r_2	R_3	s_3	r_4	s_4	$\Delta c_M/\Delta\psi$
Niedrigturb. 1%	0	0,913	-5,214	0,964	4,862	0,882	1,04
Isotrop turbulent	0	0,930	-5,614	0,952	5,658	0,924	0,911

Tabelle 2: Identifizierte Parameter der normalisierten Sprungantwortfunktionen der Biegeschwingung in niedriger (I_u<1%) und annähernd isotroper (I_u=11,3%, I_w=9,3%) Turbulenz

4.2 KOMPRESSIBILITÄTSEFFEKTE

Ausdrücklich klammert Wagner in seiner Arbeit (1925) den Anfangswert der Indizialfunktion zum Zeitpunkt des Sprungs des Anstellwinkels aus. Dieser müßte aufgrund der angenommenen Reibungsfreiheit und Inkompressibilität des Fluids den Wert $-\infty$ annehmen. Die äquivalenten Größen des Frequenzbereichs sind der Grenzwert $\lim f\to\infty$ der Übertragungsfunktion G_{FV}. Potentialtheoretische Überlegungen führen für die Kraftantworten während eines Sprungs einer Verformungsgröße zu den Gleichungen 12.

$$\lim_{K\to\infty}\left\{G_{F_Z V_Z}(iK)\right\} = \lim_{K\to\infty}\left\{q\frac{\pi}{2}\left[K^2 + 4K\cdot C_I(K/2) - i2\pi K\cdot C_R(K/2)\right]\right\} = \infty \qquad (12a)$$

$$\lim_{K \to \infty}\left\{G_{M_Y V_Z}(iK)\right\} = \lim_{K \to \infty}\left\{qB\frac{\pi}{2}\cdot\left[-\frac{K\cdot C_I(K/2)}{2} - i\cdot\frac{K\cdot C_R(K/2)}{2}\right]\right\} = -i\cdot\infty \tag{12b}$$

Als eine weitere Konsequenz der angenommenen Fluideigenschaften muß der Anfangswert in unendlich kurzer Zeit auf den Wert 0,5 der zirkulativen Komponente der Auftriebskraft in der Wagner-Funktion abklingen (unendlich hohe Geschwindigkeit der Druckausbreitung), welches von Wagner als Anfangswert des zirkulativen Teils der Sprungantwortfunktion hergeleitet wird.
Die durchgeführten, hochgenauen Messungen in der realen Strömung ergeben, wie erwartet, einen endlichen Anfangswert, welcher aus Trägheitsbeiträgen der angeschlossenen Luftmassen und akustischen Störungen besteht. Dieses in der Potentialtheorie nicht enthaltene, meßbare Phänomen kann als Energiegehalt eines akustischen Wellensystems quantifiziert werden, welches durch die Sprung der Bewegungsgröße erzeugt wird. Leishman verwendet in einer Arbeit von 1988 für die Beschreibung des Abklingverhaltens der Wellenenergie einen einfachen Exponentialterm, dessen Amplitude und Abklingkonstante Funktionen der Machzahl sind. Ein Modell für die Impulsivkraft aufgrund einer gleichverteilten Quergeschwindigkeit senkrecht zur Sekante eines Tragflügels ist nach Leishman in Gl. 13 angegeben.

$$\Phi^{imp}(M,s) = \left[\frac{dc_L}{d\psi}\bigg|_{\psi_0}\right]^{-1}\frac{4}{M}\,e^{-\frac{s}{T'(M)}}, \quad T'(M) = \frac{2M}{(1-M)+\pi\beta^{(\gamma-1)}M^2 \sum\limits_{i=3,N} a_i b_i}, \tag{13a,b}$$

g ist ein freier Parameter zwishen 0,7 und 1 und wird hier zu 1 gesetzt. Werden a_i, b_i mit den identifizierten Modellparameter nach Gl. 6 gleichgesetzt, entsteht ein empirisches Modell der impulsiven Kraft. Ein Vergleich dieser Annahme für den impulsiven Anteil $\Phi^{imp}_{F_Z V_Z}$ der Sprungantwortfunktion $\Phi_{F_Z V_Z}$ im Bereich s<0.2 und der Angaben von Leishman für einen Tragflügel ist in Bild 6 gezeigt. Das Abklingverhalten von $\Phi^{imp}_{F_Z V_Z}$ wird gut getroffen. Die von Leishman gefundene Größe der Anfangswerte wird in den eigenen Versuchsergebnissen nicht bestätigt.

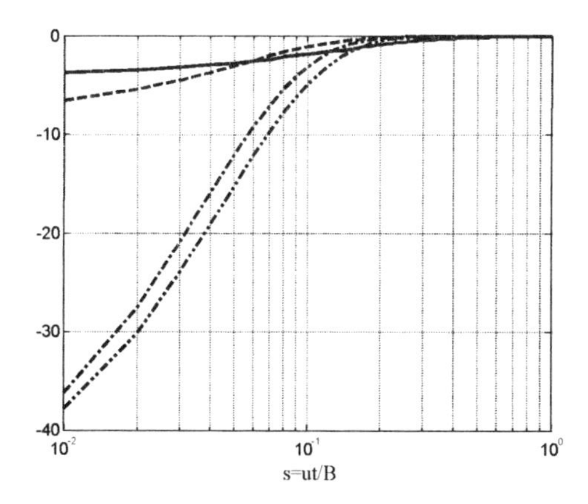

Bild 6: Impulsiver Anteil der Sprungantwortfunktion;
identifiziert in niedriger Turbulenz (– –), isotroper Turbulenz (——) und nach Leishman (1981) in niedriger Turbulenz (– · · –)

5. Verwendung für Instabilitätsbetrachtungen und Zeitbereichsberechnungen

Brückenflattern, bei strömungsgünstigen Querschnitten vornehmlich als Torsionsflattern auftretend, wird oftmals durch eine negative aerodynamische Dämpfung angeregt. Ein seltener auftretender Fall ist die Anregung divergenter Schwingungen durch die phasengleiche aerodynamische Steifigkeit. Es ist in beiden Fällen möglich, die niedrigste kritische Geschwindigkeit des schwingenden Überbaus rechnerisch durch eine mode-weise Untersuchung zu finden. Die Eigenformanalyse muß dazu ohne aeroelastische Beiträge durchgeführt werden. Dann läßt sich die Dämpfungskomponente der Bewegungsdifferentialgleichung (BDG) in Verbindung mit den Gleichungen 11 nach der kritischen Geschwindigkeit auflösen.
Es hat sich vielfach gezeigt, daß Turbulenz zu einer Kopplung von mehreren Schwingungsformen führen kann. Dadurch können sich, wie im klassische Fall des Biegetorsionsflatterns, Instabilitätsfälle einstellen. Die Kopplung über Turbulenz kann allerdings auch zu einem Transport von niedrigfrequenter Schwingungsenergie in höherfrequente Moden führen, was die kritische Geschwindigkeit erhöht. Wichtige Einflußparameter sind dabei der Turbulenzgrad, die absolute Lage der Eigenfrequenzen zur spektralen Windenergie, sowie der Abstand der Eigenfrequenzen.
Das multimodale Flatterproblem ist Gegenstand aktueller Forschung. Eine Lösungsmethode ist die direkte Stabilitätsuntersuchung des aeroelastischen Gesamtsystems, d.h. unter Umordnung der bewegungsinduzierten Kräfte (Gln. 11) auf die linke Seite des BDG-Systems, wie es Starossek (1992) vorschlägt. Dies allerdings kann im Praxisfall zu nichtsymmetrischen Stabilitätsmatrizen und großen numerischen Schwierigkeiten führen. Als Alternative suchen Borri, Höffer und Zahlten die niedrigste kritische Geschwindigkeit im Zeitbereich anhand der Beobachtung der rechnerischen Tragwerksantwort bezüglich einer Divergenz. Diese Vorgehensweise leistet es, alle modellierbaren Tragwerksnichtlinearitäten und gemessenen Eigenschaften der Windlastfunktionen mit einzuschließen.
Eine Zeitbereichsberechnung ermöglicht die Berücksichtigung der Rückstellkräfte der Baustruktur in vollem, insbesondere nichtlinearem Detail. Wohldefinierte Materialgesetze stehen z.B. in Finite-Elemente-Formulierung zur Verfügung (Krätzig & Niemann, 1996). Diese Berechnungsmethode zielt auf die Aktivierung inhärenter Traglastreserven ab. Die Direkte Integration der stochastischen Windantwort von Bauwerken arbeitet in vier Schritten (z.B. Borri, Höffer & Zahlten, 1995):

1. Numerische Erzeugung eines räumlich und zeitlich korrelierten Windfeldes in Form von Zeitschrieben der Längs- und Vertikalkomponenten u+u'(t) und w'(t)
2. Windkraftmodell zur Übertragung der turbulenten Umströmung des Brückenquerschnitts auf die Bökräfte und Ermittlung von Wechselwirkungskräften zu den Bewegungen des Überbaus (z.B. vertikale Biegeschwingung, Torsionsverdrehung)
3. Finite-Elemente-Modell der Brücke mit den geometrischen und ausgesuchten physikalischen Nichtlinearitäten des Strukturverhaltens
4. Rückkopplung eines Teils der errechneten Zeitschrittantwort mit dem Einwirkungsprozeß

Für die Generierung der Windgeschwindigkeitsschriebe werden numerische Methoden, wie die diskreten, mehrdimensionalen, rekursiven Algorithmen (AR, ARMA, ARMAX) oder kontinuierliche Überlagerungen allgemeiner, parametrischer Funktionen verwendet, die auch die kreuzkorrelierte Vertikalkomponente des Windes berücksichtigt (Facchini & Höffer 1995). Für die Anwendung der Methode für die Bauwerksauslegung und statische Nachweise liegen Erfahrungsberichte vor (z.B. Kovacs & Andrä 1994). Der dritte Schritt wird von Zahlten (1997) ausführlich beschrieben und ist Gegenstand weiterführender Entwicklungsarbeit. Die Schritte zwei und vier werden in der vorliegenden Arbeit behandelt.

6. Schlußfolgerungen

Es werden instationäre, kontinuierliche Modelle für aeroelastische Wechselwirkungskräfte auf Brückendecks hergeleitet und erläutert. Sie dienen einer möglichst realistischen Lastermittlung zur Tragwerksberechnung und zur Instabilitätsbetrachtung im Zeit- und Frequenzbereich. Folgende Aussagen lassen sich treffen.

1. Die Tragflügeltheorie mit ihren modernsten Weiterentwicklungen bietet einen sehr nützlichen Rahmen zum Aufbau von aeroelastischen Kraftmodellen für die Berechnung weitgespannter, strömungsoptimierter Brücken.
2. Die in der Praxis auszuführende Form des Brückendecks und die mechanischen Eigenschaften der Aufhängung machen i.d.R. Versuche zur Kalibrierung des Kraftmodells notwendig. Diese lassen sich zumeist auf die Untersuchung an Abschnittsmodellen beschränken. Dreidimensionale Einflüsse werden dann rechnerisch behandelt.
3. Die Turbulenzeffekte können in weitem Maße einbezogen werden. Es zeigt sich, daß kleinskalige Turbulenz die instationären Beiwerte nur geringfügig verändert. Die Modellstruktur ist zur Behandlung von breitbandigen Schwingungen, wie sie aus großskaliger Windturbulenz entstehen, erweitert worden.
4. Kraftmodelle werden in mathematisch äquivalenter Darstellung im Zeit- und Frequenzbereich angegeben, damit von den Genauigkeitsvorteilen einer Zeitbereichsberechnung profitiert werden kann. Neuartige Meßverfahren, wie das vorgestellte, sichern zusätzlich die Vollständigkeit der Windlastannahmen.
5. Die Modelle eignen sich zur Anwendung in Finite-Elemente-Berechnungen. Die Kontinuität der Windkraftfunktionen erlaubt eine willkürliche Zeitdiskretisierung. Anfangs- und Funktionswerte sind im gesamten, praktisch relevanten Wertebereich wohldefiniert.
6. Es bestehen bereits genügende Erfahrungen in der Anwendung von aeroelastischen Windlastfunktionen in der gewählten Schreibweise.

7. Danksagung

Für die Unterstützung durch das europäische Forschungsprogramm European BEATRICE Network Project / Euroconferences (CHRX-CT-0077/92 and CHEC-CT-0183/93), gewährt durch die Forschungseinrichtungen DMI in Lyngby/Kopenhagen und CRIACIV in Rom und Florenz, dankt der Autor herzlich.

8. Literatur

Beddoes, T. S., Practical computation of unsteady lift, Proceedings of the 7th European Rotocraft Forum, Aux-en-Provence, France, Sept. (1982).

Borri, C., Höffer, R. & Zahlten, W. 1995. A non-linear approach for evaluating simultaneous buffeting and aeroelastic effects on bridge decks. In IAWE 1995, Proceedings of the Ninth International Conference on Wind Engineering, New Delhi / India, 9-13 January, Wiley Eastern Limited, New Delhi.

Bucher, C., Lin, Y.K., 1989. Effect of spanwise correlation of turbulence field on the motion stability of long-span bridges, J. of Fluids and Structures (1988), Vol. 2, pp. 437-451.

Facchini, L. & Höffer, R. 1995. Simulation of continuous cross-correlated wind velocity time histories. Paper presented at the BEATRICE EUROCONFERENCE 1995, 6.-9. Sept. 1995, Villa Vigoni, Loveno di Menaggio, Como, Italia.

Herlach, U. 1974. Experimentelle Bestimmung von instationären Strömungslasten an drehschwingenden Profilen allgemeiner, symmetrischer Form. Dissertation, ETH Zürich, Zürich.

Höffer, R. 1997. Stationäre und instationäre Modelle zur Zeitbereichssimulation von Windkräften an linienförmigen Bauwerke. Dissertation, Technisch-Wissenschaftliche Mitteilungen Nr. 97-2, Fakultät für Bauingenieurwesen der Ruhr-Universität Bochum, Bochum.
Jones, R.T. 1940. The unsteady lift on a wing with finite aspect ratio. NACA Report 681, U.S. Nat. Advisory Committee for Aeronautics, Langley, Va.
Krätzig, W., Niemann, H.-J., (eds.) 1995. Dynamics of Civil Engineering Structures, A.A.Balkema, Rotterdam.
Kovacs, I. & Andrä, H.-P. 1993. Traglastnachweis von Turmbauwerken unter dynamischer Windbelastung. Bautechnik 70 (1993), Verlag Ernst & Sohn.
Laneville, A., Gartshore, I.S., Parkinson, G.V., 1975, An explanation of some effects of turbulence on bluff bodies. In: Eaton, K.J. (ed.), Proc. 4th Int. Conference on Wind Effectson Buildings and Structures, Heathrow, Cambridge University Press, pp. 333.
Larsen, S., 1995. Ph.D. Thesis, Danish Technical University, Lyngby, Dänemark.
Leishman, J. G., Validation of approximate indicial aerodynamic functions for two-dimensional flow, Journal of Aircraft, Vol. 25, No. 12, pp. 914-922 (1988).
Lin, Y.K. & Li, Q.C. 1993. New stochastic theory for bridge stability in turbulent flow. J. Eng. Mechanics, ASCE, Vol. 119, No.1, January.
Li, Q.C. 1995, Measuring flutter derivatives for bridge sectional models in water channel. J. Eng. Mech., Vol. 121, No. 1, Jan.
Nakamura, Y., Ohya, Y., 1984. The effects of turbulence on the mean flow past two-dimensional rectangular cylinders. J. Fluid Mech., Vol. 149, pp. 255-273
Scanlan, R.H. 1993. Problematics in formulation of wind-force models for bridge decks. J. Eng. Mech., Vol. 119, No. 7, July.
Scanlan, R.H., Tomko, J.T. 1971.Airfoil and bridge deck flutter derivatives. J. Eng. Mech. Division, ASCE, Vol. 97, No. EM&, December.
Starossek, U., 1992. Flatternachweis von Brücken mittels Finiter Balkenelemente, Stahlbau 61 (1992), H. 7, S. 203-208.
Zahlten, W., 1997. Zur Zeitbereichsanalyse schlanker Strukturen unter stochastischer Winderregung, Habilitation, Technische Universität Aachen.

KAPITEL III:

Bauteilbelastung durch Wind

Last- und Strukturmodellierung bei Abspannseilen

Prof. Dr.-Ing. H.-J. Niemann
Aerodynamik im Bauwesen
Ruhr-Universität Bochum
Universitätsstraße 150
D-44789 Bochum

Dipl.-Ing. S. Hengst
Aerodynamik im Bauwesen
Ruhr-Universität Bochum
Universitätsstraße 150
D-44789 Bochum

ZUSAMMENFASSUNG. Das nichtlineare Tragverhalten abgespannter Masten läßt sich heute befriedigend nur im Zeitbereich untersuchen. Der Analyse der Abspannseile kommt hierbei eine besondere Bedeutung zu, da über sie alle horizontalen Lasten abgetragen werden. Spektrale Methoden versagen aufgrund des mittelnden Charakters der Fouriertransformation. Wie die Ergebnisse zeigen, ist eine Linearisierung auf einen Einmassenschwinger unzulässig. Untersucht wurden Abspannseile unter Windlast, wobei ein neues Verfahren zur Interploation entwickelt und den heute gebräuchlichen gegenüber gestellt wird. Die Empfehlungen zur Strukturgenerierung werden aus den Ergebnissen einer modalen Analyse abgeleitet.

1 Einleitung

Bei abgespannten Masten und insbesondere bei den Abspannseilen handelt es sich um nichtlineare Tragwerke. Die Nichtlinearität beruht auf mehreren Aspekten des Tragverhaltens: zum einen ist das dynamische Gleichgewicht unter Zugrundelegung der Systemeigenschaften der verformten Konfiguration zu bilden, da das Seil seine Steifigkeit aus der Vorspannung und der Krümmung gewinnnt (geometrische Steifigkeit). Eine linearisierte Berechnung um den Arbeitspunkt (Verschiebungszustand entsprechend der mittleren statischen Belastung) herum ist eine Näherung, deren Genauigkeit dann nicht ausreicht, wenn sich die Systemeigenschaften auch bei Verschiebungen aus der Lage der mittleren Last heraus noch stark ändern. Darüber hinaus ist bei dem maßgebenden Lastfall Wind mit Relativgeschwindigkeiten zwischen Tragwerk und strömendem Medium zu rechen.

Zur Auslegung des Gesamtsystems ist die Kenntnis des Seilverhaltens notwendig. Eine grundlegende Untersuchung muß im Zeitbereich mit den Methoden der finiten Elemente erfolgen. Ausgehend von einer linearen modalen Analyse kann eine im Hinblick auf auf die Rechenzeit und die erforderliche Genauigkeit der Ergebnisse optimale Elementteilung gefunden werden.

2 FE Modell

Die Seile werden durch eine hinreichend große Anzahl von Fachwerkstäben diskretisiert, die im Rahmen dieser Studie ermittelt wurde. In [6] schreibt Lazaridis, daß eine relativ kleine Anzahl von geraden Elementen ausreichend ist, um die geometrische Form adäquat zu beschreiben. Dies ist richtig, jedoch zu kurz gegriffen. Die Anzahl der Elemente muß so groß sein, daß die zu untersuchenden Phänomene mit hinreichender Genauigkeit durch das diskretisierte Modell erfaßt werden. Dies betrifft vor allem die höheren Eigenschwingungen der Seile, die durchaus noch angeregt werden können. Antimetrische Schwingformen lassen sich zum Beispiel nur sehr schlecht durch eine geringe gerade Anzahl von Elementen abbilden.

Höherwertige Elemente wie Seilelemente, die den Durchhang zwischen den Knotenpunkten berücksichtigen, ergeben bei der Untersuchung von zwangserregten Schwingungen keinen Nutzen. Der Vorteil des geringeren Diskretisierungsaufwandes (es werden weniger Elemente benötigt) gegenüber geraden Elementen wird durch die Einschränkung aufgehoben, daß die Knotendichte so hoch zu wählen ist, daß auch die Laststruktur zufriedenstellend abgebildet wird. Nach Guevara [4] ist es sogar unzulässig, spezielle Seilelemente zu verwenden bei Fragestellungen, bei denen die Trägheitskräfte einen entscheidenden Einfluß besitzen.

3 Windlasten

3.1 Einführung in die Beschreibung des Windklimas

Die Windgeschwindigkeiten werden üblicherweise in einem rechtsdrehenden, orthogonalen Koordinatensystem beschrieben. Die Achsbezeichnungen sind u, v, w, wobei u in Hauptwindrichtung und w nach oben zeigt. Die Windgeschwindigkeitskomponenten können entsprechend Gl. 1 zerlegt werden.

$$\begin{aligned} u(t) &= \bar{u} + u' \\ v(t) &= v' \\ w(t) &= w' \end{aligned} \tag{1}$$

Die Schwankungsanteile u', v', w' lassen sich im Zeitbereich durch ihre Auto- und Kreuzkovarianzen und im Frequenzbereich durch Auto- und Kreuzspektren beschreiben. Der dimensionsfreien Kreuzkorrelation ist im Frequenzraum die Kohärenz zugeordnet. Beide Größen beschreiben das Maß eines funktionalen Zusammenhangs zwischen zwei Zufallsprozessen.

Durch Vereinheitlichung von Naturmessungen sind auf der Grundlage der Grenzschichttheorie für alle statistischen Parameter des Windfeldes Vorschriften entwickelt worden. Gemäß dieser Vorgaben werden stochastische Zeitreihen generiert, die im Rahmen einer numerischen Simulation zur Lasterzeugung benötigt werden. Eine typische Eigenschaft der Kohärenzfunktion ist die Abnahme der Funktionswerte sowohl mit dem Abstand der beiden betrachteten Punkte als auch mit der Frequenz. Dies bedeutet, daß zu niedrigen Frequenzen große und zu hohen Frequenzen kleine Böen zugeordnet sind. Unter einer Böe versteht man ein Strömungsgebiet, in dem die Geschwindigkeitsschwankungen stark korreliert sind, das heißt der Korrelationskoeffizient $\rho \approx 1$ ist.

3.2 Stochastische Windgenerierung

Allgemein werden zur Generierung von stochastischen Zeitreihen zur Zeit unterschiedliche numerische Verfahren angewendet. Im Windingenieurwesen wurden 1971 von Shinozuka

[10] die ersten Versuche mit der Überlagerung von Wellen gleicher Amplitude durchgeführt. Gebräuchlich sind heute Verfahren, die auf digitalen Filtern beruhen. Die neuste Forschung geht in die Richtung von digitalen Filtern, die auf einer multiscalen Zerlegung des Windspektrums beruhen. Die Rekonstruktion des Prozesses erfolgt mit Wavelets.

Im Rahmen dieser Arbeit wurden digitale Filter vom Typ AR und MA verwendet.

3.3 Generierungsgitter

Das zu untersuchende Tragwerk hat in der Regel mehr Knoten, in denen Lasten abgesetzt werden müssen, als Lastzeitreihen generiert werden können. Deshalb werden heutzutage die Windzeitreihen an bestimmten FE-Tragwerksknoten generiert [1], [9] und die Belastung an den übrigen wird durch verschiedene Interpolationsverfahren ermittelt. Im Rahmen dieser Arbeit wird ein neuer Weg beschritten, indem die stochastischen Zeitreihen in einem von der FE-Struktur unabhängigen Gitter erzeugt werden. Dies hat den Vorteil, daß Änderungen in der Geometrie oder Drehungen der Windrichtung nicht eine neue Generierung bedingen. Ein Satz von erzeugten Zeitreihen kann für eine Vielzahl von Tragwerken und für jede beliebige Anströmrichtung durch Drehung des globalen FE-Koordinatensystems verwendet werden.

3.4 Interpolationsmodelle

3.4.1 Statistik der Interpolation

Ein Verfahren zur Interpolation ist nur dann zulässig, wenn die Eigenschaften des entstandenen Prozesses den Vorgaben entsprechen. Zur Verifizierung der gebräulichen Verfahren sollen die statistischen Eigenschaften eines durch Interpolation erzeugten Prozesses untersucht werden. Zu ermitteln sei ein Prozesse 5, der aus 4 benachbarten bekannten Zeitreihen $1, 2, 3, 4$ durch lineare Interpolation gebildet werden soll. In GL. 2 sind a, b, c, d die linearen Interpolationskoeffizienten, die aufgrund der Entfernung zum Eckpunkt festlegen, wie groß der Anteil der betreffenden Zeitreihe an dem zu interpolierenden Prozess ist.

$$x_5 = ax_1 + bx_2 + cx_3 + dx_4 \tag{2}$$

$$\begin{aligned} x_5^2 &= (ax_1 + bx_2 + cx_3 + dx_4)^2 \\ &= a^2x_1^2 + abx_1x_2 + acx_1x_3 + adx_1x_4 \\ &\quad +abx_1x_2 + b^2x_2^2 + bcx_2x_3 + bdx_2x_4 \\ &\quad +acx_1x_3 + bcx_2x_3 + c^2x_2^2 + cdx_3x_4 \\ &\quad +adx_1x_4 + bdx_2x_4 + cdx_3x_4 + d^2x_4^2 \end{aligned} \tag{3}$$

$$\begin{aligned} R_{x_5x_5} &= a^2R_{x_1x_1} + b^2R_{x_2x_2} + c^2R_{x_3x_3} + d^2R_{x_4x_4} \\ &\quad +2abR_{x_1x_2} + 2acR_{x_1x_3} + 2adR_{x_1x_4} \\ &\quad +2bcR_{x_2x_3} + 2bdR_{x_2x_4} \\ &\quad +2cdR_{x_3x_4} \end{aligned} \tag{4}$$

Durch quadrieren der Interpolationsvorschrift Gl. 2 ergibt sich Gl. 3. Durch Bildung des Mittelwertes über die Zeit folgt mit GL. 4 ein Schätzwert für die Varianz des erzeugten Prozesses.

3.4.2 Blockweise konstante Belastung

Eine Form der Interpolation, wie sie von [1] verwendet wird, ist die einheitliche Belastung aller FE-Knoten in der Umgebung des Generierungsknotens mit dem generierten Zeitschrieb. Dies hat zur Folge, daß die wirkliche räumliche Struktur der Windturbulenz teilweise zerstört wird, da das Modell unterstellt, daß sich hoch- und tieffrequente Anteile auf das gleiche Gebiet erstrecken. Somit entfalten hochfrequente lokale Windgeschwindigkeitsschwankungen in diesem Modell die gleiche Wirkung wie großräumige Böen. Die Varianz der interpolierten Prozesse entspricht jedoch exakt den Zielvorgaben, da jeweils nur eine Zeitreihe verwendet wird. In den Gl. 2 - 4 ist $a = 1$ und es gilt $b = c = d = 0$.

3.4.3 Lineare Interpolation

Bei Verwendung der linearen Interpolation wird die räumliche Struktur der Turbulenz den Vorgaben entsprechend exakt widergegeben. Die Varianz jedoch nimmt in dem Maß ab, in dem die Interpolationseckpunkte nicht vollständig zueinander korreliert sind. Deutlich wird dies, wenn Gl. 4 unter der Annahme vereinfacht wird, daß die Varianz aller Generierungsprozesse und die Korrelation untereinander gleich sind. Es ergibt sich dann Gl. 5.

$$R_{x_5x_5} = \frac{1}{4}R_{x_ix_i} + \frac{3}{4}R_{x_ix_j}, i \neq j \tag{5}$$

Sind im Extremfall die Prozesse $1,2,3,4$ vollständig unkorreliert zueinander, $R_{x_ix_j} = 0, i \neq j$ und gilt $a = b = c = d = 0.25$, so fällt die Varianz auf 25% des Vorgabewertes ab. Eine lineare Interpolation ist somit gleichbedeutend mit der Dämpfung der interpolierten Prozesse und einer drastischen Reduktion der Turbulenz. Je weniger Zeitreihen generiert werden, desto größer ist der Abstand zwischen den Generierungsknoten und desto geringer ist die Korrelation. Dieser Effekt verstärkt sich noch, wenn die 4 benachbarten Knoten nicht in einer Ebene parallel zur Windrichtung liegen.

3.4.4 Verfeinerte lineare Interpolation

Den beiden vorgestellten Verfahren wird ein neues entgegengesetzt, daß sowohl die räumliche Struktur als auch die Varianz den Vorgaben entsprechend abbildet, ohne den Generierungsaufwand merklich zu erhöhen. Die Gl. 2 wird um 3 zusätzliche Summanden erweitert, so daß sich Gl. 6 ergibt. Die Ergänzungen werden Füllzeitreihen genannt, da sie dazu dienen, den Verlust an Varianz auszugleichen. Die statistische Besonderheit ist, daß die Füllreihen untereinander und zu allen anderen Zeitreihen vollständig unkorreliert sind.

$$\begin{aligned}
x_5 &= ax_1 + bx_2 + cx_3 + dx_4 + fy_1 + gy_2 + hy_3 \qquad (6)\\
x_5^2 &= (ax_1 + bx_2 + cx_3 + dx_4 + fy_1 + gy_2 + hy_3)^2\\
&= a^2x_1^2 + abx_1x_2 + acx_1x_3 + adx_1x_4 + afx_1y_1 + agx_1y_2 + ahx_1y_3\\
&\quad +abx_1x_2 + b^2x_2^2 + bcx_2x_3 + bdx_2x_4 + bfx_2y_1 + bgx_2y_2 + bhx_2y_3\\
&\quad +acx_1x_3 + bcx_2x_3 + c^2x_2^2 + cdx_3x_4 + cfx_3y_1 + cgx_3y_2 + chx_3y_3\\
&\quad +adx_1x_4 + bdx_2x_4 + cdx_3x_4 + d^2x_4^2 + dfx_4y_1 + dgx_4y_2 + dhx_4y_3\\
&\quad +afx_1y_1 + bfx_2y_1 + cfx_3y_1 + dfx_4y_1 + f^2y_1^2 + fgy_1y_2 + fhy_1y_3
\end{aligned}$$

$$
\begin{aligned}
& +agx_1y_2 + bgx_2y_2 + cgx_3y_2 + dgx_4y_2 + fgy_1y_2 + g^2y_2^2 + ghy_2y_3 \\
& +ahx_1y_3 + bhx_2y_3 + chx_3y_3 + dhx_4y_3 + fhy_1y_3 + ghy_2y_3 + h^2y_3^2
\end{aligned}
$$

$$
\begin{aligned}
R_{x_5x_5} = \; & a^2R_{x_1x_1} + b^2R_{x_2x_2} + c^2R_{x_3x_3} + d^2R_{x_4x_4} \\
& +2abR_{x_1x_2} + 2acR_{x_1x_3} + 2adR_{x_1x_4} \\
& +2bcR_{x_2x_3} + 2bdR_{x_2x_4} \\
& +2cdR_{x_3x_4} \\
& +f^2R_{y_1y_1} + g^2R_{y_2y_2} + h^2R_{y_3y_3}
\end{aligned} \tag{7}
$$

In Gl. 7 sind alle Koppelglieder zwischen den Füllzeitreihen ($R_{y_iy_j}, j \neq j$) und zwischen den Füllzeitreihen und den Reihen der Generierungspunkte ($R_{x_iy_j}$) entfallen, da per Definition diese Korrelationen identisch Null sind. Gl. 7 läßt sich in den Frequenzraum übertragen. Unter der Vorraussetzung gleicher Spektren an allen fünf Raumpunkten ergibt sich Gl. 8.

$$
\begin{aligned}
1 = \; & a^2 + b^2 + c^2 + d^2 \\
& +2abCOH_{x_1x_2} + 2acCOH_{x_1x_3} + 2adCOH_{x_1x_4} \\
& +2bcCOH_{x_2x_3} + 2bdCOH_{x_2x_4} \\
& +2cdCOH_{x_3x_4} \\
& +f^2 + g^2 + h^2
\end{aligned} \tag{8}
$$

Gl. 8 ist nur gültig, wenn z. B. die folgenden Gleichungen erfüllt sind.

$$
\begin{aligned}
f^2 &= (2ab + 2cd)\,(COH_{x_1x_2}(f = 0) - COH_{x_1x_2}) \\
g^2 &= (2ad + 2bc)\,(COH_{x_1x_4}(f = 0) - COH_{x_1x_4}) \\
h^2 &= (2ac + 2bd)\,(COH_{x_1x_3}(f = 0) - COH_{x_1x_3})
\end{aligned} \tag{9}
$$

Darin ist $COH_{x_ix_j}$ die Kohärenzfunktion zwischen den Zeitreihen der Windgeschwindigkeit in x-Richtung an den Punkten i und j. Dem Faktor f sind die horizontalen, dem Faktor g die vertiaklen und dem Faktor h die diagonalen Kohärenzauffüllungen zugeordnet. Wird ein Generierungsgitter verwendet, so faßt man alle FE-Knoten, deren Höhenordinaten zwischen den gleichen Höhenordinaten der Generierungspunkte liegen, in einer Höhenklasse zusammen. Pro Höhenschicht sind drei Zeitreihen zu generieren, deren Spektren mit den in Gl. 9 angegebenen Kohärenzdifferenzen normiert sind. Im Zeitbereich sind sie mit den entsprechenden Linearkombinationen (die Faktoren vor den Kohärenzen in der Gl. 9) der linearen Interpolationenskoeffizienten a, b, c, d zu skalieren.

Die Genauigkeit des Verfahrens hängt entscheidend davon ab, wie zutreffend die Annahme ist, daß sich die spektralen Eigenschaften innerhalb einer Höhenklasse nicht ändern. Aufgrund dieser Einschränkung wird ein nicht höhenäquidistantes Gitter verwendet. D. h. die unteren Höhenschichten werden, da hier eine starke Änderung der Turbulenzstruktur vorliegt, feiner geteilt. Das Δh jeder Höhenschicht nimmt von unten nach oben zu. Vergleiche mit einem gleichmäßig geteilten Gitter haben ergeben, daß sich sonst eine mittlere Unterschätzung der Verschiebungen in einer Größenordnung von 7.5% ergibt.

3.5 Wertung des verfeinerten Verfahrens

Abschließend wird in Abb. 1 und in Abb. 2 die qualitative und quantitaive Leistungsfähigkeit des hier vorgestellten Verfahrens dargestellt. Die frequenzabhängige Abnahme der

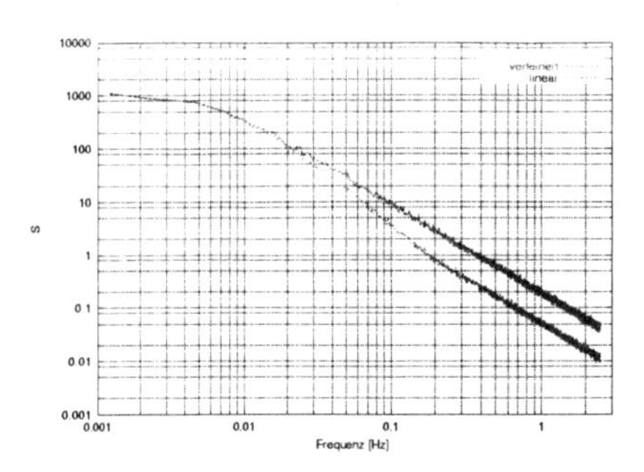

Abbildung 1: Spektren der Interpolationsverfahren

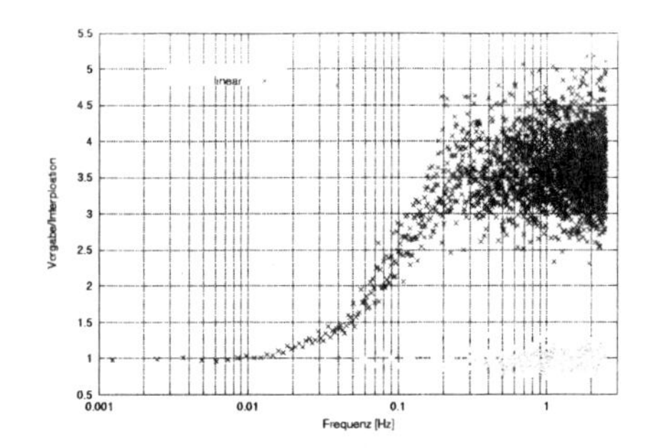

Abbildung 2: Verhältnis von Vorgabe zu Interpolationsergebnis

Spektralordinate, in Abb. 1 dargetsellt, wird exakt ausgeglichen. Zugrunde liegt dem Beispiel ein Generierungsgitter von $30\,m$ auf $30\,m$, wobei die Zeitreihe in der Mitte zu interpolieren ist. Das Ausmaß des Verlustes an turbulenter Energie ist der Abb. 2 zu entnehmen. Im hochfrequenten Bereich nimmt der Energiegehalt auf ein Viertel ab. Da das verfeinerte Verfahren das Windklima richtig beschreibt, wird es im weiteren Verlauf als Vergleichsmaßstab für die anderen Methoden herangezogen.

4 Parameteruntersuchung zur Last- und Strukturgenerierung

4.1 Paramterfeld

Zur Analyse der Seilschwingungen wurden die Längen, Höhen, Neigungen und Querschnittswerte anhand der Vorgabe eines Prototyps eines abgespannten Mastes aus einer Serie von 12 Bauwerken des dänischen Fernsehens [11] festgelegt. Untersucht werden das oberste sowie das unterste Abspannseil. Jedes wird in einer Konfiguration mit großem $d = \frac{s}{40}$ und kleinem Durchhang $d = \frac{s}{120}$ analysiert. Dadurch wird das gleiche Parameterfeld wie in [8] abgedeckt und es sind alle baupraktisch üblichen Fälle erfaßt.

4.2 Strukturgenerierung

Optimierungsziel in der Strukturgenegierung ist die Rechenzeit. Der Speicherbedarf ist bei den hier untersuchten dynamisch nichtlinearen Problemen aufgrund der vergleichsweise groben Diskretisierung nicht limitierend.

Für die Diskretisierung werden folgende Variationen vorgenommen.

1. Variation der Elementlänge bei gleichmäßiger Teilung.
2. Variation der Elementlänge bei gleichmäßiger Höhendifferenz zwischen den Knoten.
3. Variation der Elementlänge bei exponentiell wachsender Elementlänge.

4. Variation der Elementlänge bei exponentiell wachsender Höhendifferenz zwischen den Knoten.

Die Elementteilung entsprechend dem Höhenunterschied, den das Element überwindet, verfolgt das Ziel einer Anpassung an die sich über die Höhe ändernde Windcharakteristik. Darüber hinaus wurden unter den gleichen Gesichtspunkten nicht gleichmäßige Elementteilungen erprobt.

Die Beurteilung Qualität der Strukturgenerierung wird anhand an der Abweichung der Eigenfrequenzen von denen, die für ein Benchmark-Seil mit 50 Elementen gefunden werden, vorgenommen. Des weiteren wird die exakte Abbildung der Modalformen als Gütemaßstab herangezogen Analysiert werden alle Seile im Arbeitspunkt, daß heißt im verformten Zustand bei Belastung mit der mittleren Windlast. Alle möglichen Anströmrichtungen werden durch Drehung der Seile um 180° in einem Raster von 1° Schritten untersucht.

Zwei grundlegende Aussagen lassen sich aufgrund der Ergebnisse ableiten:

1. Die Elementteilung muß auf gleichlangen Elementen beruhen, da sonst die Modalformen, die überwiegend Symmetrieeigenschaften aufweisen nicht, exakt wiedergegeben werden können.

2. Eine Teilung mit 8 Elementen reicht in allen Fällen aus, um den Fehler über alle Windrichtungen im Mittel für die ersten 5 Frequenzen unter 6% zu halten. Maximale Abweichungen für bestimmte Anströmrichtungen können geringfügig größer sein. In [4] wird eine maximale Abweichung von 11% gegenüber der exakten Lösung zugelassen.

Die Frequenzen nehmen kontinuierlich zu bei einer Drehung der Windrichtung von Anströmung gegen den Durchhang (0° Anströmrichtung) zum Lastfall Nackenseil (180° Anströmrichtung), siehe Abb. 3. Entsprechend kommt es auch zu einer Veränderung der Modalformen. Auffällig ist, daß für weiche Seile ein Wechsel in den Modalformen bei Drehung der Windrichtung auftritt. Entspricht bei 0° Anströmrichtung (gegen den Durchhang) die erste Mode noch einer Kurve mit einem Maximum, so ergibt sich beim Lastfall Nackenseil (180° Anströmrichtung) eine Form mit zwei Maxima, was der zweiten Modalform eines beidseitig gestützten Balkens entspricht. Siehe dazu Abb. 4.

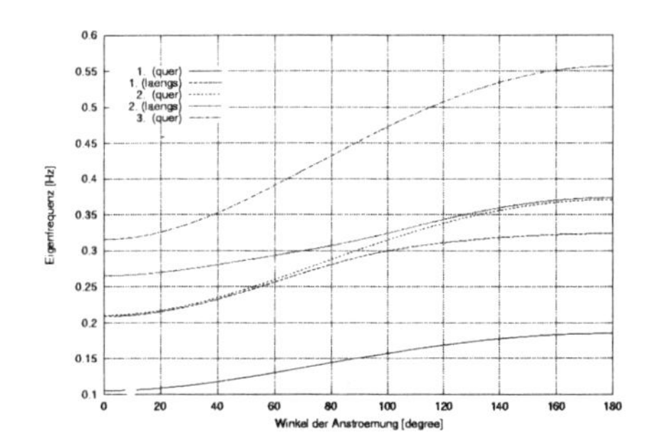

Abbildung 3: Eigenfrequenzen

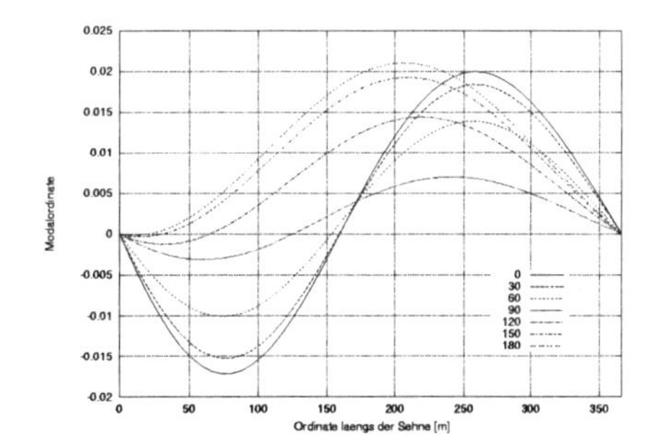

Abbildung 4: Modalformen

Bei der Wahl der Elementanzahl ist neben der Abbildung der Frequenzen darauf zu achten, daß die Windcharakteristik richtig widergegeben werden kann. In jeder Höhenklasse des Generierungsgitters sollte daher ein FE-Knoten liegen.

4.3 Einfluß der Lastgenerierung auf die Verschiebungsantworten

4.3.1 Verfahren zum Vergleich der Generierungmethoden

Als Untersuchungsmethode wird im Rahmen dieser Analyse eine nichtlineare Zeitbereichsintergration mit dem Newmark-Operator verwendet. Es wird ein numerisch leicht dämpfender Algorithmus gewählt, der die mechanische Dämpfung simuliert. Die Parameter des Verfahrens werden so gewählt, daß das Integrationsschema unbedingt stabil ist, wie in [2] für nichtlineare Probleme empfohlen. Die Zeitschrittweite beträgt konstant $\Delta t = 0.1s$. Als Konvergenzkriterium dient der Vergleich der SSRS (square root sum of the squares) der aufgebrachten Kräfte mit den Ungleichgewichtskräften. Bei einem akzeptierten Fehler von 1% konvergiert die Lösung im Mittel nach zwei Iterationsschritten.

4.3.2 Besonderheiten im Rahmen dieser Arbeit

Die drei in Kap. 3.4 vorgestellten Interpolationsschemata werden einander gegenübergestellt und auf Basis der Verschiebungsantworten und der Seildehnungen miteinander verglichen. In den Abb. 5 und 6 (siehe Kap. 4.3.3) sind für die Anströmrichtung 90° bei allen kurzen Seilen keine Ergebnisse für die Interpolationsverfahren linear und blockweise konstant vorhanden, da kein Knoten des Generierungsgitter nahe genug lag. Eine Berechnung nach der neuen Methode ist jedoch möglich, da es nicht erforderlich ist, daß ein Generierungsknoten mit einem FE-Knoten zusammenfällt. Dies weist auf die Überlegenheit der neuen Methode hin, die unabhängig von der Tragstruktur für jeden beliebigen Tragwerkspunkt eine Last mit genau den angestrebten Eigenschaften zur Verfügung stellt.

In allen vergleichenden Rechnungen wurden die selben Struktureigenschaften und Lastzeitreihen verwendet. Untersucht wurde ein 10-minütiges Sturmereignis. Startpunkt der dynamischen Berechnung ist jeweils die statische Ruhelage die zum ersten Lastschritt gehört. Durch den Start aus einer Ruhelage heraus ergibt sich ein geringer Anfangsfehler, der aber nach endlicher Zeit abgeklungen ist. Die Eigenschaften der Schwingungen sind aufgrund der gleichen Randbedingungen untereinander vergleichbar, jedoch nicht verallgemeinerbar. Die Ergebnisse, die an einem Sturmereigniss gefunden wurden, dürfen nicht in einer Bemessung verwendet werden, da noch keine Aussagen darüber vorliegen, wie stark die statistischen Eigenschaften streuen. Tests bei kontinuierlicher Drehung der Windrichtung in 10° Schritten zeigen, daß die Ergebnisse wahrscheinlich wenig streuen. Die Mittelwerte und Standardabweichungen aller Antwortgrößen lassen sich bei Auftragung über den Anströmwinkel durch eine glatte Kurve verbinden. Deshalb können die gefundenen Ergebnisse als durchaus charakteristisch für den untersuchten Fall gelten.

4.3.3 Verschiebungsantworten

Die beiden Verschiebungen in den horizontalen Raumrichtungen werden, bei Anwendung des reinen linearen Interpolationsverfahrens, meistens unterschätzt (siehe Abb. 5).

Dieser Fehler liegt im Mittel bei 20%. Die blockweise konstante Belastungsart führt zu Überschätzungen der Amplituden der Schwingungsantwort. Der Grund liegt in der zu starken Wirkung von tatsächlich räumlich stark begrenzten hochfrequenten Geschwindigkeitsschwankungen.

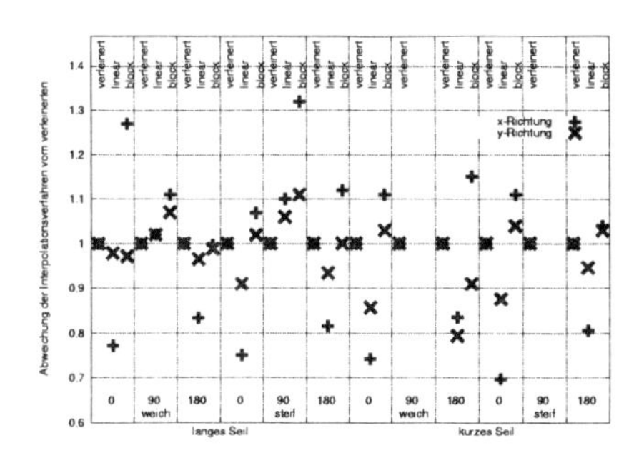

Abbildung 5: Standardabweichung der Verschiebungen

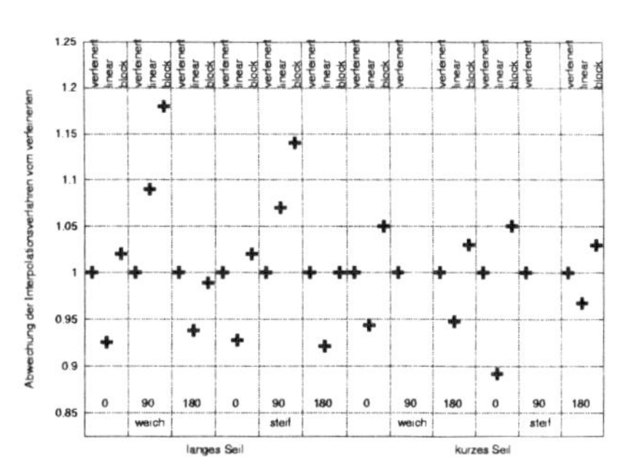

Abbildung 6: Standardabweichung der Dehnungen

4.3.4 Dehnungsantworten

Die in Kap 4.3.3 getroffenen Feststellungen werden durch die Standardabweichungen der Dehnungen, dargestellt in Abb. 6, bestätigt. Die Unterschätzung durch die reine lineare Interpolation beträgt durchschnittlich 7%. Einzig bei den langen Seilen und einer Anströmung quer zur Seilebene führen die beiden herkömmlichen Verfahren zu einer Überschätzung der Dehnungsschwankung. Dies läßt sich dadurch begründen, daß die Belastung in der weichen Richtung erfolgt. Quer zur Seilebene ist der Widerstand, den das Seil gegen den Wind setzen kann, gering, die resultierenden Amplituden sind groß bei einer gleichmäßigen und einheitlichen Belastung. Der Grund für die Unterschätzung in den übrigen Fällen liegt darin, daß bei Belastung in der steifen Belastungebene, der Seilebene, eine turbulente Last zu großen Amplituden führt.

Dadurch wird deutlich, daß durch die herkömmlichen Methoden weder eine immer konservative noch eine immer unterschätzende Lösung ermittelt wird. Je nach Belastungsrichtung und Durchhang ergeben sich unterschiedliche Auswirkungen auf das Tragverhalten. Da an einem abgespannten Mast alle möglichen Konstellationen gleichzeitig auftreten, führt auch die blockweise konstante Belastung nicht zu einem konservativen Gesamtergebnis.

5 Zur Frage der Linearisierung

5.1 Gebräuchliche Methoden, die auf Linearisierung beruhen

Beispielhaft sollen hier zwei Verfahren vorgestellt werden, die die Berechnung eines abgespannten Mastes auf der Grundlage der Linearisierung der Seile vornehmen.

1. Davenport [3] schlägt zur Ermittlung der bemessungsrelevanten Schnittgrößen die Methode der Zufallsschwingungstheorie vor. Bemessungswert ist der quasistatische Mittelwert vergrößert durch ein Vielfaches der Standardabweichung der Bemessungsgröße. Der Mittelwert der Antwortgröße wird durch eine statische Berechnung mit dem zeitlichen Mittel der Belastung bestimmt. Der Schwankungsanteil der Reaktionsgröße wird durch Faltung des Lastspekturms mit der mechanischen Übertragungsfunktion berechnet. Hierzu ist eine Reduzierung des Seils auf einen Ein-Massen-Schwinger erforderlich.

2. Die vierte Arbeitsgruppe der IASS [5] schlägt für dynamische Untersuchungen vor, die Seile durch Federn und Massen abzubilden. Auch hier wird davon ausgegangen, daß die Seile hinreichend genau im Arbeitspunkt linearisiert werden können.

5.2 Zulässigkeit der Linearisierung

Die Reduzierung eines kontinuierlichen Systems auf einen einzigen Ein-Massen-Schwinger ist nur dann zulässig, wenn das Tragwerk nur bei einer Frequenz resonant reagiert. In diesem speziellen Fall läßt sich ein Ersatzsystem mit einer Masse und einer Feder konstruieren. Wird jedoch das Lastangebot bei mehreren Frequenzen resonant überhöht, so ist eine Reduzierung nicht mehr zulässig.

Zu Prüfen ist demnach, ob ein Abspannseil signifikant in mehreren Moden reagiert. Permanent schwingt das Seil nicht in einer Form, die der Kombination von mehreren Moden entspricht, doch temporär ist dies durchaus der Fall. Die Erfahrung mit anderen Tragwerken (z.B. Kragsystemen) zeigt, daß gerade die Zustände, in denen auch höhere Eigenfrequenzen angeregt werden, zu den maximalen Reaktionen führen. Selbst bei dem stark mittelnden Verfahren der FFT ergeben sich für das Abspannseil deutliche Überhöhungen der zweiten und dritten Eigenfrequenz. Eine Reduzierung auf ein SDOF System ist somit unzulässig.

Neben der generellen Frage, ob die Abbildung von nur einer Eigenfrequenz ausreichend ist, existiert die Fragestellung, ob die Eigenfrequenz hinreichende Gültigkeit für alle auftretende Bewegungszustände hat. Hierzu ist eine Frequenzberechnung zu jedem Zeitpunkt notwendig. Deshalb wird zu jeder Lösung der Bewegungsgleichung die Antwortfrequenz berechnet, die sich aus dem Rayleigh Koeffizienten unter der Annahme ergibt, daß die Struktur aktuell in einer Eigenform schwingt. Die Antwortfrequenz entspricht im zeitlichen Mittel der Eigenfrequenz.

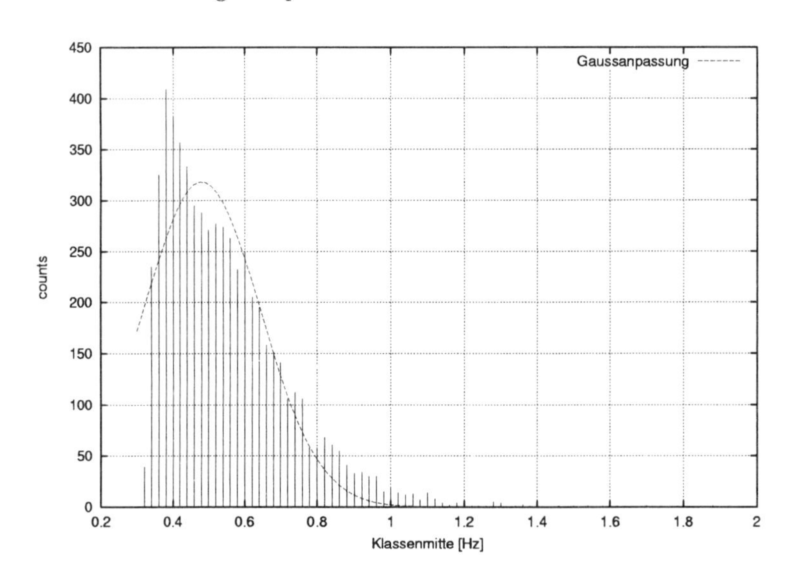

Abbildung 7: Histogramm der Antwortfrequenz

Die auftretenden Antwortfrequenzen sind keineswegs scharf begrenzt, sondern streuen mit ca. 30%. Die Verteilung ist, wie in Abb. 7 gezeigt, schief und einseitig begrenzt. Sie läßt sich daher offensichtlich nicht durch eine Gaußverteilung annähern. Die linkseitige Begrenzung ist darauf zuzuführen, daß sich nicht beliebig niedrige Antwortfrequenzen ergeben können, da immer ein Rest von Steifigkeit vorhanden ist. Das bedeutet, daß die Eingefrequenz immer größer als 0 sein muß. Außerdem reicht die Windlast nicht aus, um das Seil beliebig stark zu entlasten. Die maximale Anhebung des Seils markiert den unteren Grenzwert der Verteilung. Rechtsseitig ist die Verteilung nicht begrenzt, da sich nahezu beliebige Steifigkeitszuwächse ergeben können.

Der zeitliche Verlauf der Antwortfrequenzen erfolgt nicht harmonisch um den Mittelwert herum, sondern folgt zwischenzeitlich auch stabilen Schwingungszuständen um ein nach oben oder untern verschobenes Niveau. Diese temporären Zustände mit deutlich verschobene Mittelwert können bis zu 30 s andauern.

Aus den oben dargelegten Gründen wird der Begriff der Eigenfrequenz für nichtlineare Tragwerke verworfen und durch den Begriff der Zustandsfrequenz ersetzt. Die Frequenz ist nämlich nicht einem Tragwerk eigen, sondern einem Zustand, der definiert wird durch:

- die Struktureigenschaften im unbelasteten Zustand
- nichtlineare Werkstoffgesetze
- die aktuelle Belastungssituation
- die Belastungsgeschichte
- den Bewegungszustand
- ...

Den Begriff der Zustandsfrequenz hat Park schon 1977 eingeführt [7] und im englischen durch *local nonlinear frequency* beschrieben.

6 Zusammenfassung

Im Rahmen dieser Studie wurden die Last- und Strukturgenerierung von Abspannseilen untersucht. Mit der Methode der modalen Analyse wurde eine notwendige und hinreichende Elementanzahl von 8 – 12 Elementen je Seil gefunden. Die Verwendung von Fachwerkstäben ist ausreichend.

Zur Interpolation der Windlasten dürfen nur Verfahren, die die statistischen Eigenschaften nicht verändern, verwendet werden. Eine in diesem Sinne fehlerhafte Generierung führt zu falschen Ergebnissen, die um bis zu 20% von den wahren Werten abweichen. Ein neues Verfahren zur Interpolation wurde vorgestellt.

Bemessungverfahren, die auf der Linearisierung der Seile und Reduzierung auf einen Ein-Massen-Schwinger beruhen, sind nicht zulässig, da sich die Zustandsfrequenz eines Abspannseiles stark über die Zeit verändert.

Literatur

[1] G. Augusti, C. Borri, and V. Gusella. Simulation of wind loading and response of geometrically non-linear structures with particular reference to large antennas. *Structural Safety*, 8:161–179, 1990.

[2] K.-J. Bathe. *Finite-Element-Methoden*. Springer-Verlag, 1990.

[3] A. G. Davenport and B. F. Sparling. Dynamic gust response factors for guyed towers. *Journal of Wind Engineering and Industrial Aerodynamics*, 41-44:2237–2248, 1992.

[4] E. Guevara and G. McClure. Nonlinear seismic response of antenna-supporting structures. *Computer and Structures*, 47:711–724, 1993.

[5] IASS International Association for Shell and Spatial Structures, Working Group Nr. 4. *Recommendations for Guyed Masts*, 1981.

[6] N. Lazaridis. *Zur dynamischen Berechnung abgespannter Maste und Kamine in böigem Wind unter besonderer Berücksichtigung der Seilschwingung*. Dissertation, Universität der Bundswehr München, 1985.

[7] K. C. Park. Practical aspects of numerical time integration. *Computer & Structures*, 7:343–353, 1977.

[8] U. Peil and H. Nölle. Zur Auswirkung von Vereisung auf die Beanspruchung abgespannter Maste. *Bauingenieur*, 68:237–245, 1993.

[9] U. Peil, H. Nölle, and Z. H. Wang. Nonlinear dynamic behaviour of guys and guyed masts under turbulent wind load. *Journal of the IASS*, 37:77–88, 1996.

[10] M. Shinozuka. Simulation of multivariate and multidimensional random processes. *Journ. Acoust. Soc. Am.*, (49):357–367, 1971.

[11] U. Stottrup-Andersen. The 12 new 300 meters masts for the danish channel 2. *IASS 1991 Kopenhagen*, pages 171–178, 1991.

BERECHNUNG DES ERMÜDUNGSRIßFORTSCHRITTS MIT STOCHASTISCHEN DIFFERENTIALGLEICHUNGEN

Prof. Dr.-Ing. R.J. Scherer
Lehrstuhl für Computeranwendung im Bauwesen
Technische Universität Dresden
Mommsenstr. 13
01062 Dresden

Dipl.-Ing. Christian Steurer
Seligenstadt

ZUSAMMENFASSUNG. Es wird ein neues Modell vorgestellt, welches das rißbehaftete Bauteil als stochastisches, dynamisches, nichtlineares System abstrahiert. Dieses System kann den Einfluß stochastischer Lasten inklusive Lastfolgeeffekten und stochastischer Materialeigenschaften auf das Rißwachstum bestimmen. Das stochastische System wird in eine fünfdimensionale stochastische Differentialgleichung überführt und mit Methoden der direkten Integration gelöst. Die Ergebnisse am Beispiel der Seillasche eines abgespannten Mastes zeigen deutlich, daß der stochastische Material- und Lasteinfluß berücksichtigt werden muß, um die Rißlänge realistisch zu schätzen.

1 Einleitung

Das Ermüdungsrißwachstum in Bauteilen ist ein komplexer physikalischer Prozeß, der sich trotz intensiver Forschungsanstrengungen seit ungefähr 150 Jahren immer noch einer genauen Vorhersage entzieht [Schütz 1996]. Das Ermüdungsrißwachstum hängt von mehreren Einflußgrößen wie Materialeigenschaften, Belastung, Umgebungstemperatur, Luftfeuchtigkeit etc. ab. In vielen Fällen reicht es aus, die zwei wichtigsten Einflußgrößen auf das Ermüdungsrißwachstum zu betrachten, die Materialeigenschaften und die Belastung. Beide Größen weisen in der Regel erhebliche stochastische Schwankungen auf. Die Auswirkungen der stochastischen Materialeigenschaften auf das Rißwachstum wurden in mehreren Arbeiten experimentell z.B. in [Virkler 1978], [Ghonem 1987], [Hudak 1978], [Ichikawa 1984] und theoretisch z.B. in [Ditlevsen 1986], [Enneking 1991], [Dolinski 1994], [Yang 1996] untersucht. Ebenso wurden die Folgen einer stochastischen Belastung auf den Rißfortschritt z.B. in [Veers 1987], [Winterstein 1990], [Zhu 1992], [Zhu 1994] untersucht. Aus diesen Arbeiten gehen zwei Aussagen klar hervor:

1. Die stochastischen Eigenschaften des Materials und der Belastung müssen möglichst gut approximiert werden, da sie das Rißwachstum maßgeblich beeinflussen.
2. Die Physik des Ermüdungsrißfortschritts muß möglichst gut abgebildet werden, da sich bei stochastischer Belastung Lastfolgeeffekte einstellen, die das Rißwachstum prägen.

In nahezu allen Arbeiten wird entweder die Stochastik des Materials oder der Belastung betrachtet und die jeweils andere Einflußgröße als konstant angenommen. Es wurden stochastische Modelle entwickelt, welche die zeitabhängige Wahrscheinlichkeitsverteilung der Rißlänge entweder bei stochastischen Materialeigenschaften oder bei stochastischer Belastung prognostizieren. Obwohl beide Modellgruppen jeweils eine völlig unterschiedliche Einflußgröße berücksichtigen, zeigen die genannten Arbeiten, daß stochastische Differentialgleichungen in beiden Fällen sehr gut geeignet sind, das Ermüdungsrißwachstum zu beschreiben.
In realen Bauteilen herrscht meist eine Kombination aus stochastischer Belastung und stochastischen Materialeigenschaften vor. Trotzdem gibt es bis jetzt kaum Ansätze, die beide Einflußgrößen erfassen und dabei die Physik des Ermüdungsrißfortschritts ausreichend genau wiedergeben. Deshalb wird ein neues stochastisches Modell entwickelt, welches das Ermüdungsrißwachstum in einem Bauteil mit stochastischen Materialeigenschaften und unter stochastischer Belastung berechnet.

2 Physikalische Grundlagen

2.1 RIßWACHSTUMSANSATZ

Der Rißfortschritt wird mit einem Ansatz der Linear Elastischen Ermüdungsbruchmechanik beschrieben. Dieser Ansatz stellt eine Beziehung zwischen dem zyklischen Spannungsintensitätsfaktor Δk und der Rißwachstumsgeschwindigkeit da/dt her,

$$\Delta k = y(a)\sqrt{2\pi a}\,\Delta s \qquad (1)$$

wobei a die Rißlänge, Δs die zyklische Spannung und y(a) eine Geometriefunktion ist. Der Zusammenhang zwischen da/dt und Δk ist durch die Paris-Ergodan-Gleichung [Paris 1962] gegeben. Die Parameter c und m hängen vom Werkstoff ab.

$$\dot{a} = \frac{da}{dt} = c(\Delta k)^m \qquad (2)$$

2.2 LASTFOLGEEFFEKTE

Bei stochastischen Lastfolgen kommt es immer wieder zu Überlasten s_{ol}, welche die Maxima der übrigen Lastzyklen wesentlich übertreffen. Nach solchen Überlasten wird das Rißwachstum signifikant verzögert [Elber 1968]. Ursache hierfür ist die plastische Zone vor der Rißspitze, die vom Maximum des Lastzykluses abhängt. Eine Überlast induziert eine große plastische Zone vor der Rißspitze und damit hohe Druckeigenspannungen. Die Druckeigenspannungen müssen in den nachfolgenden Zyklen überwunden werden, damit der Riß sich öffnen und wachsen kann. Die Grenzspannung, die überwunden werden muß, wird Rißöffnungsspannung genannt. Die Rißöffnungsspannung reduziert die wirksame Schwingbreite der Spannung eines nachfolgenden Zykluses von Δs auf Δs_{eff}. Die Rißgeschwindigkeit verlangsamt sich bis der Riß die plastische Zone mit den hohen Druckeigenspannungen durchquert hat (s. Bild 1).
Da die Druckeigenspannungen das Ergebnis plastischer Dehnungen vorausgegangener Lastzyklen sind, hängt die wirksame zyklische Spannung Δs_{eff} sowohl von der momentanen Spannungsschwingbreite Δs als auch von der vorausgegangenen Lastfolge ab.

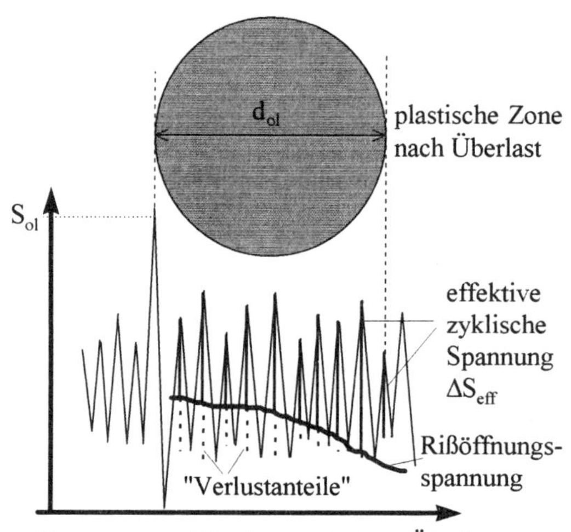

Bild 1 Spannungsverhältnisse nach einer Überlast

Das Modell nach Veers [Veers 1987], [Veers 1989], [Veers 1992] wird als physikalische Grundlage verwendet, um die Verzögerung des Rißwachstums durch Zugüberlasten näherungsweise quantitativ zu bestimmen. Die Spannung, die in einem Zyklus aufgebracht werden muß, um die von früheren Lastwechseln hervorgerufene Grenze der plastischen Zone a_z zu verschieben, wird Versetzungsspannung s_r genannt. Sie ist die zentrale Größe des Modells. Wenn in einem Zyklus die plastische Zone verschoben wird, nimmt die Versetzungsspannung den Maximalwert s_{max} des Zykluses an. In diesem Fall übersteigt die Summe aus Rißlänge a und plastischer Zone d_p des momentanen Zykluses die Grenze a_z ($a_z < a+d_p$). Wenn die plastische Zone durch den Zyklus nicht verschoben wird, wächst der Riß in die vorhandene plastische Zone hinein ($a_z \geq a+d_p$). Die Versetzungsspannung kann in diesem Fall mit Hilfe eines Vorschlags in [Johnson 1981] berechnet werden. Die Versetzungsspannung s_r ist durch die folgende abschnittsweise definierte Funktion gegeben.

$$s_r = \begin{cases} s & a_z < a + d_p \\ \dfrac{r_{el}}{y(a)} \left[\dfrac{\gamma (a_z - a)}{a} \right]^{\frac{1}{2}} & a_z \geq a + d_p \end{cases} \tag{3}$$

Die Rißöffnungsspannung s_{op} wird mit einem Vorschlag in [Nelson 1978] berechnet.

$$s_{op} = q \, s_r \tag{4}$$

Der empirische Faktor q liegt im Intervall [0, 1] und ist abhängig vom mittleren Spannungsverhältnis r aus Minima und Maxima der Zyklen, wie Versuche zeigen.
Die wirksame Spannungsdifferenz Δs_{eff} innerhalb eines Zykluses, die den Riß wachsen läßt, ist nicht in jedem Fall s_{max} - s_{min} sondern gliedert sich in Abhängigkeit von den Eigenspannungsverhältnissen an der Rißspitze folgendermaßen auf:

$$\Delta s_{eff} = \begin{cases} s_{max} - s_{min} & s_{min} \geq s_{op} \\ s_{max} - s_{op} & s_{min} < s_{op}, s_{max} > s_{op} \\ 0 & s_{max} \leq s_{op} \end{cases} \tag{5}$$

Statt Δs bzw. Δk werden in die schon vorgestellte Rißwachstumsgleichung nach Paris (2) die effektiven Größen Δs_{eff} bzw. Δk_{eff} eingesetzt. Die so modifizierte Rißwachstumsrate (6) der Paris-Ergodan-Gleichung bildet die Grundlage der Rißfortschrittsberechnung im nachfolgenden stochastischen Ermüdungsmodell.

$$\frac{da}{dt} = c \left[y(a) \sqrt{\pi a} \; \Delta s_{eff} \right]^m \tag{6}$$

3 Ein neues stochastisches Modell für das Ermüdungsrißwachstum

Die Idee, stochastische Phänomene mit stochastischen Systemen zu modellieren, wird häufig in der Nachrichtentechnik eingesetzt [Schwarz 1991]. Sie kann aber in vielen Bereichen der Ingenieur- und Naturwissenschaften eingesetzt werden, wie z.B. die Publikationen [Wunsch 1992] und [Honerkamp 1994] zeigen. Dieser Gedanke wird hier aufgenommen und auf den Ermüdungsrißfortschritt in einem Bauteil mit stochastischen Materialeigenschaften unter schmalbandiger Gaußscher Belastung angewandt.

3.1 DAS RIßBEHAFTETE BAUTEIL ALS STOCHASTISCHES SYSTEM

Das rißbehaftete Bauteil unter stochastischer Lasteinwirkung wird als stochastisches System abstrahiert (s. Bild 2). Als Eingangsgröße geht die stochastische Last S ein. Die Ausgangsgröße des Systems ist die Rißlänge A. Das stochastische System besteht aus drei Teilsystemen mit den Übertragungsfunktionen φ_{Sr}, φ_M und φ_A. Zusätzlich besitzt es eine innere Störquelle Z, die für die Schwankungen seiner Materialeigenschaft M verantwortlich ist. Alle stochastischen Größen werden in den folgenden Gleichungen und Bildern mit Großbuchstaben bezeichnet.

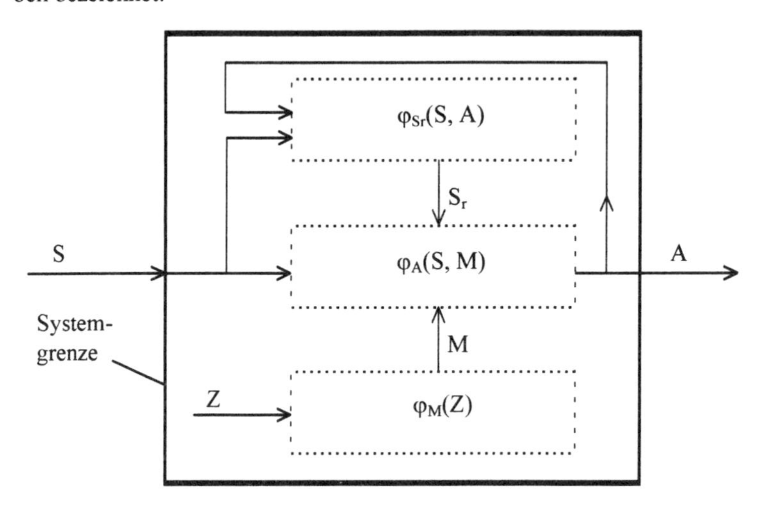

Bild 2 Das rißbehaftete Bauteil als stochastisches System mit innerer Störquelle Z

Mit φ_M wird die Übertragungfunktion bezeichnet, die den internen Störprozeß Z als Eingangsgröße und die Materialeigenschaften M als Ausgangsgröße hat. Die Übertragungsfunktion φ_A steht für die Beziehung der Eingangsgrößen Materialeigenschaft M und Lastprozeß S und der Ausgangsgröße Rißlänge A. Das Teilsystem mit der Übertragungsfunktion φ_{Sr} steuert die Lastfolgeeffekte. Dieses Teilsystem hat die Last S und die Rißlänge A als Eingangsgröße und die Versetzungsspannung zur Charakterisierung der Eigenspannungsverhältnisse an der Rißspitze als Ausgangsgröße.
Das stochastische System wird schrittweise in ein äquivalentes stochastisches Differentialgleichungssystem umgeformt [Steurer 1998], das als Eingangsgrößen nur weiße Rauschprozesse besitzt. Die Ausgangsgrößen der Teilsysteme sind nun im Ausgangsvektor **X** des neuen Gesamtsystems enthalten und kennzeichnen den Zustand dieses Systems (s. Bild 3). Deshalb wird der Vektor **X** als Zustandsvektor des Systems bezeichnet.
Die Zustandsgleichungen für die Komponenten des Vektors ergeben sich aus dem Übertragungsverhalten des stochastischen Systems, das durch die Übertragungsfunktion φ_{SYS} symbolisiert ist. Die Übertragungsfunktion φ_{SYS} setzt sich aus den Teilsystemen mit den Übertragungsfunktionen φ_M , φ_A , φ_{Sr} , φ_S und φ_Z zusammen, und diese wiederum ergeben sich aus physikalischen und stochastischen Beziehungen. Die weitere Aufgabe besteht darin, geeignete Zustandsgleichungen der Teilsysteme aufzustellen und in das stochastische Gesamtsystem zu integrieren.

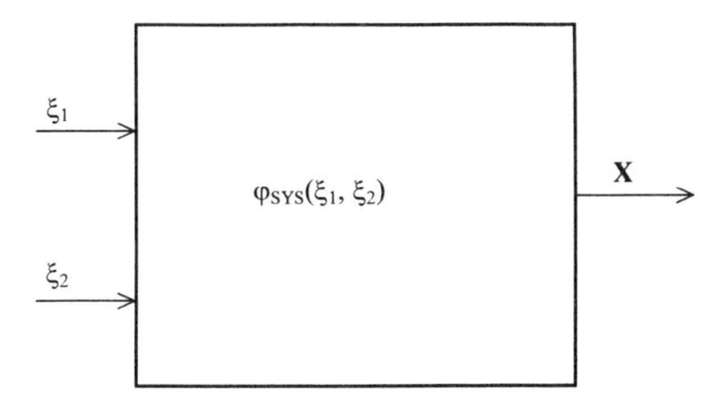

Bild 3 Das stochastische System mit zwei weißen Rauschprozessen als Eingangsgrößen und dem Vektor X als Ausgangsgröße

4 Zustandsgleichungen des stochastischen Systems

Der stationäre schmalbandige Gaußsche Lastprozeß wird mit dem Antwortprozeß S eines einfachen gedämpften Feder-Masse-Systems auf weißes Rauschen $\xi(t)$ approximiert (s. (7d), (7e), (8d), (8e)), wie z.B. in [Winterstein 1990] vorgeschlagen. Dieses System ist charakterisiert durch die Masse m, die Dämpfung ζ und die Eigenfrequenz ω_0.
Die Lastfolgeeffekte werden mit der Versetzungsspannung S_r erfaßt. Dazu wird aus (3) die stochastische Differentialgleichung (7c) mit dem Drift m_{Sr} in (8c) gebildet [Steurer 1998].
Die Materialeigenschaft wird mit der Größe C des Paris-Ergodan-Ansatzes als lognormaler stochastischer Prozeß abgebildet, da die stochastischen Eigenschaften dieses Prozeßtyps gut mit den statistisch ermittelten Materialschwankungen korrespondieren, wie die Arbeiten [Spencer 1988] und [Enneking 1991] belegen. Dazu wird ein hybrides Gleichungssystem für C entwickelt, das aus der stochastischen Differentialgleichung (7b) für den Ornstein-Uhlenbeck-Prozeß als Störprozeß Z(t) und einer gewöhnlichen Gleichung besteht, die wiederum in (7a) eingeht. Die statistischen Parameter z_0 , ς und c_0 in (7b), (8b) und (8a) müssen aus Experimenten bestimmt werden.
Die Rißwachstumsrate wird mit der Differentialgleichung (7a) des modifizierten Paris-Ergodan-Ansatzes (6) berechnet. Die effektiv wirksame Spannungsdifferenz ΔS_{eff} aus (5) wird in (8a) mit dem Mittelwert μ_S und der Envelope $\widetilde{E}$ des mittelwertfreien Lastprozesses $\widetilde{S}$ berechnet. Die Funktionen min[] und max[]in (8a) stehen für Minimum und Maximum.
Aus den Zustandsgleichungen der Teilsysteme wird das stochastische Differentialgleichungssystem für das Ermüdungsrißwachstum formuliert. Der Zustandsvektor **X** setzt sich zusammen aus der Rißlänge A, dem Störprozeß Z, der Versetzungsspannung S_r, der Spannung S und der Spannungsänderung $\dot{S}$. Der Zustandsvektor **X** ist damit: $\mathbf{X}^T = [A, Z, S_r, S, \dot{S}]$.
Die vektorielle Diffusionsgleichung lautet folgendermaßen:

$$dA = m_A dt + 0\, dW(t) \quad (7a)$$

$$dZ = m_Z dt + z_0\, dW_1(t) \quad (7b)$$

$$dS_r = m_{S_r} dt + 0\, dW(t) \quad (7c)$$

$$dS = m_S dt + 0\, dW(t)(t) \quad (7d)$$

$$d\dot{S} = m_{\dot{S}} dt + S_0\, dW_2(t) \quad (7e)$$

Der Driftvektor $\mathbf{m}(\mathbf{X}(t),t)$ des Zustandsvektors $\mathbf{X}(t)$ mit $\mathbf{m}^T = [m_A, m_{Sr}, m_S, m_{\dot{S}}]$ setzt sich folgendermaßen zusammen:

$$m_A = c_0\, e^{Z(t)} \left[Y(A)\sqrt{\pi A}\, \max\left\{\min\left[2\,\tilde{E}(S,\dot{S}),\, \mu_S + \tilde{E}(S,\dot{S}) - q\, S_r\right], 0\right\}\right]^m \tag{8a}$$

$$m_Z = -\varsigma\, Z(t) \tag{8b}$$

$$m_{S_r} = -\frac{S_r}{Y(A)}\left[\frac{dY(A)}{dA} + \frac{1}{2A}\left(Y(A) + \frac{\lambda R_{el}^2}{Y(A) S_r^2}\right)\right] m_A + \dot{S}\, H(\dot{S})\, H(S - S_r) \tag{8c}$$

$$m_S = \dot{S} \tag{8d}$$

$$m_{\dot{S}} = -\omega_0^2 S - 2\zeta\omega_0 \dot{S} \tag{8e}$$

Die Diffusionsmatrix $\mathbf{D}(\mathbf{X}(t),t)$ des Zustandsvektors $\mathbf{X}(t)$ hat nur zwei von null verschiedene Komponenten: $d_{\dot{S}\dot{S}}$ und d_{ZZ}. Diese gehören zu den Elementen der Hauptdiagonalen der Matrix.

$$\begin{aligned} d_{\dot{S}\dot{S}} &= S_0 \\ d_{ZZ} &= z_0 \end{aligned} \tag{9}$$

Das stochastische Differentialgleichungssystem wird einem direkten höheren Integrationsverfahren gelöst, das speziell für diesen Differentialgleichungstyp entwickelt wurde [Steurer 1998]. Das direkte Integrationsverfahren wird in einer zukünftigen Veröffentlichung erläutert werden.

5 Diskussion der Ergebnisse

5.1 FALLBEISPIEL: ABGESPANNTER MAST

Hohe abgespannte Masten haben schon mehrmals durch Ermüdung signifikanter Bauteile versagt [Ciesielski 1992]. Ein solch signifikantes Bauteil ist z.B. die Seillasche, in die jedes Abspannseil mündet. In diesem Beispiel wird der Rißfortschritt in einer Seillasche untersucht, wie sie bei einem 344 m hohen abgespannten Mast der Telekom in Gartow (Norddeutschland) verwendet wird. An der Seillasche wurden Zeitreihen des Kraftverlaufs bei Starkwindereignissen mit Hilfe von Dehnungsmeßstreifen aufgenommen. Die aus der statistischen Analyse hervorgegangenen Parameter der Belastung [Noelle 1991] werden für die Berechnung des Rißfortschritts benutzt. Dabei wird angenommen, daß sich an der Bohrung der Seillasche aufgrund der dort herrschenden Spannungsüberhöhung ein Riß mit Anfangsrißlänge $a_0^* = 10$ mm entwickelt hat. Statt der Kombination aus einer Bohrung mit Radius $r = 20$ mm und einem Anfangsriß a_0^* wird für die Rißfortschrittsberechnung eine Anfangsrißlänge $a_0 = 30$ mm angenommen, die sich aus der Summe des Bohrungsradiuses und der eigentlichen Anfangsrißlänge a_0^* zusammensetzt. Die Geometrieverhältnisse (s. Bild 4) rechtfertigen ein solches Vorgehen [Rooke 1976]. Deshalb wird für die weitere Berechnung von einer Anfangsrißlänge $a_0 = 30$mm ausgegangen. Die wichtigsten Daten zu Geometrie- und Lastverhältnissen können Tabelle 1 und Bild 4 entnommen werden. Die Dauer des Starkwindereignisses wird mit fünf Tagen sehr konservativ angenommen. Dies entspricht einer Lastwechselzahl von annähernd 100.000, da das Abspannseil mit einer Grundfrequenz von 0,23 Hz schwingt.

Symbol	Zahlenwert	Einheit	Erläuterung
2r	40	mm	Bohrungsdurchmesser
2w	380	mm	Breite der Seillasche
2t	35	mm	Tiefe der Seillasche
r_{el}	830	MPa	Streckgrenze von N-A-XTRA-70
k_c	5700	MPa mm^{½}	Rißzähigkeit von N-A-XTRA-70
c	$7{,}9\ 10^{-10}$		Materialparameter des Paris-Ergodan-Ansatzes
m	2,7		Materialparameter des Paris-Ergodan-Ansatzes
γ	1		Querkontraktionszahl (ebener Spannungszustand)
μ_S	47,5	MPa	Mittelwert der Last
σ_S	5,95	MPa	Standardabweichung der Last
f	0,23	Hz	Frequenz des schmalbandigen Prozesses
a_0^*	10	mm	angenommene Anfangsrißlänge

Tabelle 1 Kenngrößen der Seillasche und der Belastung S(t)

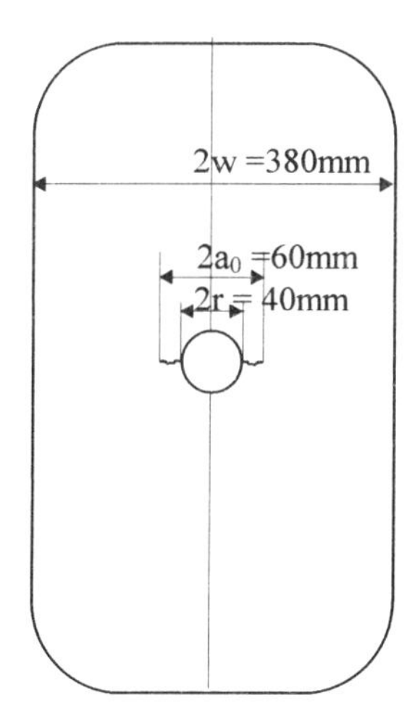

Bild 4 Geometrie der Seillasche

Mit Hilfe des stochastischen Ermüdungsmodells sollen für 100.000 Lastwechsel folgende Fragen untersucht werden:

1. Wie ändert sich die Streuung in der prognostizierten Rißlänge mit zunehmender Lastwechselzahl? Kann es zum Versagen der Seillasche kommen?
2. Welchen Einfluß hat die Streuung der Materialeigenschaften bzw. der Lastfolge auf die Streuung der Rißlänge? Kann ein einfacheres Modell verwendet werden, welches deterministische Materialeigenschaften annimmt?
3. Können die Lastfolgeeffekte vernachlässigt werden?

5.2 STREUUNG DER RIßLÄNGE

Die Entwicklung von Mittelwert μ_A und Standardabweichung σ_A der Rißlänge mit zunehmender Lastwechselzahl zeigt Tabelle 2.

N [10^4]	1	2	3	4	5	6	7	8	9	10
σ_A	0,3	0,4	0,6	0,8	0,9	1,0	1,3	1,5	1,9	2,3
μ_A	31,2	32,4	33,8	35,3	36,8	38,6	40,4	42,3	44,6	47,0

Tabelle 2 Mittelwert und Standardabweichung der Rißlänge in Abhängigkeit der Lastwechselzahl

Im Bild 5 wird die Streuung der Realisationen mit dem Intervall [μ_A-3σ_A , μ_A+3σ_A] wiedergegeben und zusammen mit der mittleren Rißlänge über der Lastwechselzahl aufgetragen. Das Intervall [μ_A-3σ_A , μ_A+3σ_A] kann die Endrißlänge aller Realisationen erfassen. Die Intervallbreite nimmt mit steigender Lastwechselzahl stark zu. Aufgrund von Einstufenversuchen, wie den Experimenten von Virkler [Virkler 1978], ist dies zu erwarten.

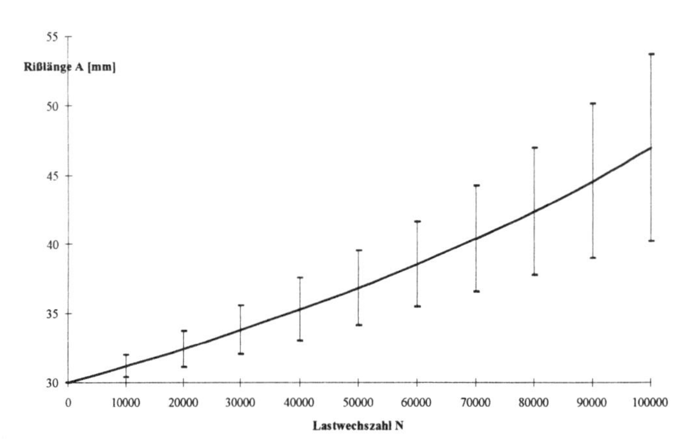

Bild 5 Entwicklung der mittleren Rißlänge und der Streuung im Rißwachstum

Trotz der breiten Streuung der Rißlänge ist ein Versagen der Seillasche nach 100.000 Lastwechsel ausgeschlossen, da die kritische Rißlänge bei über 180 mm liegt.

5.3 EINFLUß DER MATERIALEIGENSCHAFTEN

Der Einfluß der Materialeigenschaft auf die Rißlänge wird überprüft, indem der Materialparameter C des Paris-Ergodan-Ansatzes als deterministische Größe angenommen wird. Dadurch reduziert sich die stochastische Differentialgleichung auf vier Dimensionen und entspricht dem Modell, wie es in [Winterstein 1990] vorgeschlagen wird. Ein Vergleich von Mittelwert und Standardabweichung bei stochastischen und deterministischen Materialeigenschaften zeigt, daß die stochastischen Schwankungen in C den Mittelwert der Rißlänge ansteigen lassen. Wesentlich deutlicher ändert sich aber die Standardabweichung der Rißlänge, die nahezu verdreifacht wird.

$N [10^4]$	1	2	3	4	5	6	7	8	9	10
$\sigma_{A,\,stoch.}$	0,3	0,4	0,6	0,8	0,9	1,0	1,3	1,5	1,9	2,3
$\sigma_{A,\,determ.}$	0,1	0,2	0,2	0,3	0,3	0,4	0,5	0,6	0,70	0,8
$\mu_{A,\,stoch.}$	31,2	32,4	33,8	35,3	36,8	38,6	40,4	42,3	44,6	47,0
$\mu_{A,\,determ.}$	30,9	31,9	32,9	34,0	35,2	36,3	37,6	39,0	40,5	42,0

Tabelle 3 Mittelwert und Standardabweichung der Rißlänge in Abhängigkeit der Lastwechselzahl

Dieser Effekt ist auch deutlich an der Verteilung der Rißlänge in Bild 6 zu sehen. Der Vergleich macht deutlich, daß Schwankungen der Materialeigenschaften berücksichtigt werden müssen, wenn eine konservative Abschätzung der Rißentwicklung erreicht werden soll. Vor allem die Streuung der Rißlänge wird maßgeblich von den Materialschwankungen geprägt.

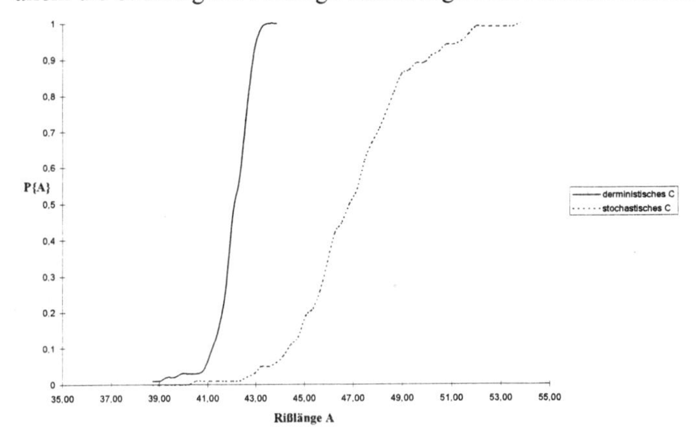

Bild 6 Verteilung der Rißlänge bei deterministischen und stochastischen Materialeigenschaften

5.4 EINFLUß DER LASTFOLGEEFFEKTE

Der Einfluß der Lastfolgeeffekte auf die Rißlänge wird untersucht, indem die Versetzungsspannung unberücksichtigt bleibt. Dies bedeutet, daß der originale Paris-Ergodan-Ansatz verwendet wird, der das Rißwachstum mit der vollen Spannungsschwingbreite eines Lastwechsels berechnet. Die fünfdimensionale Differentialgleichung wird um eine Dimension reduziert, da die Zustandsvariable Versetzungsspannung nicht mehr in das stochastische System eines rißbehafteten Bauteils eingeht.

In Tabelle 4 zeigt die Entwicklung der Standardabweichung und des Mittelwerts der Rißlänge über der Lastwechselzahl, daß Rißwachstum und Streuung in der Rißlänge ohne Berücksichtigung der Versetzungsspannung sehr viel stärker zunehmen als in den Fällen, welche die Versetzungsspannung einbeziehen.

Der Riß wächst nach dieser Modellvorstellung so schnell, daß das Bauteil schon weit vor 100.000 Lastwechseln versagt. Mittelwert und Standardabweichung der Grenzlastwechselzahl liegen bei μ_N=31.700 und σ_N=1.900.

Ein Vergleich mit den Ergebnissen, in denen Lastfolgeeffekte berücksichtigt sind, verdeutlicht, daß die Vernachlässigung dieser Effekte zu einer sehr konservativen Abschätzung der Rißentwicklung führt und die tatsächlichen Verhältnisse nur unzureichend wiedergibt.

N [10^4]	0,5	1	1,5	2	2,5	3
$\sigma_{A,\,ohne}$	1,0	1,5	2,6	5,1	9,9	22,2
$\sigma_{A,\,mit}$	---	0,3	---	0,4	---	0,6
$\mu_{A,\,ohne}$	35,3	42,2	51,3	64,6	84,6	122,3
$\mu_{A,\,mit}$	---	31,2	---	32,4	---	33,8

Tabelle 4 Mittelwert und Standardabweichung der Rißlänge mit und ohne Versetzungsspannung in Abhängigkeit der Lastwechselzahl

5.5 BEURTEILUNG DER ERGEBNISSE

Die Untersuchungen belegen, daß das entwickelte stochastische Modell gut geeignet ist, den Ermüdungsrißfortschritt in einem Bauteil zu modellieren und zu berechnen. Die Entwicklung der Streuung der Rißlänge über der Lastwechselzahl zeigt deutlich, daß deterministische Modelle mit der Vorhersage der Rißlänge überfordert sind.

Das stochastische Modell ist flexibel und kann zu Sensitivitätsanalysen benutzt werden, indem im Modell einzelne Zustandsvariablen ausgeklammert werden und damit die Dimension des Systems reduziert wird. Aus den Ergebnissen der Kapitel 5.3 und 5.4 geht klar hervor, daß weder Schwankungen in den Materialeigenschaften noch Lastfolgeeffekte vernachlässigt werden dürfen, da beide die Rißwachstumsstatistik nachhaltig beeinflussen. Die stochastischen Materialeigenschaften verursachen die Streuung im Rißwachstum während der Einfluß der stochastischen Lastfolge vergleichsweise gering ist. Umgekehrt prägen die stochastische Lastfolge und die damit verbundenen Lastfolgeeffekte das mittlere Rißwachstum. Dieses wird von den stochastischen Materialeigenschaften vergleichsweise gering beeinflußt. Diese Aussagen decken sich mit Überlegungen in [Veers 1987].

Danksagung

Die Autoren bedanken bei der Deutschen Forschungsgemeinschaft für die Förderung ihrer Arbeit.

6 Literatur

Ciesielski 1992	**R. Ciesielski** "O katastrofach i defektach stalowych mastow radiowo-telewizyjnych", Budowle Przemyslowe I Inzynierskie, Band 3, S. 73-82, 1992, (polnisch)
Ditlevsen 1986	**O. Ditlevsen** "Random Fatigue Crack Growth - A First Passage Problem", Engineering. Fracture Mechanics Band 23 Nr. 2, S. 467-477, 1986
Dolinski 1994	**K. Dolinski** "Random Material Non-Homogeneity Effects on Fatigue Crack Growth", Handbook of Fatigue Crack Propagation in Metallic Structures, (A. Carpinteri ed.), Band 1, S. 913-952, 1994
Enneking 1991	**T.J. Enneking** "On the Stochastic Fatigue Crack Growth Problem", Ph.D. Thesis, Departm. of Civil Engineer., Univ. of Notre Dame, Indiana, 1991
Ghonem 1987	**H. Ghonem, S. Dore** "Experimental study on the Constant Amplitude Crack Growth Curves under Constant Amplitude Loading", Engineering Fracture Mechanics, Band 27, S. 1-25, 1987
Honerkamp 1994	**J. Honerkamp** *Stochastic Dynamical Systems, Concepts, Numerical Methods, Data Analysis*, VCH GmbH, Weinheim, 1994

Hudak 1978	**S.J. Hudak** "Development of Standard Methods and Analyzing Fatigue Crack Growth Data", AFMLTR-78-40
Ichikawa 1984	**M. Ichikawa, M.Hamaguchi, T. Nakamura** "Statistical Characteristics of M and C in Fatigue Crack Propagation Laws", Japanese Society of Material Science 33: 8, 1984
Johnson 1981	**W. S. Johnson** "Multi-Parameter Yield Zone Model for Predicting Spectrum Crack Growth", Methods and Models for Predicting Fatigue Crack Growth under Random Loading, American Society of Testing and Materials, ASTM STP 748, S. 85-102, 1981
Noelle 1991	**H. Noelle** "Schwingungsverhalten abgespannter Masten im böigen Wind", Dissertation, Universität Karlsruhe, Versuchsanstalt für Stahl Holz und Steine, Karlsruhe, 1991
Paris 1962	**P.C. Paris** "The Growth of Cracks due to Variation in Load", Dissertation, Lehigh University, 1962
Rooke 1976	**D.P. Rooke, D.J. Cartwright** *Stress Intensity Factors,* Hillingdon Press, Uxbridge, 1976
Schütz 1996	**W. Schütz** "Fatigue Life Prediction by Calculation Facts and Fantasies", Proceedings of International Conference on Structural Safety and Reliability, Band 2, S. 1125-1131 , 1994
Schwarz 1991	**W. Schwarz, B.R. Lewin, G. Wunsch** *Stochastische Signale und Systeme in der Übertragungs- und Steuerungstechnik*, Akademie Verlag, 1991
Steurer 1998	**C. Steurer** "Modellierung und Berechnung des Ermüdungsrißfortschritts mit stochastischen Differentialgleichungen", einzureichende Dissertation, Universität Karlsruhe, 1998
Veers 1987	**P. J. Veers** "Fatigue Crack Growth due to Random Loading", Ph.D. Dissertation, Department of Mechanical Engineering, Stanford University, Stanford, California, 1987
Veers 1989	**P.J. Veers, S.R. Winterstein, D.V. Nelson, C.A. Cornell** "Variable Amplitude Load Models for Fatigue Damage and Crack Growth ", American Society of Testing and Materials, ASTM STP 1006, S. 172-197, 1989
Veers 1992	**P.J. Veers, S.R. Winterstein, D.V. Nelson, C.A. Cornell** "Fatigue Crack Growth from Narrow-Band Gaussian Spectrum Loading in an Aluminium Alloy", American Society of Testing and Materials, ASTM STP 1131, S. 191-213, 1992
Virkler 1978	**D.A. Virkler, D.A. Hilberry, P.K. Goel** "The statistical nature of Fatigue Crack Growth", AFFDL-TR-78-43, 1978
Winterstein 1990	**S.R. Winterstein, P. J. Veers** "Diffusion Models of Fatigue Crack Growth with Sequence Effects due to Stationary Random Loads", Proceedings of International Conference on Structural Safety and Reliability, Band 2, S. 1523-1530, New York, 1990
Wunsch 1992	**G. Wunsch, H. Schreiber** *Stochastische Systeme*, Springer-Verlag, Berlin, 1992
Zhu 1992	**W.Q. Zhu, Y.K. Lin** "On Fatigue Crack Growth under Random Loading", Engineering Fracture Mechanics, Band 43, No. 1, S. 1-12, 1992
Zhu 1994	**W.Q. Zhu, Y. Lei** "Fatigue Crack Growth of Hysteretic Structures under Random Loading", Structural Safety and Reliability, Band 2, ed. Ang/Shinozuka/Schuëller, American Society of Civil Engineers (ASCE), S. 1169-1174, Innsbruck, 1994

STOCHASTISCHE NICHTLINEARE UNTERSUCHUNG VORGESPANNTER SCHRAUBENVERBINDUNGEN UNTER WINDEINWIRKUNG

Dipl.-Ing. Matthias Ebert
Institut für Strukturmechanik
Bauhaus-Universität Weimar
Marienstraße 15
D-99421 Weimar

Univ.-Prof. Dr. techn. Christian Bucher
Institut für Strukturmechanik
Bauhaus-Universität Weimar
Marienstraße 15
D-99421 Weimar

ZUSAMMENFASSUNG. Die Berechnung der Schraubenkräfte eines einseitigen Flanschstoßes am Fuß einer Windkraftanlage wird vorgestellt. Ziel der Untersuchung ist eine probabilistisch orientierte Aussage über die Sicherheit der vorgespannten Schrauben. Dazu wird im ersten Schritt ein detailliertes FE-Modell eines Segmentes des kreisförmigen Querschnittes erzeugt. Die Ergebnisse werden dann auf den gesamten Querschnitt übertragen, indem jedes Segment durch eine Vertikalfeder mit einem nichtlinearen Gesetz in einem numerischen Modell abgebildet wird. Anschließend erfolgt ein Vergleich der Kraftverläufe in den Schrauben in Abhängigkeit vom Lastmoment. Unter Annahme von Wahrscheinlichkeitsverteilungen für Windlasten und Schraubenfestigkeit wird die rechnerische Sicherheit der Schrauben in Form der Versagenswahrscheinlichkeit bestimmt.

1 Einleitung

Schrauben in Flanschstößen von Windkraftanlagen (WKA) und anderen turmartigen Bauwerken (Abb. 1) werden infolge stochastisch verlaufender Einwirkungen wie Wind beansprucht. Ziel der Untersuchung ist eine probabilistisch orientierte Aussage über die Sicherheit in Form der Versagenswahrscheinlichkeit sowie Aussagen zur ermüdungsrelevanten Schwingbreite der vorgespannten Schrauben. Der Belastungsverlauf für die Schraube ist abhängig von der Vorspannung. Diese beeinflußt den Belastungsverlauf und reduziert stark die Zugkraftschwingbreite.

Abb. 1: Windkraftanlage und Blick auf einen Ringflansch [2]

Zur Untersuchung wird zuerst ein detailliertes Modell eines Segmentes mit der Finite Elemente Methode (FEM) untersucht. Hier können alle Parameter wie z.B. die Flanschdicke oder die Wanddicke variiert werden. Der Einfluß von Steifen zwischen Wand und Flansch oder anderen konstruktiven Teilen kann untersucht werden. Anschließend werden diese Ergebnisse auf ein numerisches Federmodell übertragen. Die einzelnen Segmente werden durch Federn abgebildet. Durch Ableitung der zuvor ermittelten Wandkraft-Wandverschiebungverläufe erhalten diese Federn ein nichtlineares Materialgesetz. Somit kann die Kräfteverteilung in dem gesamten

Querschnitt erfaßt werden. Diese Kombination zweier Modelle ersetzt ein unökonomisches Detailmodell des gesamten Querschnittes.
Die Untersuchungen wurden vollständig mit dem Programmsystem SLang [1] durchgeführt.

2 FE-Berechnung eines Segmentes eines Flanschstoßes

2.1 FE-Modell

Im ersten Schritt wird ein Segment mit FEM modelliert. Abb. 2 zeigt eine Konstruktionsskizze und das Modell des exzentrisch gezogenen, vorgespannten L-Stoßes. Es werden Volumenelemente (20 Knoten) für den Flansch und den Schraubenkopf, Stabelemente für den Schraubenschaft und Kontaktfederelemente für die Kontaktfläche zwischen den Flanschen verwendet. Die Symmetrie des Querschnitts in radialer und horizontaler Richtung wird berücksichtigt. Für die Untersuchungen werden exemplarisch die Daten einer WKA und einer Flanschverbindung aus der Praxis verwendet (Tab. 1), [6].
Der Stahl besitzt ein lineares Materialgesetz und es werden Normalspannungen untersucht. Mögliche Untersuchungen mit plastischen Materialgesetzen wurden vorerst nicht vorgenommen. Die Kontaktfederelemente realisieren das nichtlinear elastische Tragverhalten des Stoßes, das durch das fortschreitende Klaffen der vorgedrückten Kontaktzone der Flansche gekennzeichnet ist. Die Berechnung erfolgt mit einer Full-Newton-Raphson Iteration. In Abb. 3 ist die klaffende Fuge bei fortschreitend höherer Zugbelastung auf die Wand zu sehen.

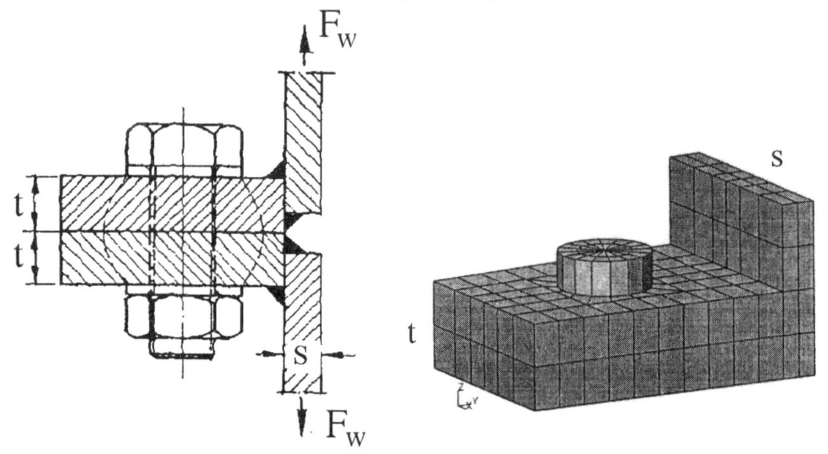

Abb. 2: Konstruktionsskizze [3] und FE- Modell des Stoßes

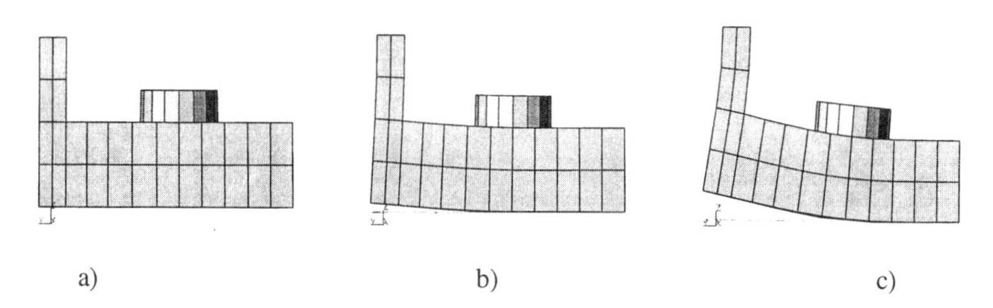

Abb. 3: Darstellung der klaffenden Fuge (50-fache Überhöhung)
a) nach der Vorspannung, b) Klaffen der Fuge bis vor die Schraube,
c) Klaffen der Fuge im Bereich der Schraube

Tab. 1 Eingangsdaten für die numerische Modellierung

WKA	Höhe Durchmesser Wanddicke s	53 m 3.20 m 2.0 cm
Flanschverbindung	Anzahl der Schrauben Breite eines Segmentes Flanschdicke t	75 Stück 13.4 cm 5.0 cm
Vorgespannte Schrauben	Art der Schraube Vorspannkraft	M 30 10.9 350 kN

2.2 Lasten

Die hochfeste Schraube soll mit einer Kraft von 350 kN vorgespannt sein. Dafür muß eine Vordehnung aufgebracht werden, die der Summe der Deformation von Schraube und Flansch entspricht. Der Hauptlastfall ist eine vertikale Kraft F_W auf den Wandquerschnitt, die hauptsächlich aus den Biegemomenten infolge Wind resultiert. Entscheidend für die Untersuchung der Schrauben sind hierbei die Zugkräfte F_W. Weiterhin wird das Eigengewicht der Anlage berücksichtigt. Für das Beispiel zeigt Tab. 2, [6] die verwendeten Extremwerte.

Tab. 2 Lasten

Moment Extremlast	9700 kNm	Zugkraft in der Wand pro Segment Extremlast	165 kN
Druckkraft in WKA-Längachse	820 kN	Druckkraft auf Wand pro Segment	11 kN
mittleres Moment Betriebslasten	3500 kNm	Zugkraft in der Wand pro Segment Betriebslasten	60 kN

2.3 Schraubenkräfte

Der Kräftefluß infolge der Vorspannung ist gut abgebildet. Das umfaßt die Übertragung der Vorspannung vom Schraubenschaft über den Kopf in den Flansch und die Ausbildung des Druckkegels im Flansch. Die Schraube wird im Modell infolge der exzentrischen Zugkraft auch auf Biegung beansprucht.

Der Zusammenhang zwischen der Kraft in der Wand der WKA und den Schraubenkräften ist in Abb. 4 zu sehen. Die maximale Kraft im Schraubenschaft steigt für den betrachteten maximalen Lastfall von 350 kN auf ca. 425 kN. Dies entspricht einer Spannungsschwankung von etwas über 20%. Der stark nichtlineare Ast der Kurve befindet sich im Bereich der zu erwartenden Belastung auf das Bauwerk. Hier tritt ein Klaffen der Kontaktflächen auf, das die Schraube noch nicht erreicht hat. Der lineare Teil der Kurve ab ca. 500 kN charakterisiert ein Klaffen der Fuge bis über die Schraube hinaus. Die Vorspannung ist hier kaum noch wirksam. Dieser Bereich scheint aber für reale Belastungen nicht mehr relevant. Die nichtlineare Beziehung zwischen den Kräften in der Wand und den Verschiebungen in der Wand (Abb. 5) wird in Abschnitt 3 als Materialgesetz auf den gesamten Querschnitt angewendet. In der Fuge treten maximale Klaffungen von ca. 0.3 mm bei Extremlast auf.

FE-Own_results

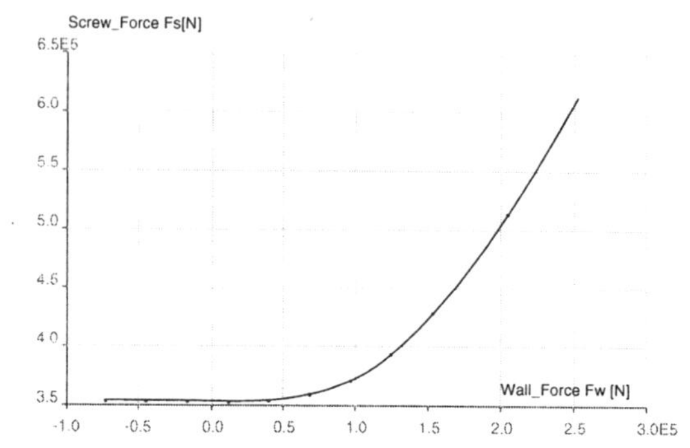

Abb. 4: Schraubenkraft F_S-Wandkraft F_W -Diagramm

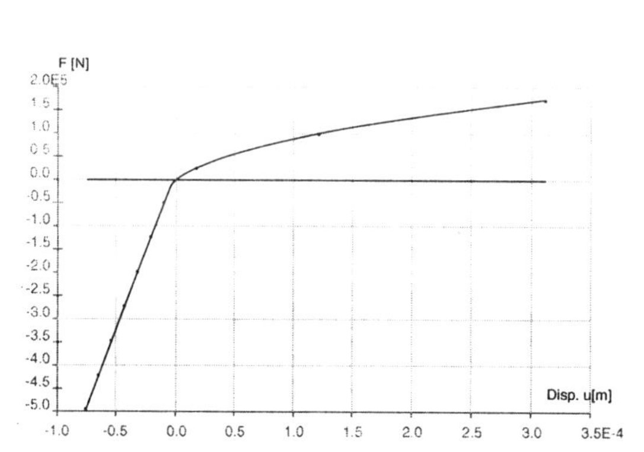

Abb. 5: Wandkraft F_W-Wandverschiebung u -Diagramm

2.4 Vergleich mit Modellen aus der Literatur

Den eigenen Resultaten werden Ergebnisse aus der Literatur gegenübergestellt. Dabei sollen zur Vergleichbarkeit die maßgebenden Parameter wie Flanschdicke, Wanddicke, Schraubendurchmesser, Vorspannkraft und Segmentbreite weitestgehend übereinstimmen. In Abb. 6 sind zwei experimentell ermittelte Kurven von Petersen [3] aufgetragen. Die Flanschdicke und die Schraubenart bei den Versuchen an Flanschstößen sind identisch mit dem FE-Modell. Unterschiedlich sind die Wanddicken, für die erste Kurve beträgt sie 20 mm, für die zweite Kurve 10 mm. Die eigenen Resultate liegen oberhalb der experimentellen Kurven.
Für die Berechnung von Flanschstößen gibt es in der Literatur Stab-Federmodelle, so in [3]. Von Schmidt/Neuper [5] wurden Vergleiche zwischen vereinfachten Ingenieurmodellen zur Ermittlung der Schraubenkraft vorgenommen, eigene FE-Resultate diesen Modellen gegenübergestellt und daraus ein verbessertes Ingenieurmodell vorgeschlagen. Das verwendete FE-Modell hat einen ähnlichen Aufbau wie das zuvor beschriebene. Abb. 6 stellt die Resultate von Schmidt/Neuper den eigenen Ergebnissen gegenüber. Dafür werden die Verhältnisse von Schraubenkraft und Wandkraft zur Vorspannkraft verwendet. Die eigene Kurve liegt erst unterhalb und dann oberhalb der Kurve. Da die Flanschdicke (65 mm) größer ist als beim eigenen Modell, bestätigt der Verlauf der Kurve die in Schmidt/Neuper getroffenen Aussagen zum Einfluß der Flanschdicke.

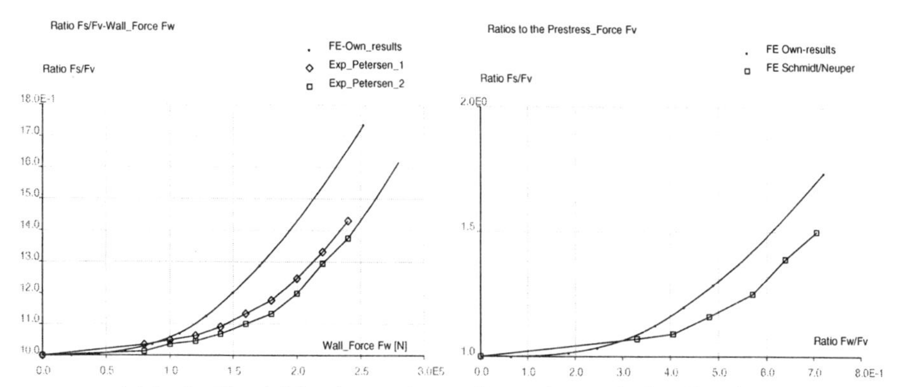

Abb.6: Vergleich mit experimentellen und numerischen Resultaten für Schraubenkräfte

3 Berechnung der Schraubenkräfte eines Querschnittes

3.1 FE-Modell und Materialgesetz

Im Folgenden werden die Ergebnisse aus Abschnitt 2 auf den gesamten, kreisförmigen Querschnitt der WKA übertragen. Dies geschieht mit Hilfe eines numerischen Federmodells. Dazu wird je ein Segment, das eine Schraube enthält, durch eine Vertikalfeder abgebildet. Dabei wird von einem Ebenbleiben des Querschnittes ausgegangen. Abb. 7 zeigt das Modell mit den Verformungen des nichtlinear reagierenden Querschnittes. Der große Zugbereich und die daraus folgend verschobene Nullinie des Systems sind zu erkennen.

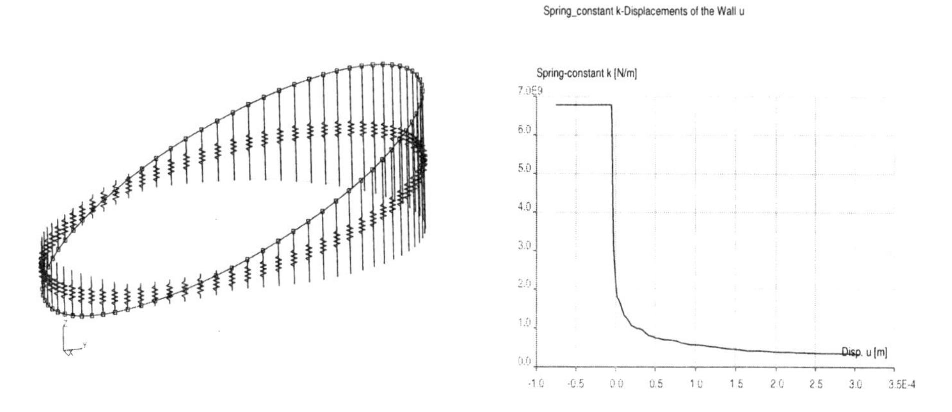

Abb. 7: Federmodell des Querschnittes der WKA mit nichtlinearen Verformungen und Federkonstante k- Wandverschiebung u-Diagramm

Die Federn besitzen ein nichtlineares Materialgesetz, das sich aus der im ersten Schritt ermittelten Beziehung Kraft F_W auf das Segment zur Verschiebung der Wand ergibt (Abb. 5). Die Ableitung dieser Beziehung liefert die aktuellen Federsteifigkeiten jeder Feder (Abb. 6). Diese Werte werden durch Interpolation innerhalb jeder Iteration aus den aktuellen Verschiebungen gewonnen.

3.2 Lasten

Auf das System wird ein Lastfall aus Zug- und Druckkräften F_W aufgebracht. Dieser Lastfall entspricht der Kraftaufteilung der Belastung (Biegemoment, Normalkraft) auf die Federn im linear, ebenen Querschnitt. Danach wird iterativ mit einer Full-Newton-Raphson Iteration die Kraftverteilung in der Wand des nichtlinear reagierenden Querschnitts für die vorgegebene Momenten und Normalkraftbelastung ermittelt. Gl. (1) und (2) zeigen diese Zusammenhänge als Integrale über den Kreisquerschnitt A. Die übertragene Kraft $F_{W,Res}$ bzw. der Anteil am Moment ist abhängig von der geometrischen Lage y des Segmentes im Kreisquerschnitt und von der Verschiebung u an dieser Stelle. Die Lage y bestimmt die Größe der einwirkenden Kraft F_w und den Hebelarm. Die Verschiebung u geht in das Materialgesetz ein und bestimmt $F_{W,Res}$ für die Feder.

$$M = \int_A y \cdot F_{W,Res}(y,u)dA \tag{3.1}$$

$$N = \int_A F_{W,Res}(y,u)dA \tag{3.2}$$

Abb. 8 zeigt die Zugkräfte und die Druckkräfte für den linearen und den dazugehörigen nichtlinearen Querschnitt in gleicher Skalierung.

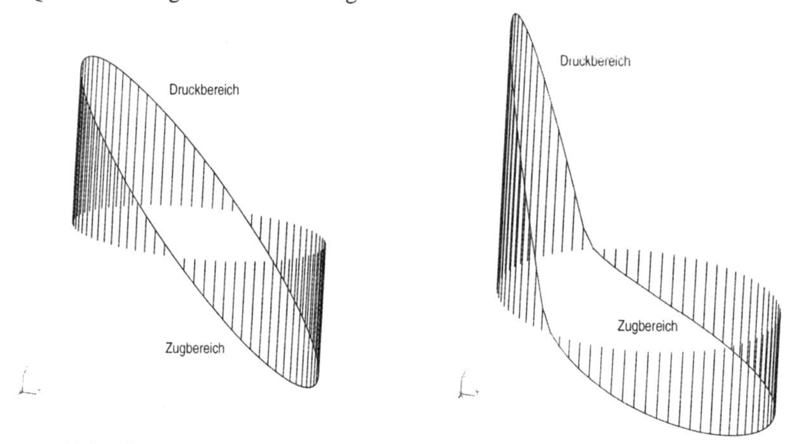

Abb. 8: Verteilung der Kräfte im linearen und nichtlinearen Querschnitt

3.3 Ergebnisse

Über den Querschnitt bildet sich ein großer Zugbereich und ein kleiner Druckbereich aus. Die maximalen Werte für die übertragenen Zugkräfte $F_{W,Res}$ sinken deutlich, die Druckkräfte auf die Wand steigen stark. Aus den maximalen Kräften $F_{W,Res}$ werden die Schraubenkräfte F_S nach Abb. 4 interpoliert. In Abb. 9 sind nun die Lastmomente und die maximalen Schraubenkräfte für das Federmodell im Vergleich mit den Kräften für das Einzelsegment aufgetragen. Die Schraube im Federmodell ist bedeutend geringer belastet. Für das Moment der Extremlast beträgt dies ca. 20 %. Dadurch unterliegt die Schraube auch geringeren ermüdungsrelevanten Spannungsschwankungen. Dies wirkt sich auf den Betriebssicherheitsnachweis aus. Der Querschnitt braucht weniger Schraubverbindungen. Die Auswirkungen einer verringerten Schraubenzahl auf den Querschnitt kann durch Wiederholung der Berechnungen erfaßt werden. Die Übertragung der Ergebnisse einer Detailuntersuchung auf ein größeres Querschnittsmodell zeigt sich als sehr wirkungsvoll.

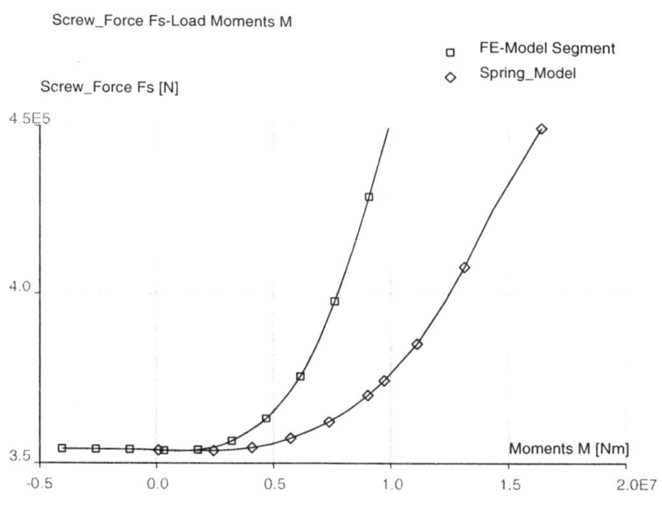

Abb. 9: Maximale Schraubenkräfte-Lastmoment-Verlauf

4 Berechnung der Versagenswahrscheinlichkeit für die Schrauben

Unter Annahme von Wahrscheinlichkeitsverteilungen für Windlasten und Schraubenfestigkeit wird die rechnerische Sicherheit in Form der Versagenswahrscheinlichkeit p_f für die Schrauben bestimmt. Dies erfolgt vergleichend für beide Resultate aus Abb. 9.
Die Versagenswahrscheinlichkeit ist das Integral der gemeinsamen Dichtefunktion $f_X(\mathbf{x})$ der Zufallsvariablen $\mathbf{X}^T=(\mathbf{X}_1,\mathbf{X}_2)$ über den Versagensbereich D_f. Der Versagensbereich ist begrenzt durch die Grenzzustandsfunktion $g(\mathbf{X})=0$; $g(\mathbf{X})\leq 0$ bedeutet Versagen der Struktur.

$$p_f = P[\{\mathbf{X} : g(\mathbf{X}) \leq 0\}]$$
$$p_f = \int_{D_f} f_{\mathbf{X}}(\mathbf{x})d\mathbf{x} \qquad (4.1)$$

Die statistischen Werte der beiden Zufallsvariablen sind in Tab. 3 zusammengestellt. Abb. 10 zeigt die Dichtefunktionen der beiden Verteilungen.

Tab. 3: Statistische Angaben für Lastmoment und zulässige Schraubenkraft

	Einwirkung Momente infolge Wind	Widerstand zulässige Schraubenkraft
Mittelwert	3500 kNm	550 kN
Standardabweichung	1170 kNm	40 kN
Verteilungstyp	Gumbel	Lognormal

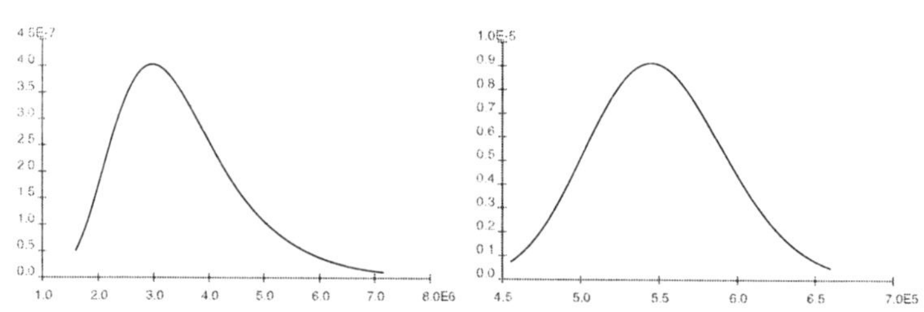

Abb. 10 Dichtefunktionen für die Zufallsvariablen Lastmoment und zulässige Schraubenkraft

Die Grenzzustandsfunktion g(**X**) ist jeweils die Beziehung zwischen den maximalen Schraubenkräften und dem Lastmoment nach Abb.9. Versagenskriterium ist hier die Überschreitung der zulässigen Schraubenkraft.
Eine Monte-Carlo-Simulation (MCS) mit Importance Sampling als varianzminderndes Simulationsverfahren wird durchgeführt. Damit wird die Gesamtanzahl der Realisationen einer Stichprobe vermindert und die Anzahl der Realisationen im Versagensbereich erhöht.
Durch Einführen einer Indikatorfunktion I

$$I(g(\mathbf{x})) = \begin{Bmatrix} 0, \text{ wenn } g[(\mathbf{x}) > 0] \\ 1, \text{ wenn } g[(\mathbf{x}) \leq 0] \end{Bmatrix} \tag{4.2}$$

wird Gl. 4.1 zu

$$p[f] = \int_{D_\mathbf{x}} I(g(\mathbf{x})) f_\mathbf{X}(\mathbf{x}) d\mathbf{x} \tag{4.3}$$

Es wird weiterhin eine positive Gewichtsfunktion $h_Y(\mathbf{x})$ eingeführt. Diese stellt eine Dichtefunktion eines Zufallsvektors **Y** dar, der die gleiche physikalische Bedeutung hat. Die Eigenschaften von $h_Y(\mathbf{x})$ sind in Tab. 5 zu sehen. Damit wird aus Gl. 4.3

$$p[f] = \int_{D_\mathbf{x}} I(g(\mathbf{x})) h_\mathbf{Y}(\mathbf{x}) \frac{f_\mathbf{X}(\mathbf{x})}{h_\mathbf{Y}(\mathbf{x})} d\mathbf{x} \tag{4.4}$$

D_X ist der Definitionsbereich der Zufallsvariablen. Der statistische Schätzer für die Versagenswahrscheinlichkeit lautet dann

$$\bar{p}[f] = \frac{1}{N} \sum_{i=1}^{N} I(g(\mathbf{x})) \frac{f_\mathbf{X}(\mathbf{x})}{h_\mathbf{Y}(\mathbf{x})} \tag{4.5}$$

Die Varianz des Schätzers berechnet sich

$$\sigma^2_{\bar{p}[f]} = \frac{1}{N^2} \sum_{i=1}^{N} \left(I(g(\mathbf{x})) \frac{f_\mathbf{X}(\mathbf{x})}{h_\mathbf{Y}(\mathbf{x})} \right)^2 - \bar{p}[f]^2 \tag{4.6}$$

Der Variationskoeffizient ist

$$C_V = \frac{\sigma_{\bar{p}[f]}}{\bar{p}[f]} \tag{4.7}$$

Tab. 4: Statistische Angaben für die Gewichtsfunktion $h_Y(\mathbf{x})$

	Einwirkung Momente infolge Wind	Widerstand zulässige Schraubenkraft
Mittelwert	4500 kNm	300 kN
Standardabweichung	1170 kNm	40 kN
Verteilungstyp	Normal	Normal

Das Ergebnis für 6000 Realisationen mit Importance Sampling zeigt Abb. 11. Der Bereich unter den Kurven ist der Versagensbereich $g(\mathbf{X})<0$. In Tab. 5 sind die Versagenswahrscheinlichkeiten für beide Grenzzustandsfunktionen aufgeführt. Die Schraube im einzelnen Segment hat nach diesen Untersuchungen die doppelte Versagenswahrscheinlichkeit. Es ist festzustellen, daß sich für den Nachweis der Versagenswahrscheinlichkeit der einzelnen Schraube unter diesen Annahmen keine signifikant abweichenden Ergebnisse zeigen.

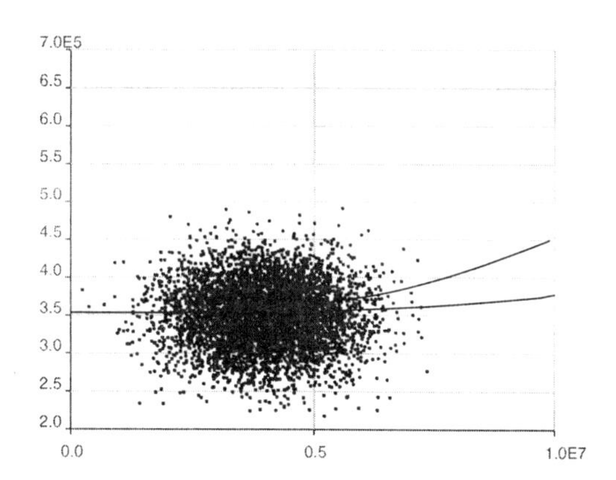

Abb. 11 Ergebnis einer Stichprobe mit Importance Sampling (6000 Realisationen)

Tab. 5: Auswertung der MCS mit Importance Sampling

	Segment	Federmodell
Versagenswahrscheinlichkeit p_f	2e-5	1e-5
Variationskoeffizient C_V	8%	3%

5 Ausblick

Die vorliegenden Modelle stellen ein Werkzeug dar, um Segmente und Querschnitte einer Flanschverbindung mit beliebigen Parametern zu untersuchen. Die numerische Untersuchung des Verhaltens unter Einbeziehung der experimentellen Ergebnisse könnte weiter vertieft werden. Das betrifft zum einen die Einwirkungsseite. Die stochastischen Belastungs-Zeit-Verläufe infolge Wind und Betrieb der WKA innerhalb eines Lebenszykluses können durch numerische Simulation mit Windmodellen erfaßt werden. Aus den Lastverläufen erhält man verbesserte Parameter für die Berechnung der Versagenswahrscheinlichkeit sowie für den Betriebsfestigkeitsnachweis. Bei der FE-Modellierung der Verbindung kann das Problem der Klaffungen zwischen den Kontaktflächen vor dem Verschrauben untersucht werden. Diese Abweichungen von der Geometrie könnten bei der Modellerstellung stochastisch oder deterministisch berücksichtigt werden. Aussagen zu den Auswirkungen am einzelnen Segment oder am Querschnitt sind möglich.

Danksagung

Die Arbeit von M. Ebert wird unterstützt durch ein Graduiertenstipendium des Landes Thüringen.

Literatur

[1] Bucher, C.; Schorling, Y.: SLang- the Structural Language Version 2.4, User`s manual, HAB Weimar -Universität-, 1996

[2] Nordtank Energy Group: The 1.5 MW Wind Turbine of Tommorrow, Publicity brochure, Balle, Denmark, 1997

[3] Petersen, C.: Stahlbau, F. Vieweg, Braunschweig, Wiesbaden, 1990

[4] Rubinstein, R. Y.: Simulation and the Monte Carlo Method, John Wiley & Sons, New York, USA, 1981

[5] Schmidt, H; Neuper, M.: Zum elastostatischen Tragverhalten exzentrisch gezogener L-Stöße mit vorgespannten Schrauben, Stahlbau, 66(1997), 163-168

[6] Werner, F.: Persönliche Mitteilung, Feb. 1997

METALLEINDECKUNGEN UNTER WINDEINWIRKUNGEN

Prof. H.J. Gerhardt, M. Sc.
I.F.I. Institut für Industrieaerodynamik GmbH
Institut an der FH Aachen
Welkenrather Straße 120
52074 Aachen

ZUSAMMENFASSUNG. Der Beitrag erläutert die Windbelastung von Metalldachdeckungen. Ausgehend von einer Betrachtung der Scharenverformung werden die Haupteinflußgrößen abgeleitet. Diese wurden in Versuchen zur Beurteilung der Windsogsicherheit systematisch variiert. Ausgehend von den Ergebnissen der Versuche werden technische Regeln bezüglich der Windsogsicherheit erarbeitet.

1 Einleitung

Metalldachdeckungen bestehen aus Scharen, die im allgemeinen an drei Seiten mittels Haften und/oder Falzen mit der Deckunterlage verbunden sind. Sie unterliegen keinem Zulassungsverfahren. Die zur Standsicherheit, z. B. unter Windeinwirkung, erforderlichen Maßnahmen werden in den Fachregeln der relevanten Gewerke angegeben. Die Fachregeln geben einen größtenteils durch Erfahrung gewonnenen Stand der Technik wieder; sie wurden bisher kaum ingenieurwissenschaftlich untermauert. Der folgende Beitrag erläutert den Windlastmechanismus. Ausgehend von einer Betrachtung der Scharenverformung werden die Haupteinflußgrößen abgeleitet. In experimentellen Untersuchungen wurden die wesentlichen Einflußgrößen systematisch variiert, um die fehlenden Randbedingungen, die nicht theoretisch bestimmt werden können, zu erarbeiten. Auf der Basis der experimentell bestimmten Randbedingungen lassen sich die zur Standsicherheit erforderlichen Maßnahmen unter Berücksichtigung der Windsogwirkung angeben. Kleinformatige Bleischaren können nach quasistatischen Gesichtspunkten beurteilt werden, bei großformatigen Scharen muß die dynamische Windwirkung und die hieraus resultierende Betriebsfestigkeit berücksichtigt werden.

2 Grundlagen

2.1 GRUNDLAGEN

Metalldachdeckungen bestehen aus Scharen, die im allgemeinen an drei Seiten mittels Haften und/oder Falzen unterschiedlich mit der Deckunterlage verbunden sind. Die vierte Seite kann ebenfalls durch Haften an der Deckunterlage befestigt sein. Scharen können als Rechteckplatten oder als Membranen aufgefaßt werden; sie werden im Maschinenbau und der Bautechnik als Flächentragwerke bezeichnet. Über die Verformung von Flächentragwerken liegen für unterschiedliche Belastungszustände umfangreiche Daten in der Literatur und in Handbüchern vor. Die Verformung von Scharen mit größerer Materialstärke, z. B. Bleischaren, kann mit sehr guter Näherung mit Hilfe der Plattentheorie berechnet werden. Dünne Scharen, z. B. aus Edelstahl mit Wandstärken von nur etwa 0,4 mm wären bei linienhafter Befestigung Membranen vergleichbar. Allerdings ergibt sich durch die seitliche Falzverbindung die Möglichkeit, daß sich die Fußpunktlinien, d. h. der Übergang von der Eindeckung in der Dachebene zum Falz senkrecht zur Dachebene unter Belastung zur Scharinnenseite verschiebt. Hierdurch tritt eine Verformung der Scharen auf, die wiederum ähnlich einer Plattenverformung ist. Bei geringen Lasten kann daher auch für Scharen geringer Materialstärke näherungsweise die Verformung mit der einfachen Plattentheorie abgeschätzt werden. Die so berechneten Verformungen liegen überdies auf der sicheren Seite.

Grundlegende theoretischen Arbeiten wurden von Timoshenko (siehe z. B. Timoshenko and Woinowsky-Krieger /1/) geleistet. Die maximale elastische Plattendurchbiegung läßt sich mit der folgenden Gleichung berechnen:

$$f_{max} = \frac{A \cdot p \cdot (B/2)^4}{E \cdot d^3} \quad (1)$$

mit B = Scharenbreite, d = Blechdicke, p = resultierende Flächenbelastung, z. B. durch Sog, A = Einspannkonstante abhängig von der Randeinspannung und dem Scharen-Seitenverhältnisses L/B und E = Elastizitätsmodul.

Gleichung (1) beinhaltet formbedingte, materialbedingte und lastbedingte Einflußgrößen. Diese lassen sich folgendermaßen zusammenfassen:

$$f_{max} = \underbrace{\frac{A \cdot B^4}{16 \cdot d^3}}_{\text{Form}} \cdot \underbrace{\frac{1}{E}}_{\text{Material}} \cdot \underbrace{p}_{\text{Last}} \quad (2)$$

Man erkennt, daß die wesentlichen Formparameter die Scharenbreite und die Materialdicke sind. Durch geeignete Wahl dieser Größen läßt sich die Durchbiegung - bei vorgegebener Windlast p - auf ein zulässiges Maß begrenzen. Da die Scharenbreite unter Umständen auch nach architektonischen Gesichtspunkten gewählt wird, ist die Materialdicke die wichtigste Einflußgröße. Wird beispielsweise die Materialstärke einer Kupfer-Dachdeckung von 0,6 mm auf 0,7 mm erhöht, so wird bei sonst gleichen Randbedingungen die Durchbiegung um ca. 60 % reduziert.

Für einige Einspannbedingungen liegen Informationen über den Zahlenwert der Einspannkonstante A in der Literatur vor. Diese lassen sich jedoch für den vorliegenden Fall nur bedingt verwenden. Für viele, bei Metalldeckungen verwendete Systeme ist die Befestigung entlang der Längsstöße an beiden Seiten gleich. Benachbarte Scharen werden dort durch unterschiedlich geformte Falze miteinander und mittels Haften mit der Deckunterlage verbunden. Durch die Überlappung ergibt sich am oberen Querstoß eine Befestigung, die als linienhafte Einspannung aufgefaßt werden kann. Der untere Querstoß wird meistens ohne Befestigung bei großflächigen Metalldeckungen oder mit punktartigen Haften bei - kleinformatigen - Bleischaren ausgeführt. Eine derartige Verlegung kann näherungsweise durch eine einseitig eingespannte, zweiseitig gestützte Rechteckplatte mit freiem oder nur schwach gestützten Rand ersetzt werden. Hier ergibt sich die maximale Verformung bei großen Scharenlängen im Plattenmittenbereich und bei kleinen Scharenlängen im Bereich des freien Endes. Zur Erarbeitung von zulässigen Bemessungslasten für Metalldeckungen wurden die Einspannkonstanten für die hauptsächlich interessierenden Systeme experimentell bestimmt.

3 Experimentelle Untersuchungen

3.1 VERSUCHSMETHODIK UND PRÜFLINGE

Die Untersuchungen wurden in einem speziell entworfenen Dach- und Fassadentester, der auch den Anforderungen der Ergänzenden UEAtc Leitlinien zur Prüfung lose verlegter, mechanisch befestigter Dachabdichtungen genügt, durchgeführt. Es handelt sich hierbei um eine Absaugekammer der Abmessungen 6 m x 1,5 m. In die offene Seite der Absaugekammer wird der Prüfling so eingebaut, daß sich oberhalb des Prüflings ein luftdichter Raum ergibt. Dieser Raum ist mit der Saugseite eines Hochdruckventilators verbunden. Durch Änderung der Drehzahl des Ventilators kann auf der Oberfläche des Prüflings die gewünschte Windsoglast eingestellt werden. Für winddichte Dach- und Fassadendeckungen kann ein maximaler Unterdruck Δp = 7000 Pa, für vergleichsweise winddurchlässige Deckungen ein maximaler Unterdruck Δp = 3500 Pa aufgebracht werden. Bild 1 zeigt eine schematische Darstellung des Versuchsaufbaus.

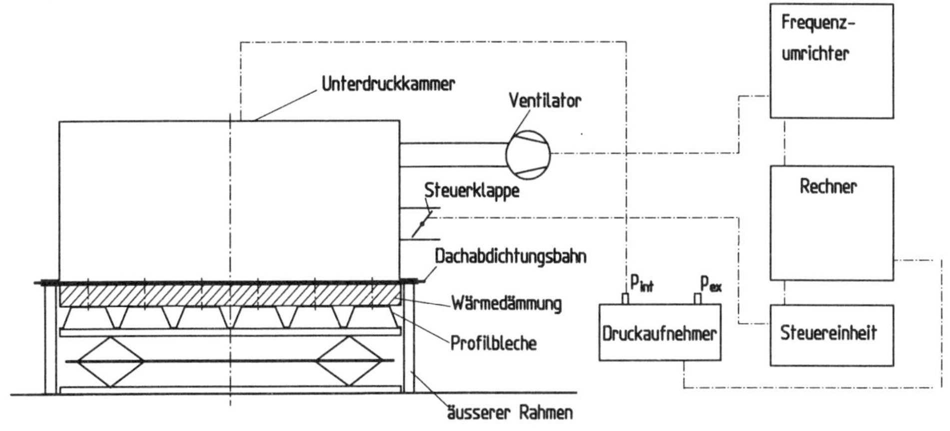

Bild 1: Schematische Darstellung der Versuchseinrichtung

Es wurden Prüflinge unterschiedlicher Materialien (Blei, Aluminium, Kupfer, Zink, Edelstahl), unterschiedlicher Scharenbreite (B = 420 mm bis 620 mm), unterschiedlicher Falzausbildung (einfacher liegender Falz, Holzwulst ohne Hafte, Holzwulst mit verdeckt liegender Hafte, Stehfalz, Winkelfalz, Doppelstehfalz) sowie ohne und mit Haften am freien Ende statisch und/oder dynamisch, d. h. bei Simulation der Böentätigkeit untersucht. Bild 2 zeigt die untersuchten Anordnungen von Bleischaren und Tabelle 1 gibt eine Aufstellung der in der ersten Arbeitsphase untersuchten Prüflinge der großflächigen Dachdeckungen mit der Angabe der wesentlichen Geometrieparameter. Die Dicke der Bleischaren betrug einheitlich d = 2 mm. Die Blechdicke der großformatigen Prüflinge betrug d = 0,4 mm für Edelstahl und d = 0,7 mm für die anderen Werkstoffe, siehe Tabelle 1, der Haftenabstand betrug einheitlich 400 mm.

Dachdeckungen aus Kupfer, Edelstahl, Aluminium und Zink werden üblicherweise in großen Längen (bis zu 10 m für Al, Cu und Zn bzw. bis zu 14 m für Stahl und Edelstahl) verarbeitet. Bei typischen Bandbreiten von 600 mm bis 800 mm und entsprechenden Scharenbreiten von ca. 520 mm bis ca. 720 mm ergeben sich große Seitenverhältnisse L/B ~ 20 bzw. 27. Großflächige Dachdeckungen werden sich daher unter Windsogwirkung näherungsweise eindimensional verformen, so daß die Einspannkonstante A für diese Deckungsarten kaum vom Seitenverhältnis L/B abhängen dürfte. Zur Überprüfung dieser Annahme wurden für Aluminiumdeckungen mit Doppelstehfalz (Tabelle 1, lfd. Nr. 6) die Einspannkonstante für die in Bild 3 dargestellten Scharenabmessungen bestimmt. Insgesamt wurde dabei das Seitenverhältnis im Bereich L/B = 3,26 bis 14,3 variiert.

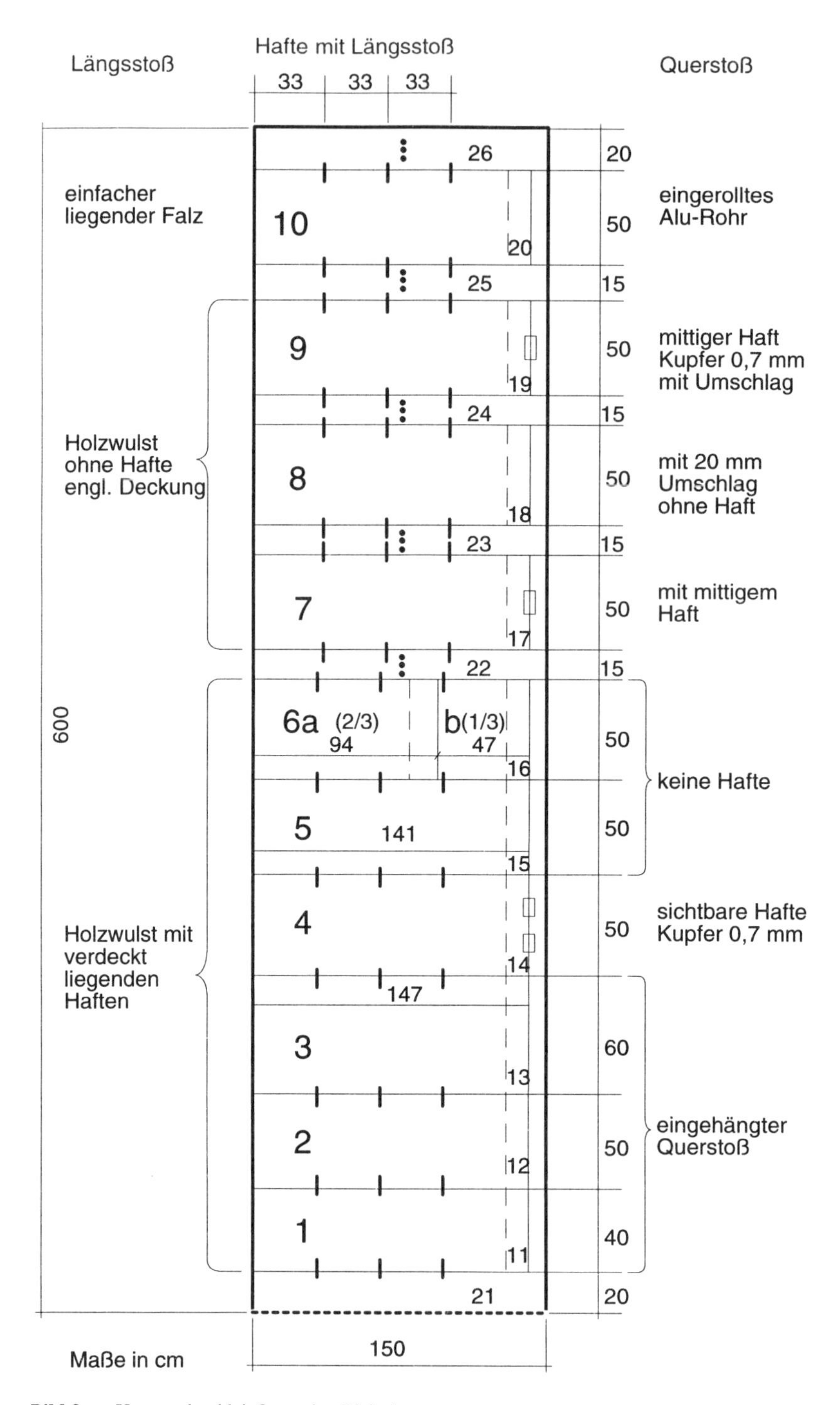

Bild 2: Untersuchte kleinformatige Bleischaren

lfd. Nr.	Material	d mm	B_1 mm	B_2 mm	Falzausbildung	statisch	dynamisch
1	Cu	0,7	420	620	Winkelfalz	x	
2	Cu	0,7	420	620	Doppelstehfalz	x	
3	NRS	0,4	420	620	Doppelstehfalz	x	
4	NRS	0,4	420	620	Stehfalz	x	
5	Al	0,7	420	620	Winkelfalz	x	
6	Al	0,7	420	620	Doppelstehfalz	x	
7	Zn	0,7	420	620	Winkelfalz	x	
8	Zn	0,7	420	620	Doppelstehfalz	x	
9	Zn	0,7	420	620	Doppelstehfalz		x
10	Zn	0,7	420	620	Winkelfalz		x

Tabelle 1: Untersuchte großflächige Dachdeckungen

Zur Bestimmung der Einspannkonstanten wurden quasistatische Prüfungen durchgeführt. Hierbei wurde der Unterdruck in der Absaugekammer in Stufen erhöht und mittels eines Präzisionsmanometers gemessen. Die Durchbiegung der Scharen wurde in den kritischen Bereichen mittels spezieller Weggeber bestimmt. Sie bestehen aus leichten Stangen, die in am Dachtester befestigten Rohren geführt werden. Bei Auslenkung der Scharen verschieben sich die Stangen relativ zum Rohr. Der Verschiebeweg kann an einer aufgebrachten Skala abgelesen werden.

Um eventuelle Ermüdungserscheinungen durch Wechsellasten zu überprüfen, wurden die Prüflinge Nr. 9 und 10, siehe Tabelle 1, einem Windlastkollektiv, wie es die Ergänzenden UEAtc-Leitlinien für lose verlegte, mechanisch befestigte Dachsysteme vorschreiben, unterzogen. Es besteht aus Teillastkollektiven, welche die Böentätigkeit des Windes für einen repräsentativen Zeitraum von 5 Jahren wiedergeben. Von Teillastkollektiv zu Teillastkollektiv wurde die Belastung stufenweise bis zum Versagen des Prüflings erhöht.

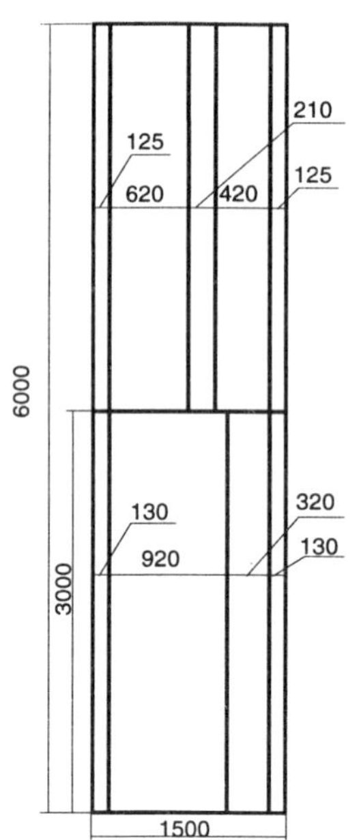

Bild 3: Abmessungen der Al-Scharen zur Untersuchung des Einflusses des Seitenverhältnisses auf die Einspannkonstante

5.3 ERGEBNISSE

Für die kleinformatigen Bleischaren wurde die Durchbiegung in Scharenmitte jeweils für die Druckdifferenzen Δp = 1500 N/m^2, 2000 N/m^2, 2500 N/m^2, 3000 N/m^2 und 3500 N/m^2 gemessen. In den Diagrammen Bilder 4 und 5 sind zwei typische Meßergebnisse dargestellt. In Bild 4 wird die Verformung des Systems lfd. Nr. 2 und in Bild 5 des Systems lfd. Nr. 5, siehe Bild 2, angegeben. Die oberen Diagramme zeigen die Durchbiegung in der Scharenmitte, die unteren Diagramme diejenigen am unteren Querstoß. In Übereinstimmung mit der Plattentheorie, siehe Gleichung (2), ergibt sich im Rahmen der Meßgenauigkeit für diese wie für alle anderen untersuchten Anordnungen eine lineare Abhängigkeit der Durchbiegung vom ausgeübten Druck. Ferner läßt der Vergleich der Ergebnisse in den Bildern 4 und 5 erkennen, daß für Verlegearten mit Versteifung oder Befestigung des unteren Querstoßes die Durchbiegung in Scharenmitte erheblich größer ist als die Durchbiegung im Bereich des unteren Querstoßes. Dies bedeutet, daß im Sinne der Plattentheorie auch der untere Querstoß infolge seiner Versteifung bzw. durch die dort befindliche Hafte als Einspannung betrachtet werden muß. Lediglich die Verlegeart lfd. Nr. 5, siehe Bild 2, bei welcher der untere Querstoß weder befestigt noch versteift ist, führt zur maximalen Durchbiegung im Bereich des unteren Querstoßes. Das Ersatzsystem für diese Verlegeart wäre eine einseitig eingespannte, zweiseitig gestützte Rechteckplatte mit einem freien Rand.

Für die großformatigen Scharen, siehe Aufstellung Tabelle 1, wurde die Durchbiegung nur in Scharenmitte für die Druckdifferenzen Δp = 100 Pa , 200 Pa, 300 Pa, 400 Pa und 500 Pa gemessen. Wegen des großen Seitenverhältnisses L/B der Scharen, kann davon ausgegangen werden, daß sich eine weitgehend zweidimensionale Verformung mit der maximalen Durchbiegung in Scharenmitte einstellt. Ein typisches Ergebnisse zeigt Bild 6 für die lfd. Nr. 7 der Tabelle 1. Auch hier, wie bei allen anderen Versuchen mit großformatigen Scharen, konnte eine lineare Abhängigkeit der Durchbiegung von der einwirkenden Druckdifferenz festgestellt werden.

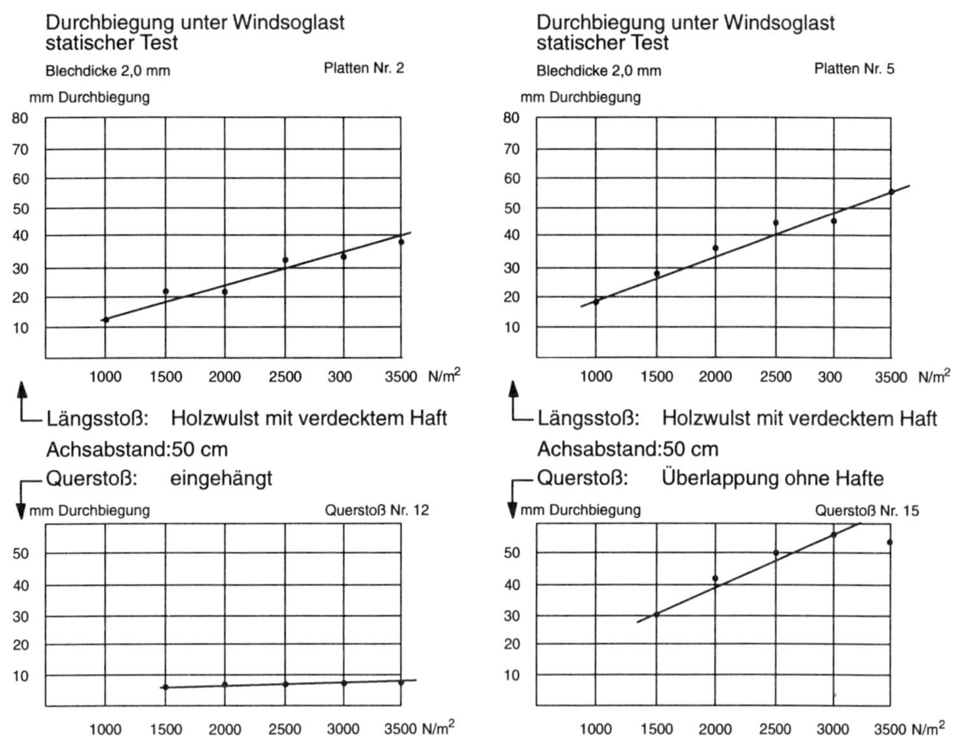

Bild 4: Verformung des Prüflings, lfd. Nr. 2, siehe Bild 2, unter simulierter Windsogwirkung

Bild 5: Verformung des Prüflings, lfd. Nr. 5, siehe Bild 2, unter simulierter Windsogwirkung

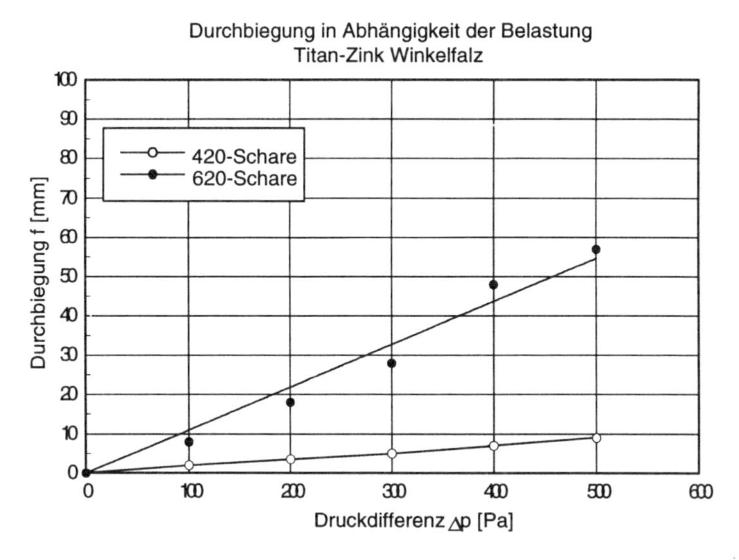

Bild 6: Verformung einer großformatigen Metalldeckung unter simulierter Windeinwirkung

Aus den experimentell bestimmten Durchbiegungen der Scharen lassen sich die Einspannkonstanten berechnen. Bei den kleinformatigen Bleischaren wurden für die Systeme lfd. Nr. 1 bis 3, bzw. 5 und 6 das Seitenverhältnis L/B systematisch variiert. Dabei konnte ein deutlicher Einfluß des Seitenverhältnisses festgestellt werden. Zur einfachen Erfassung dieses Einflusses wurde Gleichung (2) folgendermaßen modifiziert.

$$f_{max} = \underbrace{\frac{C_A \cdot A_B \cdot B^4}{16 \cdot d^3}}_{\text{Form}} \cdot \underbrace{\frac{1}{E}}_{\text{Material}} \cdot \underbrace{p}_{\text{Last}} \qquad (3)$$

Dabei bedeutet A_B die Einspannkonstante bei Bezugsseitenverhältnis $(L/B)_B$ und C_A die Seitenverhältniszahl, welche eine Funktion des Seitenverhältnisses L/B ist. Als Bezugsseitenverhältnis wurde das Scharenseitenverhältnis $(L/B)_B$ = 1410 mm/500 mm = 2,82 gewählt. Tabelle 2 zeigt die berechneten Einspannkonstanten A, die Seitenverhältnisse der Scharen L/B und die aus den experimentell bestimmten Einspannkonstanten berechnete Seitenverhältniszahl C_A. Die Seitenverhältniszahl C_A ist in Bild 7 in Abhängigkeit vom Seitenverhältnis L/B dargestellt. Für eine Änderung des Seitenverhältnisses von z. B. 1500 mm/600 mm = 2,5 auf 1500 mm/400 mm = 3,75 ergibt sich nach Bild 7 eine Änderung der Seitenverhältniszahl um ca. das 1,8fache. Da der Faktor C_A proportional der Durchbiegung ist, siehe Gleichung (3), bedeutet dies, daß bei der angegebenen Reduzierung der Scharenbreite von 600 mm auf 400 mm bei gleicher Durchbiegung die Windlast um den Faktor 1,8 steigen kann. Die Trennung der Einflüsse der Einspannkonstante und des Scharenseitenverhältnisses hat den Vorteil, daß für die unterschiedlichen Befestigungssysteme - unterschiedliche Längsstöße und unterschiedliche Querstöße - der Einfluß des Seitenverhältnisses L/B durch eine einheitliche Angabe, nämlich die Seitenverhältniszahl C_A erfaßt wird.

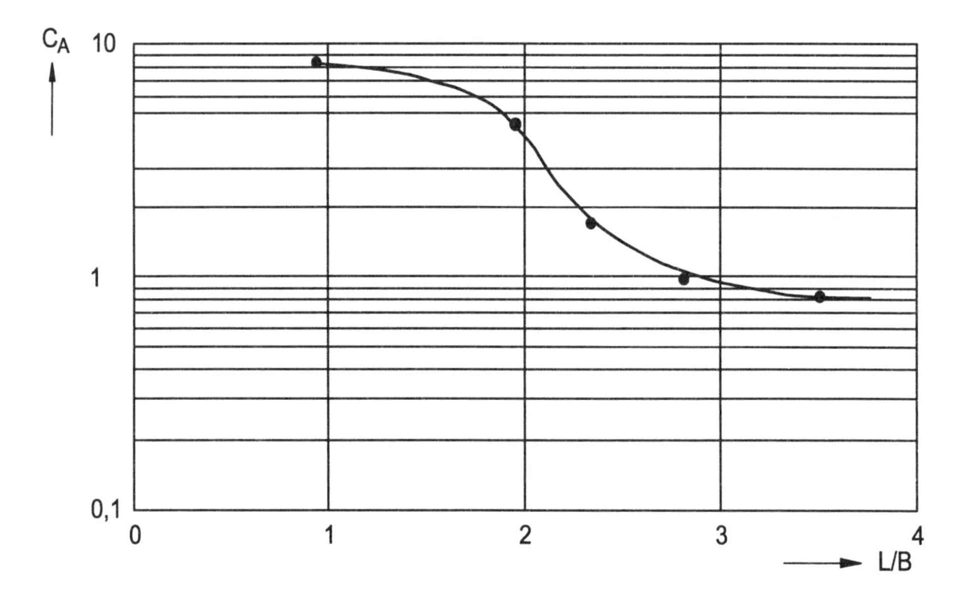

Bild 7: Seitenverhältniszahl C_A in Abhängigkeit vom Scharenseitenverhältnis L/B

lfd. Nr.	$A \cdot 10^3$	L/B	C_A
1	7,86	3,525	0,848
2	9,20	2,820	1,000
3	14,78	2,350	1,607
4	18,96	2,820	1,000
5	15,89	2,820	1,000
6a	74,38	1,880	4,681
6b	134,20	0,940	8,446
7	11,15	2,820	1,000
8	11,43	2,820	1,000
9	18,86	2,820	1,000
10	8,64	2,820	1,000

Tabelle 2: Einspannkonstante A für die 7 in Bild 2 dargestellten Blei-Deckungsarten

Für die großformatigen Scharensysteme wurde der Einfluß der Scharenabmessungen auf die Durchbiegung für Aluminium-Scharen mit Doppelstehfalzen untersucht. Es wurden Scharen der Abmessungen L/B = 6 m/0,42 m; 6 m/0,62 m; 3 m/0,21 m; 3 m/0,32 m; 3 m/0,42 m; 3 m/0,62 m und 3 m/0,92 m untersucht. Es zeigte sich, daß die Verformung nicht vom Seitenverhältnis L/B sondern nur von der Scharenbreite abhängig ist. Dies bestätigt die in Abschnitt 3 getroffene Annahme, daß die Verformung der großflächigen Scharen näherungsweise zweidimensional erfolgt. Bild 8 zeigt die aus den Versuchsergebnissen berechneten Einspannkonstanten für die untersuchten Systeme in Abhängigkeit von der Scharenbreite B. Nach den Fachregeln des Zentralverbandes Sanitär Heizung Klima (ZVSHK) liegt die übliche Scharenbreite im Bereich 500 mm bis 700 mm. Mit hinreichender Genauigkeit läßt sich für diesen Breitenbereich für die jeweilige Verlegeart mit einheitlichen Einspannkonstanten A rechnen, siehe Tabelle 3. Der Einfluß der unterschiedlichen Falzausbildung auf die Einspannkonstante ist vergleichsweise klein, siehe Bild 8. In Tabelle 3 wird der jeweils ungünstigste Wert angegeben.

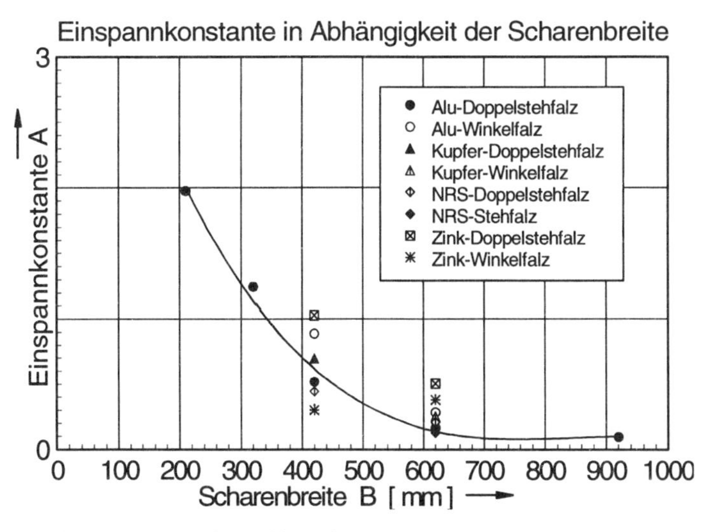

Bild 8: Einspannkonstante für großformatige Scharen in Abhängigkeit von der Scharenbreite

Werkstoff	Einspannkonstante A
Al	0,5
Cu	0,2
Zn	0,7
NRS	0,4

Tabelle 3: Einspannkonstante für großformatige Scharen

Die Ergebnisse der dynamischen Prüfungen an Metalldächern mit großflächigen Scharen sind noch nicht abgeschlossen. Über die Ergebnisse und die aus diesen zu ziehenden Schlußfolgerungen soll in einer späteren Veröffentlichung berichtet werden.

4 Erarbeitung von Technischen Regeln

4.1 RANDBEDINGUNGEN

Die Technischen Regeln für die Verarbeitung von metallischen Dach- und Wandbekleidungen, wie sie z. B. von der Bleiberatung e. V. und dem Zentralverband Sanitär Heizung Klima (ZVSHK) herausgegeben werden, enthalten Angaben zu den Gebäudehöhen und Gebäudebereichen, in welchen Scharen mit spezifizierten Abmessungen und spezifizierten Befestigungssystemen eingesetzt werden dürfen. Grundlage für diese Angaben sind die Windlastannahmen nach DIN 1055-4. Die Verlegehinweise gelten also ausschließlich im Geltungsbereich der DIN 1055-4. Um den grenzübergreifenden Einsatz von Dach- und Wandbekleidungen, insbesondere im Bereich der Europäischen Union zu erleichtern, wäre es wünschenswert, für die einzelnen Bekleidungssysteme und deren Halterungen zulässige Flächenbelastungen bzw. zulässige Belastungen der Haften als Systemgrößen anzugeben. Zum Standsicherheitsnachweis müßten diese Systemlasten mit den nationalen Windlasten bzw. den Windlasten entsprechend des zukünftigen Eurocodes (zur Zeit ENV 1992-2-4) verglichen werden. Diese Vorgehensweise wurde von Gerhardt and Gerbatsch (1991) zum Nachweis der Standsicherheit lose verlegter, mechanisch befestigter Dachabdichtungen vorgeschlagen und durch die Ergänzenden UEAtc-Leitlinien für die Erteilung von Agréments für mechanisch befestigte Dachabdichtungen eingeführt.

Die festzusetzende Systembemessungslast muß unter Berücksichtigung einer ausreichenden Sicherheit geringer sein als die anzusetzende Windsog-Bemessungslast. Falls aus bauphysikalischen oder ästhetischen Gründen die Verformung auf ein festzusetzendes Höchstmaß beschränkt bleiben soll, richtet sich die System-Bemessungslast unter Umständen nach diesem Verformungskriterium. Gerade bei weichen Materialien, z. B. Blei, bei denen eine plastische Verformung unter geringeren Windsoglasten als bei anderen metallischen Stoffen, z. B. Stahl, zu erwarten ist, dürfte das Verformungskriterium ausschlaggebend sein.

4.2 KLEINFORMATIGE SCHAREN AUS BLEI

Bei Verwendung von Bleischaren als Dach- und Wandbekleidung setzt, wie erwähnt, eine bleibende Verformung der Scharen bei vergleichsweise niedrigen Windsoglasten ein. Grundlage für die Festsetzung einer System-Bemessungslast in Abhängigkeit von der Scharengeometrie und dem verwendeten Befestigungssystem ist daher die Vorgabe einer zulässigen Verformung. Der folgende Vorschlag, der gegebenenfalls in ein Regelwerk aufgenommen werden sollte, geht von einer maximalen zulässigen Verformung f_{max} = 10 mm aus. Die zulässige Flächenbelastung p ist dann abhängig von den Formparametern Scharenbreite B, der

Einspannkonstante A_B als Kenngröße der Befestigungsart, der Seitenverhältniszahl C_A als Maß für das Seitenverhältnis L/B und der Blechdicke d. Üblich ist eine Mindestblechdicke d = 2 mm. Geht man von dieser Blechdicke aus, so läßt sich der Einfluß der Blechdicke durch einen Umrechnungsfaktor

$$c_d = \left(\frac{d}{2\,\text{mm}}\right)^3$$

erfassen, siehe Gleichung (3). Die verbleibenden Einflußgrößen auf die zulässige Flächenbelastung - C_A, A_B und B - lassen sich graphisch in Form eines Nomogramms zusammenfassen. Für die Befestigungssysteme lfd. Nr. 1 bis 3, 5 und 6 sowie 7, siehe Bild 2, zeigt Bild 9 ein solches Nomogramm. Die mittels des Diagramms in Bild 9 bestimmte zulässige Flächenlast p_d muß mit der für das betrachtete Bauvorhaben anzusetzenden Bemessungswindlast, z. B. nach DIN 1055-4 verglichen werden. Ist die zulässige Flächenlast größer als die anzusetzende Windlast, so ist das gewählte Bekleidungssystem lagesicher gegen Windeinwirkung.

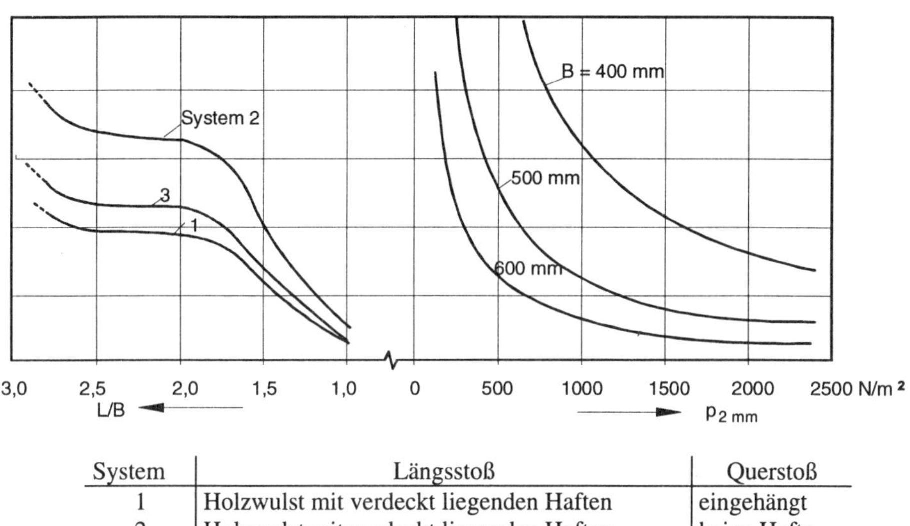

System	Längsstoß	Querstoß
1	Holzwulst mit verdeckt liegenden Haften	eingehängt
2	Holzwulst mit verdeckt liegenden Haften	keine Hafte
3	Holzwulst ohne Hafte (englische Deckung)	mittiger Haft

$p_d = c_d \cdot p_{2mm}$

d mm	c_d -
2,00	1,00
2,25	1,42
2,50	1,95
2,75	2,63
3,00	3,37

Bild 9: Nomogramm zur Bestimmung der zulässigen Flächenlast p_d von Bleischaren

4.3 GROßFORMATIGE SCHAREN

Der Elastizitätsmodul der für großformatige Metalldeckungen verwendeten Materialien ist etwa eine Größenordnung größer als derjenige von Blei. Ferner sind Titanzink, Aluminium, Edelstahl und Kupfer im Vergleich zu Blei elastische Werkstoffe, bei denen eine bleibende Verformung erst bei vergleichsweise großen Windsoglasten zu erwarten ist. Die in den technischen Regeln festzulegenden Randbedingungen sollten daher auf anderen Kriterien beruhen als bei den Bleischaren. Es werden die folgenden Beurteilungskriterien empfohlen:

- Vorgabe einer maximalen Verformung für den Gebrauchsfall,
- Angabe einer System-Bemessungslast für den Standsicherheitsnachweis.

Für den Gebrauchsfall sollte sichergestellt sein, daß die Verformungen der Scharen bei häufig vorkommenden Windstärken nicht übermäßig groß und nicht deutlich erkennbar sind. Dagegen scheint eine größere elastische Verformung bei den im statistischen Sinne seltenen Sturmwindereignissen zulässig zu sein. Böenwindgeschwindigkeiten von 12 m/s und mehr, gemessen in der Standardreferenzhöhe 10 m, treten im Bereich der Bundesrepublik Deutschland, abgesehen von der künstennahen Region der Nord- und Ostsee, nur an ca. 10 % des Jahreszeitraumes auf. Es erscheint daher ausreichend, den Gebrauchsfall auf Windereignisse mit Geschwindigkeiten von maximal 12 m/s zu beschränken. Als zulässige Verformung im Gebrauchsfall wird ein Wert f_{zul} = 20 mm vorgeschlagen. Diese Verformung tritt nur in Böen auf. Durch die Elastizität des Materials kehren die beaufschlagten Scharen nach Beendigung der Böeneinwirkung in ihre Ausgangslage zurück.

Die Bezugsgeschwindigkeit 12 m/s für den Gebrauchsfall führt zu einem Windstaudruck q_G = 90 Pa. Wählt man eine System-Bemessungslast für den Gebrauchsfall p_G = 100 Pa, so wird durch diese Last die zu erwartende Gebrauchs-Windlast für Wand- und Dachbereiche üblicher Baukörper mit Ausnahme von begrenzten Teilbereichen abgedeckt. Nach Gleichung (2) läßt sich nunmehr die erforderliche Blechdicke in Abhängigkeit von der Scharenbreite und dem verwendeten Werkstoff berechnen. Die Ergebnisse zeigt Tabelle 4. Es sei ausdrücklich darauf hingewiesen, daß eine Überschreitung der angenommenen zulässigen Verformung f_{zul} = 20 mm im Sinne der Standsicherheit keine Bedeutung besitzt. Nach den durchgeführten Untersuchungen ergibt sich selbst bei einer Durchbiegung der Scharen von 60 mm und mehr keine bleibende Verformung der Deckung.

	Blechdicke d_{min} in mm für Scharenbreite B		
Werkstoff	520 mm	620 mm	720 mm
Al	0,60	0,70	0,9
Cu	0,40	0,50	0,60
Zn	0,60	0,70	0,80
NRS	0,40	0,50	0,60

Tabelle.4: Erforderliche Blechdicke d_{min} für den Gebrauchsfall

Im Hinblick auf die Standsicherheit können, da die Versuche hierzu noch nicht abgeschlossen sind, keine genaueren Angaben gemacht werden. Es soll jedoch vorgeschlagen werden, in Analogie zum Vorgehen in den Ergänzenden UEAtc-Leitlinien für lose verlegte, mechanisch befestigte Dachsysteme für die einzelnen Dachsysteme zulässige Haftenbelastungen anzugeben. Die erforderliche Anzahl von Haften ergibt sich dann folgendermaßen:

$$N_{erf} = \frac{w_B}{W_{Hafte}}$$

mit w_B = anzusetzender Bemessungswindlast. Dabei ist ferner eine im Bauwesen übliche Sicherheit, z. B. ein Sicherheitsbeiwert für Wind $\nu_w = 1{,}5$ zu berücksichtigen.

5 Literatur

/1/ **Timoshenko, S., S. Woinowsky-Krieger**, 1959: Theory of Plates and Shells, McGraw-Hill Book Company, New York, Toronto, London

VERSAGENSKRITERIEN VON STAHLRAHMEN UNTER WINDLAST BEI VERWENDUNG DYNAMISCHER TRAGLASTANALYSE

Dr.-Ing. M. Kasperski
Aerodynamik im Bauwesen
Ruhr-Universität Bochum
Universitätsstraße 150
D-44780 Bochum

Dipl.-Ing. H. Koss
Aerodynamik im Bauwesen
Ruhr-Universität Bochum
Universitätsstraße 150
D-44780 Bochum

ZUSAMMENFASSUNG: Zur Erzielung einer größeren Wirtschaftlichkeit wurden in den vergangenen Jahren die Entwurfsvorschriften im Stahlbau neu konzipiert, wie beispielsweise durch die Berücksichtigung der plastischen Tragfähigkeit der Querschnitte oder des gesamten Tragwerkes. Basierend auf den Ergebnissen aus Windkanalexperimenten wird im vorliegenden Beitrag die Leistungsfähigkeit der modernisierten Entwurfsvorschriften, gemessen an der Überschreitenswahrscheinlichkeit der Entwurfswindlast, mittels einer dynamisch-plastischen Zeitbereichsanalyse der Tragwerksreaktion überprüft. Dabei werden Unzulänglichkeiten der Lastansätze herausgearbeitet, die unter Umständen zu einer unsicheren oder auch unwirtschaftlichen Konstruktion führen.

1 Einleitung

Moderne Stahlbau-Normen erlauben für den Tragwerksentwurf die Berücksichtigung der plastischen Tragfähigkeit des Profilquerschnittes im einzelnen oder der gesamten Struktur. Insbesondere bei statisch unbestimmten Systemen, wie beispielsweise bei aussteifenden Rahmen niedriger Industriehallen, führen die modernen Entwurfskonzepte zu einer erheblichen Reduzierung der zu verwendenden Querschnitte und infolge dessen zu einem wirtschaftlicheren Entwurf.

Genaugenommen macht diese Änderung in der Entwurfspraxis eine Überprüfung der Bemessungswindlasten hinsichtlich der Tragwerkssicherheit und der Wirtschaftlichkeit erforderlich. Für die Analyse der Zuverlässigkeit ist die schwankende Charakteristik der extremen Windgeschwindigkeit v und des extremen Koeffizienten der Last bzw. des Lasteinwirkungseffektes c zu berücksichtigen. Bei linearem Tragwerksverhalten kann die Überschreitenswahrscheinlichkeit der Bemessungswindlast w_d wie folgt bestimmt werden:

$$p(w > w_d) = \int_{v=0}^{\infty} p(v) \cdot \int_{c=c_{gr}}^{\infty} p(c) \, dc \, dv \qquad (1)$$

p(v) - Wahrscheinlichkeitsverteilung der extremen mittleren Windgeschwindigkeit

p(c) - Wahrscheinlichkeitsverteilung des extremen Koeffizienten des Lasteinwirkungseffektes

$$c_{gr} = \frac{2 \cdot w_d}{\rho \cdot v^2}$$

Die Information über die Wahrscheinlichkeitsverteilung p(c) des Koeffizienten des Lasteinwirkungseffektes kann aus der Kombination von Windkanalexperimenten und linearer Reaktionsanalyse des Tragwerkes gewonnen werden. Die in hinreichend großer Anzahl im

Experiment simultan gemessenen unabhängigen Sturmereignisse dienen dabei als Eingangsgröße für die Zeitbereichsberechnung der Tragwerksreaktionen. Für jedes dieser unabhängigen Ereignisse wird für die betrachteten Effekte der jeweils extreme Wert aufgezeichnet. Den zugehörigen Effektkoeffizienten erhält man durch Normierung mit dem Staudruck der mittleren Windgeschwindigkeit in einer bestimmten Referenzhöhe z.B. Traufkantenhöhe. Die sich daraus ergebende Grundgesamtheit von N extremalen Koeffizienten aus N Berechnungsdurchläufen bildet die Basis für die Schätzung einer geeigneten Extremwertverteilung sowie den zugehörigen Parametern.

Bei nichtlinearem Tragwerksverhalten hingegen wird die Wahrscheinlichkeitsverteilung des Koeffizienten c zu einer von der mittleren Windgeschwindigkeit abhängigen Funktion und Gleichung (1) ändert sich zu:

$$p(w > w_d) = \int_{v=0}^{\infty} p(v) \cdot \int_{c=c_{gr}}^{\infty} p(c(v))\, dc\, dv \tag{2}$$

Somit wird für jedes relevante Geschwindigkeitsniveau v_i eine nichtlineare Zeitbereichsanalyse erforderlich. Der Wert des zweiten Integrals kann direkt durch Auszählen der Überschreitungsfälle in N unabhängigen Durchläufen ermittelt werden.

Eine ideale Spezifizierung der Entwurfslast sollte zu einer gleichförmigen Zuverlässigkeit des Tragwerkes führen, unabhängig vom Typus der Konstruktion. Im gleichen Maße ist auch die Forderung zu erfüllen, daß bei Verwendung unterschiedlicher Entwurfsvorschriften das Überlastrisiko für alle Bauwerke gleich bleibt, d.h. die Wahrscheinlichkeit für das Auftreten eines Fließgelenkes bei elastisch-plastischem Entwurf sollte im Idealfall identisch sein mit der Auftretenswahrscheinlichkeit der Fließgelenkkette eines plastisch-plastischen Entwurfes.

Für die Hallenrahmen werden Dachkonstruktionen in zwei Basistypen berücksichtigt: Eine leichtere Dachausführung, die gewöhnlich in Regionen eingesetzt wird, in denen nicht mit Schnee gerechnet werden muß und eine schwerere Konstruktion für Gebiete, in denen die klimatischen Bedingungen den Ansatz einer Schneelast erforderlich machen. Gemäß den Regelungen des Eurocodes 3 [1] werden beim Entwurf drei Methoden angewendet:

- Elastisch-Elastisch (E-E): Bei diesem Verfahren werden die Schnittgrößen nach der Elastizitätstheorie berechnet und der Querschnitt gegen Fließen nachgewiesen.
- Elastisch-Plastisch (E-P): Hierbei werden die Beanspruchungen nach der Elastizitätstheorie ermittelt und bei der Bestimmung der Beanspruchbarkeiten die plastische Tragfähigkeit des Querschnittes ausgenutzt.
- Plastisch-Plastisch (P-P): Die Beanspruchungen werden nach der Fließgelenktheorie unter Ausnutzung der plastischen Tragfähigkeit des Systems (Bildung einer Fließgelenkkette) ermittelt.

Üblicherweise werden Stahlrahmen niedriger Industriehallen als gelenkig gelagertes Rahmensystem mit gleichbleibender Steifigkeit (gleiches Profil für Stiel und Riegel) ausgeführt. Zusätzlich wird im Rahmen dieser Studie noch das System des eingespannten und des symmetrischen Dreigelenkrahmens untersucht.

Am Beispiel der Spezifizierung der Windlast nach Eurocode 1 [2] wird die Anwendbarkeit der bislang etablierten Bemessungswindlast bei nichtlinearem Entwurf in Hinblick auf die zuvor gemachten Forderungen untersucht.

2 Vorentwurf des Hallenrahmens

Das untersuchte Bauwerk besitzt eine Traufkantenhöhe von 11 m, eine Spannweite von 27,5 m und eine Länge von 45 m. Die Dachneigung beträgt 5°. Als Lasteinzugsfläche für den einzelnen Rahmen wird ein 5 m breiter Bereich angesetzt. Die Untersuchung beschränkt sich fürs erste auf den Rahmen in Hallenmitte. Für den Entwurf wird zunächst das Gewicht der Dachkonstruktion (Isolierung, Trapezblech, Pfetten, etc.) abgeschätzt, dabei wird für das schwere Dach ein Wert von 0,5 kN/m² angenommen und für die leichtere Ausführung ein Wert von 0,2 kN/m². Die zusätzliche Last infolge Eigengewicht des Riegels wird iterativ mit den im Eurocode 1 angegebenen Lastkombinationen bestimmt:

LC 1: $1.35 \cdot (g_0 + g_r) + 1.5 \cdot s + 1.5 \cdot w \cdot \Psi$

LC 2: $1.35 \cdot (g_0 + g_r) + 1.5 \cdot w + 1.5 \cdot s \cdot \Psi$

LC 3: $1.00 \cdot (g_0 + g_r) + 1.5 \cdot w$

LC 4: $1.35 \cdot (g_0 + g_r) + 1.5 \cdot w + 1.5 \cdot s \cdot \Psi$

Für die schwere Dachkonstruktion wird eine Schneelast von 1,0 kN/m² gewählt. Das Windklima geht durch den Staudruck der mittleren Windgeschwindigkeit von 0,5 kN/m² in den Entwurf mit ein. Die zugehörigen Druckbeiwerte des Eurocodes sind in Bild 1 dargestellt.

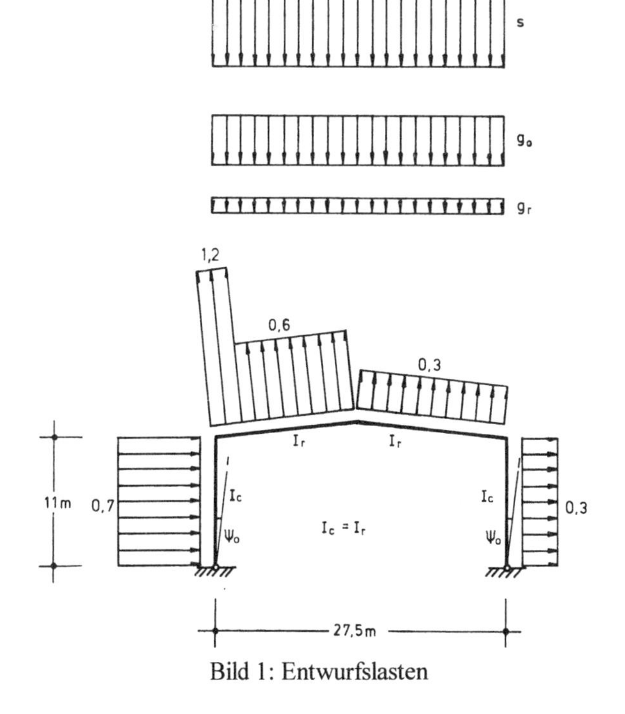

mit

- g_0 - Eigengewicht der Dachkonstruktion
- g_r - Eigengewicht des Rahmenriegels
- s - Schneelast
- w - Windlast
- ψ - Kombinationsfaktor

Bild 1: Entwurfslasten

Bei gleichzeitigem Ansatz von Wind und Schnee wird der vom Eurocode empfohlene Kombinationsfaktor von $\Psi = 0{,}6$ verwendet. Geometrische Imperfektion wird mit einer Vorverdrehung der Stiele von $\Psi_0 = 1/350$ berücksichtigt.

Tabelle 1: Widerstandsmomente der Rahmenelemente für die verschiedenen untersuchten Systeme [alle Werte in cm³]

statisches System	Entwurfs-vorschrift	Dachkonstruktion schwer	leicht
gelenkig gelagerter Rahmen	el-el	2990	1593
	el-pl	2686	1459
	pl-pl	2407	1047
eingespannter Rahmen	el-el	2884	1199
	el-pl	2579	1094
	pl-pl	2231	679
symmetrischer Dreigelenkrahmen	el-el	5306	1953
	el-pl	4704	1800
	pl-pl	4704	1800

Tabelle 1 enthält die Widerstandsmomente der 18 untersuchten Systeme. Verglichen mit den Resultaten des elastisch-elastischen Entwurfs führen die modernen Methoden zu beträchtlichen Materialeinsparungen, ausgedrückt durch die Größe des erforderlichen Widerstandmomentes. Der elastisch-plastische Entwurf führt zu einer Reduzierung von 10% und der plastisch-plastische Entwurf ermöglicht eine Einsparung von bis zu 50% des erforderlichen Querschnittes. Umgerechnet auf das Stahlgewicht ist das Ausmaß der gewonnenen Reduzierung etwas geringer, so wird beispielsweise beim elastisch-plastischen Entwurf ca. 5% an Stahl effektiv eingespart. Der erforderliche Querschnitt und die zugehörige Grenztragfähigkeit wird aus dem erforderlichen Widerstandsmoment mittels des plastischen Formbeiwertes α_{pl} (für I-Profile beträgt $\alpha_{pl} = 1{,}14$) bestimmt. Vom wirtschaftlichen Standpunkt aus ist ein plastisch-plastischer Entwurf eher für die leichtere Dachkonstruktion zu empfehlen, die dann zu einer Reduzierung von bis zu 30% führt.

3 Die Zeitbereichsanalyse

Die Zeitbereichsanalyse wird in der vorliegenden Untersuchung mit dem Programmsystem DRAFS [3] durchgeführt. Den Kernpunkt bildet dabei das Öffnen und Schließen von plastischen Gelenken. Das Finite-Element-Raster wurde dabei so ausgelegt, daß die Knoten alle sensiblen Positionen, an denen sich voraussichtlich Fließgelenke bilden können (Eckknoten, Orte von Einzellasteinleitungen), abdecken. Tritt ein plastisches Gelenk während eines Sturmes auf, ändert sich das statische System durch das Einführen eines zusätzlichen Drehfreiheitsgrades, in dem das plastische Moment des Querschnittes als äußere Kraftgröße wirkt. Der Augenblick, in dem sich das Fließgelenk zurückbildet, wird durch die Umkehr der gegenseitigen Verdrehung im plastischen Gelenk (Rotationsdifferenz zwischen dem rechten und linken Stabende am Gelenk) identifiziert. Sobald die gegenseitige Verdrehung abnimmt, schließt sich das Gelenk wieder.

Zwischen dem Öffnen und Schließen von Fließgelenken wird das Tragwerk als physikalisch linear und geometrisch nichtlinear betrachtet. Infolge dessen läßt sich das jeweilig herrschende statische System in diesen Zwischenphasen mit jeweils unveränderlichen Steifigkeits-,

Dämpfungs- und Massenmatrizen beschreiben. Da zur Durchführung der Berechnung aufgrund der Vielzahl von möglichen Zwischensystemen und deren Kombinationen eine entsprechend große Systembibliothek bereit gehalten werden müßte, werden diese Subsysteme im Bedarfsfall durch *intelligente* Routinen automatisch mit allen zugehörigen Informationen generiert.

Es muß davon ausgegangen werden, daß sich der Augenblick, in dem sich das plastische Gelenk an einem Knoten bildet, nicht exakt am Beginn oder am Ende des Berechnungszeitschrittes befindet Zur Erfüllung der statischen und dynamischen Gleichgewichtsbedingungen wird der genaue Zeitpunkt innerhalb des betrachteten Intervalls bestimmt, der die kinematischen Randbedingungen für das Fließgelenk liefert. Analoge Verfahren sind ebenfalls bei der Rückbildung des Gelenkes erforderlich.

Nach dem Schließen des plastischen Gelenkes verbleibt im Tragwerk ein Restspannungszustand, der sich aus der relativen Verdrehung während der plastischen Phase ergibt und in seiner Größenordnung abhängig ist vom Ausmaß der eingeprägten Verformung. Dieser Zustand ändert sich erst bei erneutem Öffnen und Schließen eines Fließgelenkes mit relativer Verdrehung.

Darüber hinaus ist das Programm in der Lage, resonantes Tragwerksverhalten mit zuberücksichtigen. Die im folgenden diskutierten Ergebnisse basieren jedoch zunächst auf quasistatischen Berechnungen, um eine Verzerrung beim Vergleich mit den Normwerken zu vermeiden.

4 Statistische Analyse

Als Grundinstrument für die statistische Untersuchung von Extremwerten dient die Methode der *order statistics*. Dabei werden die Extremwerte in aufsteigender Folge ihrer Größe nach sortiert. Jeder Wert erhält einen Rang, der seiner Positionsnummer innerhalb dieser geordneten Sequenz entspricht, d.h. der niedrigste Wert erhält den Rang $m = 1$ und entsprechend der größte den Rang $m = N$, wobei N die Anzahl aller berücksichtigten Extremwerte, bzw. unabhängigen Ereignisse ist. Die relative Häufigkeit der Nichtüberschreitung eines bestimmten Wertes c_m ergibt sich zu $m/(N+1)$. Bei hinreichend großem N wird die relative Häufigkeit zur Wahrscheinlichkeit. Die vorliegende Untersuchung stützt sich auf 240 unabhängige Zeitreihen von simultan gemessenen windinduzierten Druckverteilungen. Jede dieser Zeitreihen entspricht einem 10-minütigen Sturmereignis in der Natur. Einzelheiten dieser Messungen sind ausführlich in [4] beschrieben.

Für ein lineares System, d.h. bei geringen Windgeschwindigkeiten, entspricht die *Spur* der sich ergebenden relativen Häufigkeiten einer geraden Linie (Bild 2). Die zugehörige Wahrscheinlichkeit der Nichtüberschreitung kann durch eine Extremwertverteilung Typ I (Gumbelverteilung) beschrieben werden, welche durch Mittelwert und Standardabweichung der Extremwerte charakterisiert ist.

Bei steigender Geschwindigkeit führen geometrische Nichtlinearitäten in einem gewissen Maß zu einer Krümmung der Spur. Falls diese Nichtlinearitäten eine Steigerung der Lasteffekte zur Folge haben, zeichnet sich in der Kurve ein unterlinearer Trend ab. Für günstig wirkende geometrisch nichtlineare Effekte erhält die Kurve einen leichten überlinearen Trend. Physikalische Nichtlinearitäten führen zu einer Unstetigkeitsstelle in der Spur. Im Falle der Querschnittsplastifizierung besitzt das Biegemoment eine obere Grenze, die nicht überschritten werden kann. In der zugehörigen Kurve erscheint eine Unstetigkeitsstelle, sobald die Grenztragfähigkeit des Querschnittes erreicht wird.

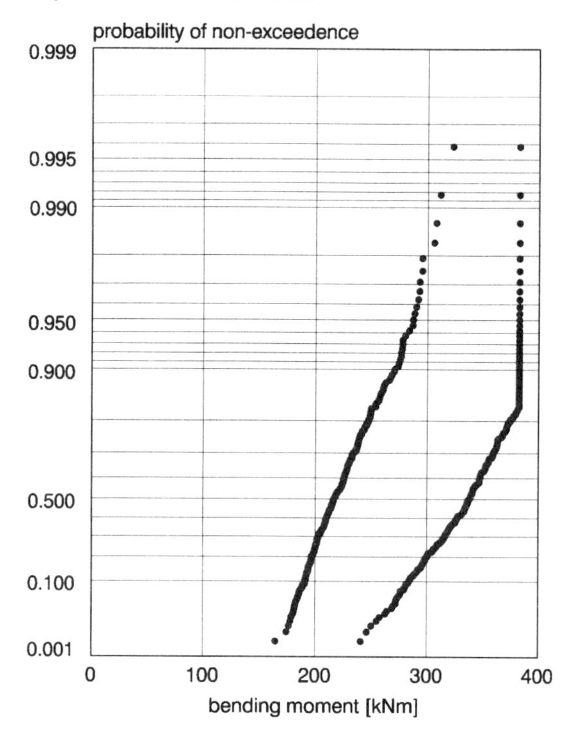

Bild 2: Effekt der Nichtlinearität auf die Spur der Nichtüberschreitenswahrscheinlichkeit

Ähnliche Bilder ergeben sich für das Biegemoment an jedem Knoten des Tragwerkes. Vereinfachend kann für den hier durchgeführten Vergleich der Überschreitenswahrscheinlichkeiten des jeweils betrachteten Entwurfzieles die Zählmethode aus 240 Durchläufen angewendet werden. Für die erste Entwurfsmethode (elastisch-elastisch) werden die Ereignisse gezählt, in denen an irgendeiner Stelle im Tragwerk die Elastizitätsgrenze überschritten wird. Für das zweite Entwurfsziel (elastisch-plastisch) sind diejenigen Fälle von Bedeutung, bei denen sich an einer beliebigen Stelle im Tragwerk ein plastisches Gelenk bildet. Letztlich bestimmt sich die Versagenswahrscheinlichkeit des dritten Entwurfzieles (plastisch-plastisch) aus der Anzahl von Ereignissen, in denen sich eine Fließgelenkkette ausgebildet hat.

5 Grundsätzliches Strukturverhalten

In Bild 3 ist die Auftretenswahrscheinlichkeit für ein plastisches Gelenk über der mittleren Windgeschwindigkeit in Traufkantenhöhe aufgetragen. Die Wahrscheinlichkeit, daß ein physikalisch nichtlinearer Effekt auftritt, hängt vom Geschwindigkeitsniveau der einwirkenden Windlasten ab. Allgemein kann man sagen, daß für geringe Windgeschwindigkeiten diese Effekte konzentriert an Knoten zu beobachten sind, an denen die größten linearen Reaktionen (Schnittgrößen) auftreten. Für die leichtere Dachkonstruktion ist der Knoten des größten Lasteffektes die luvseitige Rahmenecke und für die schwerere Dachausführung die leeseitige Rahmenecke. Mit steigender Windgeschwindigkeit nähert sich die Wahrscheinlichkeit für

Plastifizierung in den genannten Rahmenecken dem Wert 1 an. Gleichzeitig steigt die Anzahl weiterer betroffener Knoten, an denen Fließgelenke auftreten.

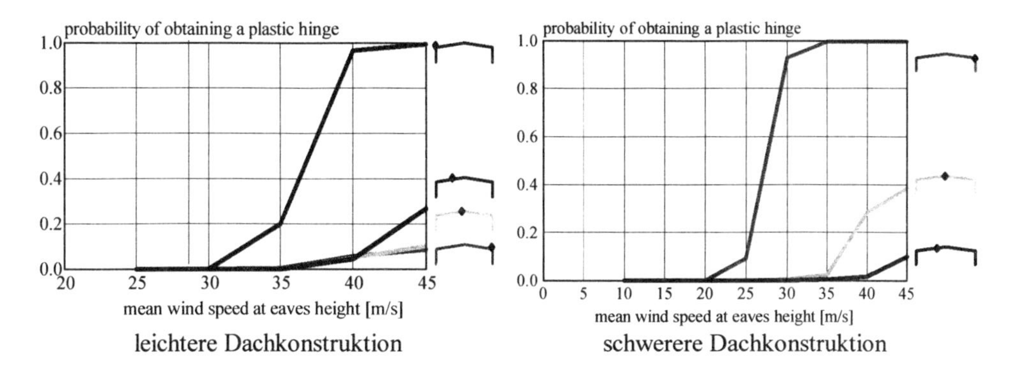

Bild 3: Wahrscheinlichkeit für das Auftreten eines plastischen Gelenkes

In Bild 4 ist die Wahrscheinlichkeit für das Eintreten einer Fließgelenkkette über der mittleren Windgeschwindigkeit in Traufkantenhöhe aufgetragen. Ebenfalls gilt hier, daß mit steigender Windgeschwindigkeit die Anzahl der betroffenen Knoten anwächst. In diesem Zusammenhang ist auch festzustellen, daß es keine spezifische Kombination von Tragwerksknoten gibt, die für das jeweiliges System eine typischen *Versagensfolge* oder einen *Versagenspfad* bildet.

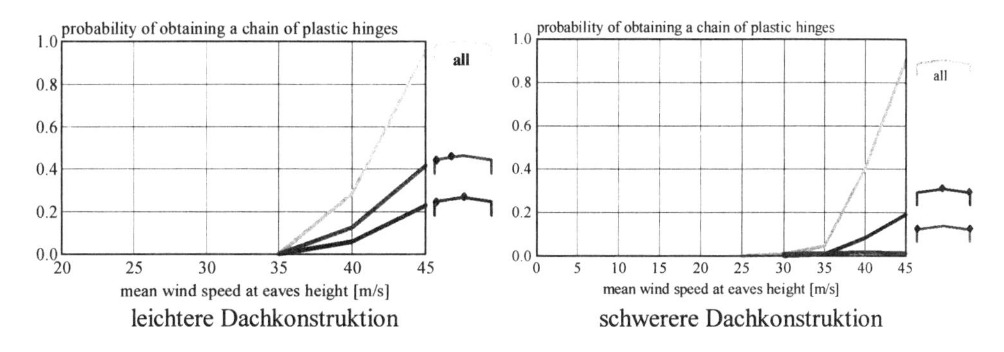

Bild 4: Wahrscheinlichkeit für das Auftreten einer Fließgelenkkette

6 Einfluß des statischen Systems

Wie in vorangegangenen Arbeiten [5] bereits für lineares Tragwerksverhalten beschrieben, ist die Vorhersagegenauigkeit von windinduzierten Lasteffekten, wie beispielsweise dem luv- und leeseitigen Rahmeneckmoment, stark durch die Wahl des statischen Systems beeinflußt. Diese Beobachtung gilt im gleichen Maße auch für die nichtlineare Traglastanalyse. In Bild 5 ist die Wahrscheinlichkeit für das Auftreten einer vollständigen Fließgelenkkette über die normierte Windgeschwindigkeit aufgetragen, ermittelt für die schwerere Dachkonstruktion bei elastisch-elastischem Entwurfsverfahren. Zur Normierung der Geschwindigkeitsachse wird eine Referenzgeschwindigkeit verwendet, die mit einer Wahrscheinlichkeit von p = 0,02 innerhalb eines Jahres in der Natur überschritten wird.

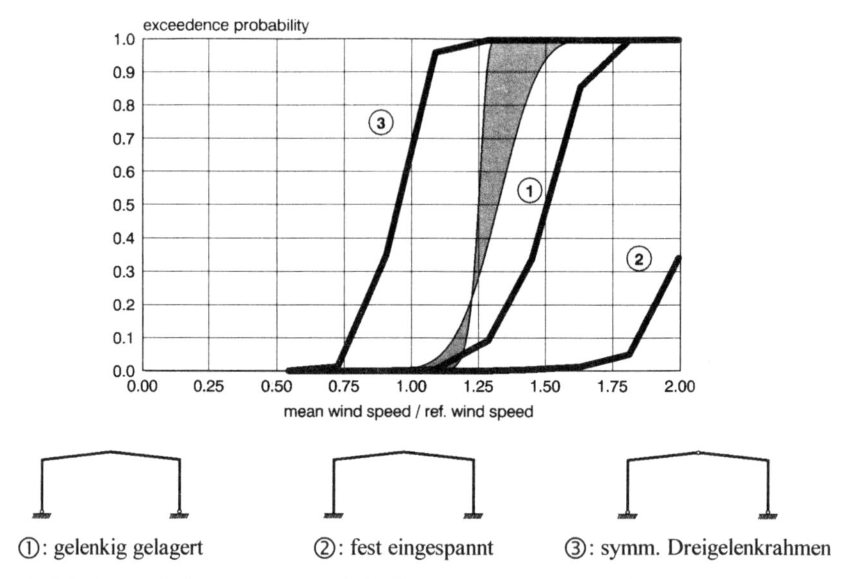

Bild 5: Einfluß des statischen Systems auf die Überschreitenswahrscheinlichkeit der plastischen Tragfähigkeit der Struktur - schwere Dachkonstruktion, Entwurf: elastisch-elastisch

Die Wahrscheinlichkeit, die plastische Tragfähigkeit des Rahmens zu überschreiten, orientiert sich an der *Reservekapazität* des statischen Systems, d.h. je mehr plastische Gelenke erforderlich sind, eine vollständige Fließgelenkkette zu bilden, desto geringer ist die Versagenswahrscheinlichkeit des Systems.

Infolge dessen weist das eingespannte System die niedrigste Überschreitenswahrscheinlichkeit auf. Der grau schattierte Bereich kennzeichnet die vom Eurocode als charakteristisch angestrebte Überschreitenswahrscheinlichkeit für extreme lokale Einwirkungen [6]. Verglichen mit dieser Wahrscheinlichkeitsvorgabe sind die Entwürfe für den gelenkig gelagerten und eingespannten Rahmen als zu konservativ zu beurteilen, wobei letzterer durch seine größere Tragreserve im noch höheren Maße unwirtschaftlich ist. Betrachtet man den symmetrischen Dreigelenkrahmen, so führt der Lastansatz des EC 1 zu einem unsicheren Tragwerksentwurf.

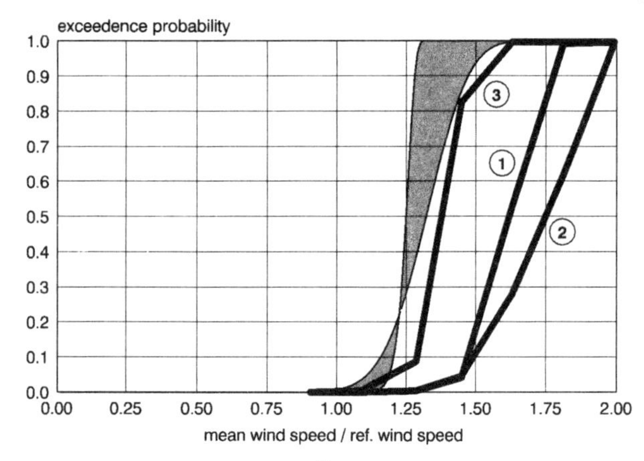

Bild 6: Einfluß des statischen Systems auf die Überschreitenswahrscheinlichkeit der plastischen Tragfähigkeit der Struktur - leichte Dachkonstruktion, Entwurf: elastisch-elastisch

Die Ergebnisse der leichteren Dachausführung sind in Bild 6 zusammengefaßt. Der relative Unterschied zwischen den drei statischen Systemen ist geringer. Für alle Systeme gilt, daß die Überschreitenswahrscheinlichkeit der plastischen Tragfähigkeit des Querschnittes größer ist, als die vom Eurocode vorgegebene. Mit zunehmender Steifigkeit des Systems nimmt das Maß an Unwirtschaftlichkeit des Entwurfs zu.

7 Einfluß der Entwurfsmethode

Die Anwendung moderner Entwurfsmethoden führt zu einer Reduzierung des Profilquerschnittes. Es ist daher zu erwarten, daß die Überschreitenswahrscheinlichkeit der plastischen Tragfähigkeit der Struktur mit abnehmender Querschnittsgröße zunimmt. In Bild 7 ist die Wahrscheinlichkeit der Überschreitung der plastischen Tragfähigkeit am Beispiel der schweren Dachkonstruktion und elastisch-plastischem Entwurf dargestellt. Für das gelenkig gelagerte Rahmensystem liegt die Überschreitenswahrscheinlichkeit über der des Eurocodes und kennzeichnet daher einen zu unsicheren Entwurf.

Der eingespannte Rahmen liegt immer noch unter der Vorgabe des EC, bleibt damit aber nach wie vor unwirtschaftlich. Der elastisch-plastische Entwurf besitzt für den symmetrischen Dreigelenkrahmen mit schwerer Dachkonstruktion keine nennenswerte Sicherheit gegenüber windinduzierten Lasteffekten, d.h. für mittlere Windgeschwindigkeiten > 0 m/s ergibt sich bei voller Schneelast die Wahrscheinlichkeit für ein plastisches Gelenk zu 1.

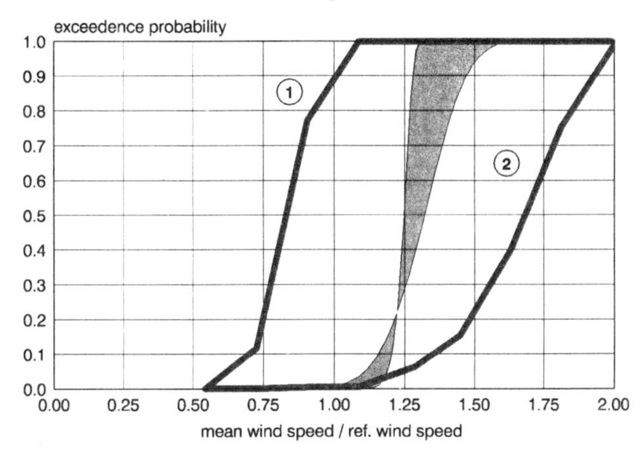

Bild 7: Einfluß des statischen Systems auf die Überschreitenswahrscheinlichkeit der plastischen Tragfähigkeit der Struktur - schwere Dachkonstruktion, Entwurf: elastisch-plastisch

Eine analoge Untersuchung des plastisch-plastischen Entwurfes zeigt die Unzulänglichkeit der Bemessungswindlast des EC 1 für die schwerere Dachkonstruktion. Ein für diese Konstruktion entsprechend ausgelegter Lastfall fehlt, daher besitzen die plastisch-plastisch entworfenen Rahmen bei voller Schneelast keine Tragreserve gegenüber Windlasten.

In Bild 8 ist die Wahrscheinlichkeit zur Überschreitung der Tragfähigkeit der Struktur für die leichtere Dachkonstruktion bei elastisch-plastischem Entwurf dargestellt. Die Tragwerkssicherheit ist zwar für alle Systeme gewährleistet, aber immer noch zu unwirtschaftlich. Die Änderung der relativen Unterschiede zwischen den statischen Systemen im Vergleich zum elastisch-elastischen Entwurf sind verhältnismäßig gering. Sie zeigen aber dennoch die unterschiedliche Genauigkeit in der Vorhersage extremer windinduzierter

Tragwerksreaktionen, wenn die extremen Einwirkungen ohne Berücksichtigung der realen Lastkorrelation angesetzt werden.

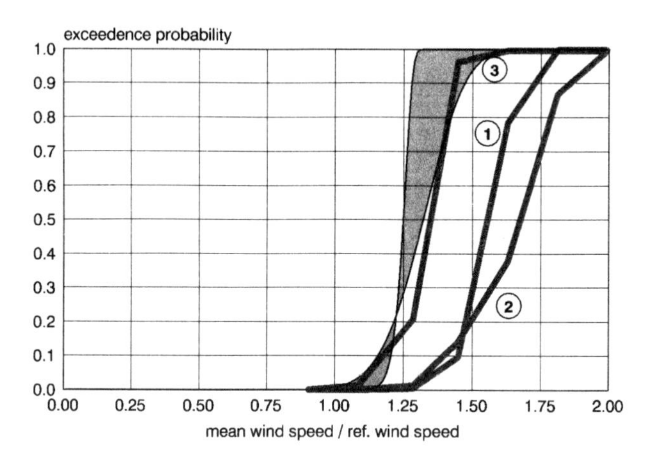

Bild 8: Einfluß des statischen Systems auf die Überschreitenswahrscheinlichkeit der plastischen Tragfähigkeit der Struktur - leichte Dachkonstruktion, Entwurf: elastisch-plastisch

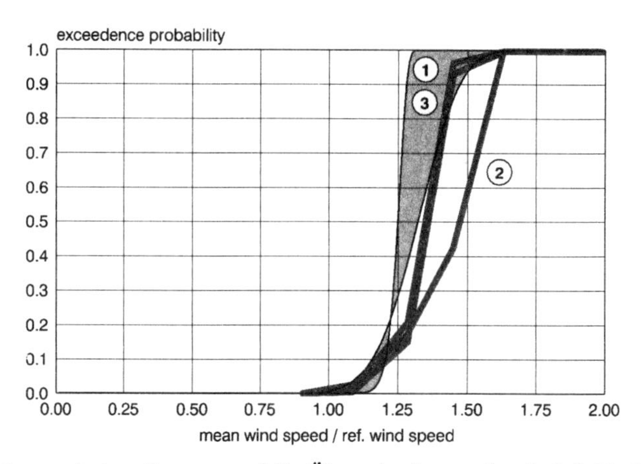

Bild 9: Einfluß des statischen Systems auf die Überschreitenswahrscheinlichkeit der plastischen Tragfähigkeit der Struktur - leichte Dachkonstruktion, Entwurf: plastisch-plastisch

Für den plastisch-plastischen Entwurf nimmt der relative Unterschied zwischen den drei Systemen weiterhin ab. Im Sinne einer optimalen Querschnittsausnutzung ist für den gelenkig gelagerten Rahmen und den Dreigelenkrahmen eine leichte und für den eingespannten Rahmen weiterhin eine große Unwirtschaftlichkeit festzustellen.

8 Resultate

Die Komplexität der Windlast und die Vielzahl der daraus resultierenden Reaktionen, die für die Bemessung eines bestimmten Tragwerkes maßgebend werden können, steht im hohen Maße der wichtigsten Forderung an eine Norm entgegen, einfach in ihrer Anwendung zu sein.

Die Bemühungen, diesen Anspruch zu erfüllen, sollen nicht den Blick darauf versperren, daß das eigentliche Problem nicht in der Definition extremer Lasten besteht, sondern in der Spezifizierung solcher Lastverteilungen, die zu extremen und daher bemessungsmaßgebenden Reaktionen führen. In den vergangenen Jahren wurde eine Methode entwickelt [7] und erprobt [8], die die Identifizierung einer solchen Lastverteilung für lineare und schwach nichtlineare Systeme ermöglicht.

Die Besonderheit dieser Methode ist die Verwendung der Einflußlinie der betrachteten Reaktion im jeweils spezifischen statischen System zur Identifizierung der effektiven extremen Lastverteilung. Dies eröffnet den bislang einzig gangbaren Weg zur Erfüllung beider Forderungen, nach ausreichender Sicherheit und Wirtschaftlichkeit.

9 Anmerkungen

An dieser Stelle sei der Deutschen Forschungsgemeinschaft für die freundliche Förderung des Forschungsprojektes *Große Industriehallen* (DFG-Ref. Nr. Ka 675/5-1) gedankt, auf dessen Resultate sich ein großer Teil der vorliegenden Studie stützt.

10 Literatur

[1] EC 3: Design of Steel Structures

[2] EC 1: Basis of Design and Action on Structures

[3] H. Koss
DRAFS - Dynamic Reliability Analysis of Frame Structures · Version 1.1
Interner Bericht · Aerodynamik im Bauwesen
Bochum 1996

[4] M. Kasperski, H. Koss, J. Sahlmen
BEATRICE joint project: Wind action on low-rise buildings - Part 1: Basic information and first results
Journal of Wind Engineering and Industrial Aerodynamics, Vol. 64 (1996)

[5] M. Kasperski
Design wind loads for low-rise buildings: A critical review of wind load specifications for industrial buildings
Journal of Wind Engineering and Industrial Aerodynamics, Vol. 61 (1996), pp 169-179

[6] N.J. Cook
The designer's guide to wind loading of building structures - Part 2: Static structures
Butterworths, London · Boston · Sydney 1990

[7] M. Kasperski
Extreme wind load distributions for linear and non-linear design
Engineering Structures, 14, 1992, pp 27-34

[8] J.D. Holmes, M. Kasperski
Effective distributions of fluctuating and dynamic wind loads
Demnächst veröffentlicht: Journal of Australian Civil Engineering Transactions 1997

Anhang 1:

Liste der Autoren
Tagungsprogramm

Liste der Autoren

(Angabe des akademischen Titels, sofern er der Redaktion bekannt war)

Gianni Bartoli
Dipartimento di Ingegneria Civile
Universitá di Firenze
Via di S. Marta 3
50139 Firenze
Italy

Dr. Gerhard Berz
Forschungsgruppe Geowissenschaften
Münchner Rückversicherungsges.
D-80791 München

Claudio Borri
Dipartimento di Ingegneria Civile
Universitá di Firenze
Via di S. Marta 3
50139 Firenze
Italy

Prof. Dr.-Ing. habil. J. Brechling
Institut f. Luft- und Raumfahrttechnik
TU Dresden
D-01062 Dresden

Univ.-Prof. Dr. techn. Cristian Bucher
Institut für Strukturmechanik
Bauhaus-Universität Weimar
Marienstr. 15
D-99421 Weimar

Dipl.-Ing. Matthias Ebert
Institut für Strukturmechanik
Bauhaus-Universität Weimar
Marienstr. 15
D-99421 Weimar

Prof. H.J. Gerhardt, M. Sc.
I.F.I. Institut für Industrieaerodynamik GmbH
Institut an der FH Aachen
Welkenrather Straße 120
D-52074 Aachen

Dipl.-Ing. S. Hengst
Aerodynamik im Bauwesen
Ruhr-Universität Bochum
Universitätsstraße 150
D-44789 Bochum

Rüdiger Höffer
Ingenieurgemeinschaft Dr.-Ing. Rolewicz & Ing. Schönnenbeck,
Geibelstr. 31
D-40235 Düsseldorf

Prof. Dr.-Ing. habil. H. Ihlenfeld
Institut f. Luft- und Raumfahrttechnik
TU Dresden
D-01062 Dresden

Dr.-Ing. M. Kaperski
Aerodynamik im Bauwesen
Ruhr-Universität Bochum
Universitätsstr. 150
D-44780 Bochum

Dipl.-Ing. J. Kiefer
Institut für Hydrologie und Wasserwirtschaft
Universität Karlsruhe
Kaiserstr. 12
D-76128 Karlsruhe

Dipl.-Ing. H. Koss
Aerodynamik im Bauwesen
Ruhr-Universität Bochum
Universitätsstr. 150
D-44780 Bochum

Dipl.-Ing. K.Költzsch
Institut f. Luft- und Raumfahrttechnik
TU Dresden
D-01062 Dresden

Dr.-Ing. B. Leitl
Universität Hamburg
Meteorologisches Institut
Bundesstraße 55
D-20146 Hamburg

Prof. Dr. R. N. Meroney
Colorado State University
Fluid Dynamics
and Diffusion Laboratory
Engineering Research Center
Fort Collins, Colorado, 80523 - 1372

Dr. D.E. Neff
Colorado State University
Fluid Dynamics
and Diffusion Laboratory
Engineering Research Center
Fort Collins, Colorado, 80523 - 1372

Prof. Dr.-Ing. H.-J. Niemann
Aerodynamik im Bauwesen
Ruhr-Universität Bochum
Universitätsstraße 150
D-44789 Bochum

Maurizio Orlando
Dipartimento di Ingegneria Civile
Universitá di Firenze
Via di S. Marta 3
50139 Firenze
Italy

Prof. Dr.-Ing. U. Peil
Institut f. Stahlbau
Beethovenstr. 51
D-38106 Braunschweig

Prof. Dr.-Ing. Dr.-Ing. E.h. E.J. Plate
Institut für Hydrologie und
Wasserwirtschaft
Universität Karlsruhe
Kaiserstr. 12
D-76128 Karlsruhe

Ernst Rauch
Forschungsgruppe Geowissenschaften
Münchner Rückversicherungsges.
D-80791 München

Prof. Dr.-Ing. G. Rosenmeier
Institut für Strömungsmechanik und EDV
Universität Hannover
Appelstr. 9
D-30167 Hannover

Prof. Dr.-Ing. Hans Ruscheweyh
Ruscheweyh Consult HmbH
Teichstr. 8
52074 Aachen

Prof. Dr.-Ing. R.J. Scherer
Lehrstuhl für Computeranwendung im
Bauwesen
Technische Universität Dresden
Mommsenstr. 13
D-01062 Dresden

Dipl.-Ing. Christian Steurer
Seligenstadt

Dipl.-Ing. G. Telljohann
Institut f. Stahlbau
Beethovenstr. 51
D-38106 Braunschweig

Dr.-Ing. Constantin Verwiebe
Ing.-Büro Prof. Domke Rötthen und
Partner
Mannesmannstr. 161
D-47259 Duisburg

Programm

6. November

14.00 **Sitzung der Arbeitskreise mit anschließender Institutsbesichtigung**

20.00 **Gemütlicher Abend**

7. November

8.15 **Öffnung des Tagungsbüros**

9.00 **Begrüßung**

Windlasten

Sitzungsleitung: Niemann

9.20 **Winterstürme über Deutschland - ein Schadensrückblick über die letzten 30 Jahre**
Rauch

9.40 **Windstatistik und Bauwerksermüdung**
Peil, Telljohann

10.00 **Einfluß des Modellierungsmaßstabes bei der Ermittlung von Windlastannahmen in Grenzschichtwindkanälen**
Brechling, Ihlenfeld, Költzsch

10.20 **Vergleich direkt gemessener Windkräfte an Würfeln verschiedener Größe mit den zugehörigen Druckverteilungen**
Brechling

10.40 **Pause**

Aerodynamische Admittanz

Sitzungsleitung: Peil

11.00 **Windlastuntersuchungen am Modell eines Container-Kranes**
Leitl, Neff, Meroney

11.20 **Wind induced pressures and interference effects on a cooling tower group**
Borri

11.40 **Interferenzwirkung zwischen Schornstein und Gebäude auf die wirbelerregte Schwingung**
Ruscheweyh

12.00 **Erregermechanismen von Regen- Wind- induzierten Schwingungen**
Verwiebe

12.20 **Numerische Berechnung von Windlasten am Beispiel des querschwingenden Kreisprofils**
Rosemeier

12.40 **Windlastfunktionen für die Berechnung aeroelastisch schwingender Brückenbauten**
Höffer

13.00 **Mittag (im Hause)**

Bauteilbelastung durch Wind Sitzungsleitung: Ruscheweyh

14.00 **Last- und Strukturmodellierung bei Abspannseilen**
Hengst, Niemann

14.20 **Berechnung des Ermüdungsrißfortschritts mit stochastischen Differentialgleichungen**
Scherer

14.40 **Stochastische nichtlineare Untersuchung vorgespannter Schraubenverbindungen unter Windeinwirkung**
Ebert

15.00 **Pause**

15.20 **Metalldachdeckungen unter Windeinwirkung**
Gerhardt

15.40 **Versagenskriterien von Stahlrahmen unter Windlast bei Verwendung dynamischer Traglastanalyse**
Kaperski, Koss

16.00 **Schlußwort**

16.10 **bis ca. 17.00 WTG-Vollversammlung**

Bisher erschienene WTG-Berichte:

WTG-Bericht Nr. 1	" Konzepte und Anwendungen von Windlastnormen" ISBN 3-928909-00-2 (1991)	DM 98,--
WTG-Bericht Nr. 2	" Windlastnormen nach 1992" mit dem Eurocode-Entwurf ENV 1991-2-4 Basis of Design and Actions on Structures: "Wind Actions" ISBN 3-928909-01-0 (1994)	DM 115,--
WTG-Bericht Nr. 3	" Windprobleme in dichtbesiedelten Gebieten" mit dem WTG-Merkblatt über Windkanalversuche in der Gebäudeaerodynamik ISBN 3-928909-02-9 (1994)	DM 115,--
WTG-Bericht Nr. 4	" Windkanalanwendungen für die Baupraxis" ISBN 3-928909-03-7 (1997)	DM 80,--
WTG-Bericht Nr. 5	" Baukonstruktionen unter Windeinwirkung" ISBN 3-928909- 04-5 (1998)	DM 70,--
		jeweils zuzügl. Versandspesen

Die Bände sind zu beziehen bei der

WTG-Geschäftsstelle
Teichstr. 8
D-52074 Aachen
Telefax (0241) 175477